JN000778

構造力学問題集

― 基本問題からチャレンジ問題まで ―

東山　浩士
石川　敏之
上中宏二郎
大山　　理　共著

コロナ社

は　じ　め　に

著者らは，それぞれの教育機関で構造力学の講義や演習科目を担当している。そのなかで，「問題の解答がほしい」や「高校での物理を理解できなかった」，「構造力学をどのように勉強したらよいかわからない」といった学生の声を聞いてきた。そこで，大学や高専での講義や演習において，学生が理解し難いところ，計算を間違いやすいところなどに注意を払い，構造力学の理解度をさらに深めてもらいたいとの思いから，本書を執筆することにした。土木系の学科・コースに入学してくる学生にとって，構造力学は基礎となる科目であり，コンクリート構造学や鋼構造学，橋梁工学などといった土木系の応用科目を学ぶために必須の学問である。

本書は問題集として執筆しているが，構造力学を基礎から理解してもらえるように，各章に「基礎事項」をまとめ，「基本問題」についてはできるだけ丁寧な解答を心がけた。そのなかでこれまでの経験から，学生が間違いやすい箇所には「Point」としてコメントを加えた。そして自らの理解度を確認できるように，基本問題の解答のなかには穴埋め箇所を設け，基本問題の後にはチャレンジ問題を設定したので，最後まで諦めることなくステップアップしてもらいたい。

本書の構成・特徴は，つぎのようにまとめられる。

(1)　1章に「力とモーメント」，2章に「断面の性質」がある。

(2)　3章に「支点反力」，4章に「断面力」がある。各章で取り上げた問題は同じにしたので，3章の問題数がやや多いと感じるかもしれない。支点反力を理解できた時点で，4章へ進んでもらえればよい。

(3)　5章に「たわみ」，6章に「応力とひずみ」がある。それぞれの章で取り上げた構造は3章と4章の問題と同じ，あるいは類似の構造が多く登場する。学習が進むなかで，わからなくなったときには，それまでの問題を振り返って復習できる。

(4)　7章に「座屈」，8章に「簡単な不静定構造物と崩壊荷重」，9章に「移動荷重と影響線」，10章に「マトリックス構造解析の基礎」がある。

(5)　本書は大学・高専の学生を対象としたが，基礎レベルから応用レベルまでの問題を設定しているため，企業や公務員への就職対策，資格試験対策にも活用できる。

(6)　コーヒーブレイクと著者からのメッセージを各章末に掲載したので，学習の合間に読んでもらえればよいと思う。

なお，本書ではできるだけ多くの問題を掲載したいという思いから，基本問題の解答の穴埋め箇所とチャレンジ問題の詳細解答はコロナ社のWEB[†]上に掲載している。さらに本書に掲載

---

† https://coronasha.co.jp/np/isbn/9784339052732/

しきれなかった問題も併せて掲載しているので，そちらを活用して自主的に学習してもらいたい。

最後に，本書の出版にあたり，著者らの意図をご理解いただき，出版をご承諾いただいたコロナ社に深く感謝申し上げる。また，著者らが所属する教育機関の学生達には，本書の執筆にあたり参考になる意見を多数頂戴した。ここに感謝の意を記す。

2021年1月

著者一同

執筆分担

東山　浩士	序章～4章，8章
石川　敏之	6章，7章
上中宏二郎	9章
大山　　理	5章，10章

目　　次

序章　構造力学をはじめるにあたっての基礎事項

1章　力とモーメント

2章　断面の性質

3章　支点反力

4章　断　面　力

5章　た　わ　み

6章　応力とひずみ

7章　座　　屈

8章　簡単な不静定構造物と崩壊荷重

9章 移動荷重と影響線

10章 マトリックス構造解析の基礎

序章

構造力学をはじめるにあたっての基礎事項

構造力学は，おもに力のつり合いから構造物に作用する支点反力や断面力を求める構造設計の基本となる学問である。ここでは，外力として構造物に作用する荷重の種類と構造物を支持する条件の種類を理解する。

■ 基 礎 事 項 ■

0.1 荷 重 の 種 類

構造力学で扱う荷重の種類には，**図 0.1** に示すように，**集中荷重**（concentrated load），**分布荷重**（distributed load），**モーメント荷重**（moment load）などがある。

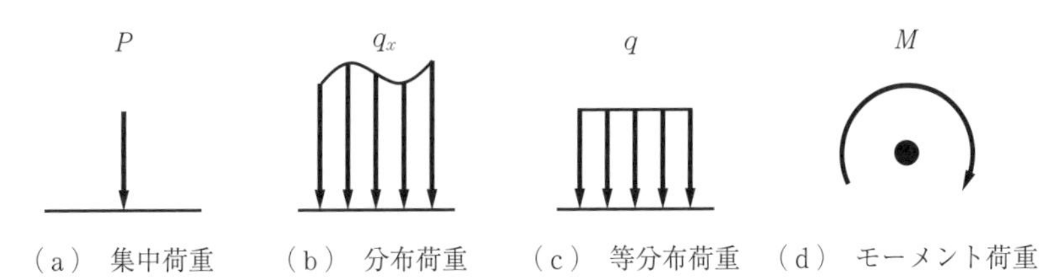

図 0.1 荷重の種類

0.2 支持条件と支点反力

表 0.1 に示すように，構造物を支持するための支点には三つの種類がある。また，支点反力は支点の動きが拘束される方向に生じる。

（1） 可動支点

可動支点（roller support）では，水平方向の移動と回転が自由であるため，鉛直方向のみに支点反力（reaction）（R）が生じる。ローラー支点ともいう。

（2） 回転支点

回転支点（hinged support）では，回転のみが自由であるため，水平方向と鉛直方向に支点反力（H，R）が生じる。ヒンジ支点ともいう。

（3） 固定支点

固定支点（fixed support）では，水平方向と鉛直方向の移動および回転が拘束されているため，水平方向と鉛直方向の支点反力（H，R）に加えて，モーメント反力（M）が生じる。

表 0.1　支持条件と支点反力

支点の種類	模式図	支点反力と略記
可動支点（ローラー支点）	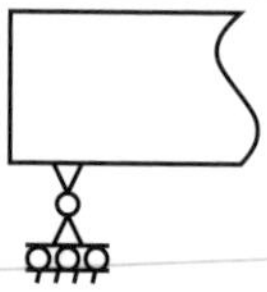	 R
回転支点（ヒンジ支点）	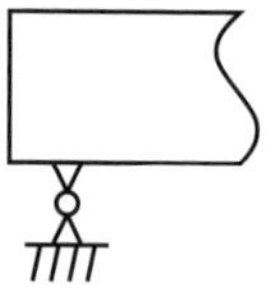	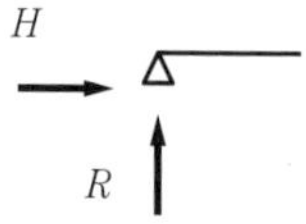 H R
固定支点	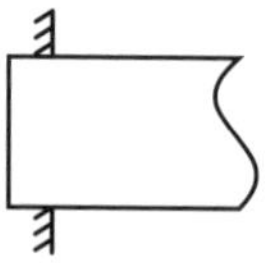	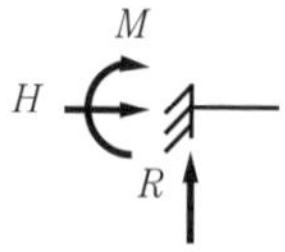 M H R

0.3　外的静定構造物と外的不静定構造物

外的静定構造物：構造物が安定を保つために，必要最小限の支点の数（支点反力数 $r=3$）で支持されている構造物を**外的静定構造物**（statically determinate structure）という。支点反力や断面力は三つの力のつり合い式により求めることができる。

外的不静定構造物：構造物が安定を保つための必要最小限の支点の数（$r=3$）より多くの支点（拘束）により支持されている構造物を**外的不静定構造物**（statically indeterminate structure）という。支点反力や断面力は三つの力のつり合い式だけでは求めることができないため，構造計算には力のつり合い式のほかに変形の適合条件式が必要となる（基礎事項 8.2 で学習）。

0.4　有 効 数 字

大学や高専での構造力学の講義や演習では，問題を解くのに計算機（電卓）を使用することが多い。電卓に表示された数字のすべてを解答に記す学生がいるが，それは意味のない数字を含むことになる。したがって，計算した結果の数字に意味がある数字としての位取り（桁数）を考え，有効数字を考慮しなければならない。

コーヒーブレイク　<支承あれこれ>

構造物の支点には，支承とよばれる装置が使われている。大別すると鋼製支承とゴム支承に分けられるが，多種類の支承が開発，使用されている。そのいくつかを**図**に紹介する。図(a)のピン支承（ピン支承にローラーを取り付けたものはローラー支承という）はこれまで一般的な鋼桁橋やアーチ橋，π形ラーメン橋などの支承として使用されてきたが，最近の鋼桁橋では，耐震性の向上を目的に図(b)のBP支承や図(c)のゴム支承が多くなっている。

(a)　ピン支承

（提供：日本ファブテック㈱）

(b)　BP支承

(c)　ゴム支承

図　支承の種類

1章

力とモーメント

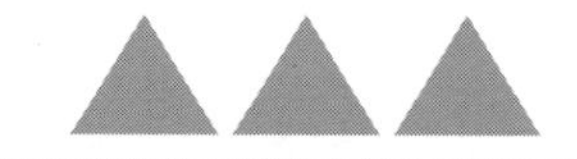

本章では，力の3要素を理解し，力の分解や合成の計算を学習する。数学のベクトルを理解していれば簡単である。また，モーメントの概念と定義は重要であり，3章から始まる力のつり合いを考える際に重要となる。

■ 基 礎 事 項 ■

1.1 力 の 3 要 素

力（force）の性質を表すためには，**図1.1**に示す力の3要素（大きさ，方向，作用点）が必要である。さらに，力の作用方向に延長した線を作用線という。

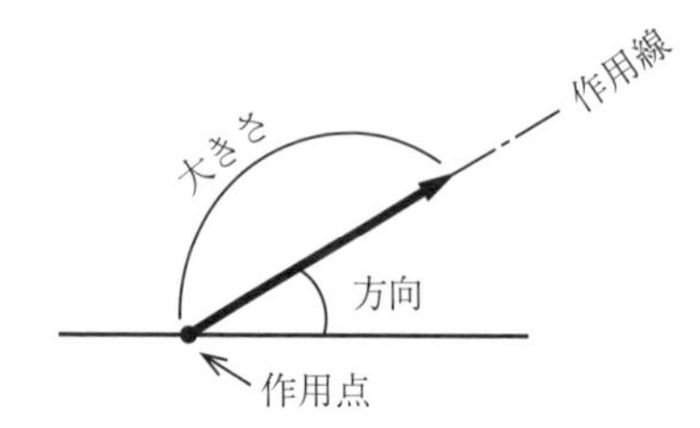

図1.1 力の3要素

1.2 力 の 分 解

図1.2に示す力Pの水平成分P_Hと鉛直成分P_Vは，それぞれ式(1.1)と式(1.2)で表される。

$$P_H = P\cos\alpha \tag{1.1}$$

$$P_V = P\sin\alpha \tag{1.2}$$

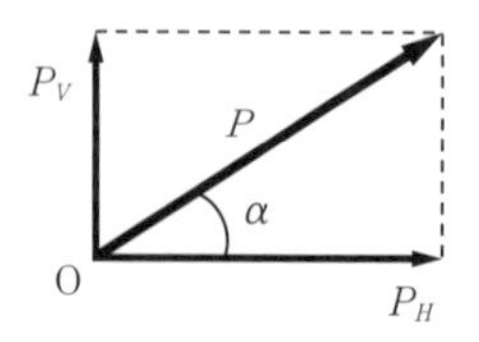

図1.2 力の分解

1.3 力の合成

図 1.3 に示す二つの力 P_1, P_2 を一つの力 R（合力）で表すには，まず，水平方向および鉛直方向に作用する力の合計をそれぞれ式(1.3)と式(1.4)のように求める。つぎに，式(1.5)から合力を求めることができる。さらに，その合力の作用方向は式(1.6)より求めることができる。

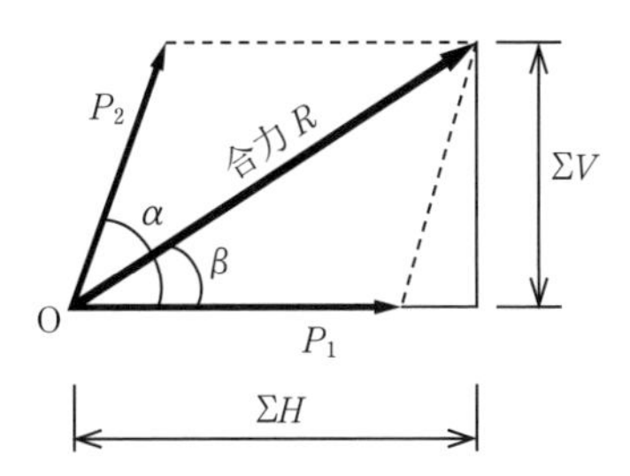

図 1.3　力の合成

水平方向に作用する力の合計：

$$\Sigma H = P_1 + P_2 \cos\alpha \tag{1.3}$$

鉛直方向に作用する力の合計：

$$\Sigma V = P_2 \sin\alpha \tag{1.4}$$

合力 R：

$$R = \sqrt{(\Sigma H)^2 + (\Sigma V)^2} \tag{1.5}$$

合力 R の作用方向：

$$\tan\beta = \frac{\Sigma V}{\Sigma H} \text{ より，} \beta = \tan^{-1}\left(\frac{\Sigma V}{\Sigma H}\right) \tag{1.6}$$

ただし，合力の作用方向（角度）は，合力が作用している xy 座標系の象限に注意して求める。

1.4 モーメント

構造物を回転させようとする力を**モーメント**（moment）という。モーメントは，**図 1.4** に示すように，力×距離（うでの長さ）で求めることができ，式(1.7)のように表すことができる。ただし，このときの距離（うでの長さ）は，回転中心である点 O から力の作用線に垂直な距離 l でなければならない。

モーメント：

$$M = P \times l \tag{1.7}$$

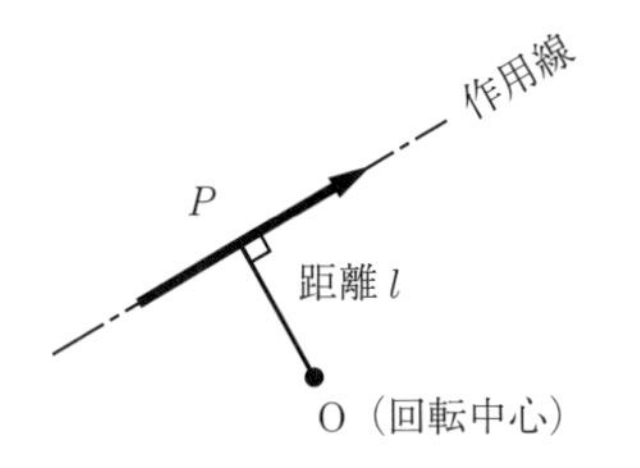

図 1.4　モーメント

■ 基 本 問 題 ■

基本問題 1–1　**図 1.5** に示す二つの力 P_1, P_2 が作用しているとき，これらの水平成分 P_H と鉛直成分 P_V を求めよ。

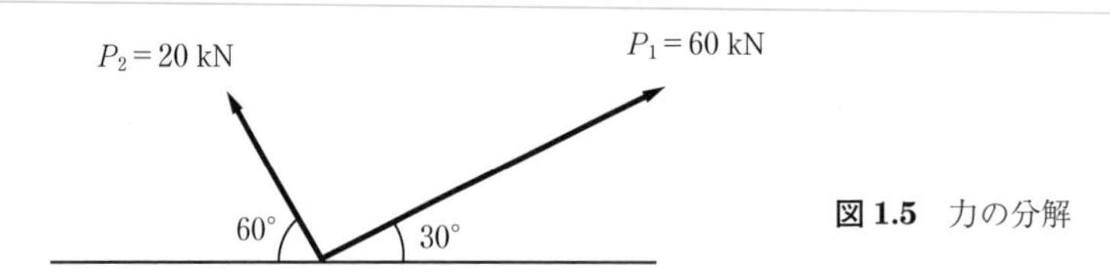

図 1.5　力の分解

解答

右向きを正として計算すると，水平成分は次式のように求まる。

$$P_H = P_1 \cos 30° - P_2 \cos 60° = 60 \times \cos 30° - 20 \times \cos 60° = 42.0 \text{ kN}$$

上向きを正として計算すると，鉛直成分は次式のように求まる。

$$P_V = P_1 \sin 30° + P_2 \sin 60° = 60 \times \sin 30° + 20 \times \sin 60° = 47.3 \text{ kN}$$

基本問題 1–2　**図 1.6** に示す二つの力 P_1, P_2 が作用しているとき，これらの水平成分 P_H と鉛直成分 P_V を求めよ。

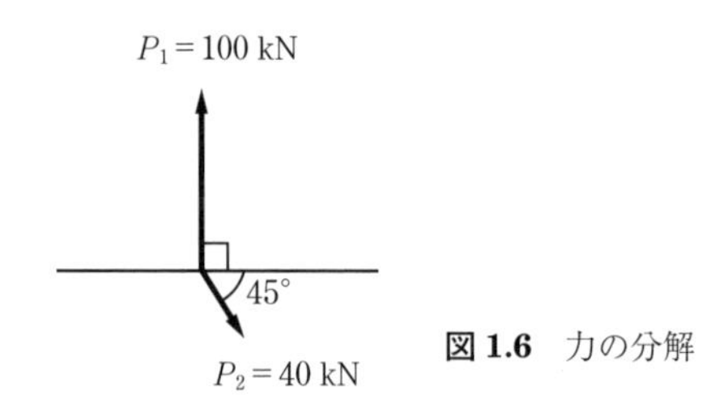

図 1.6　力の分解

解答

$P_H =$ ＿＿＿＿＿＿＿＿

$P_V =$ ＿＿＿＿＿＿＿＿

基本問題 1–3　**図 1.7** に示す二つの力 P_1, P_2 が点 O に作用しているとき，これらの合力 R とその作用方向 β を求めよ。

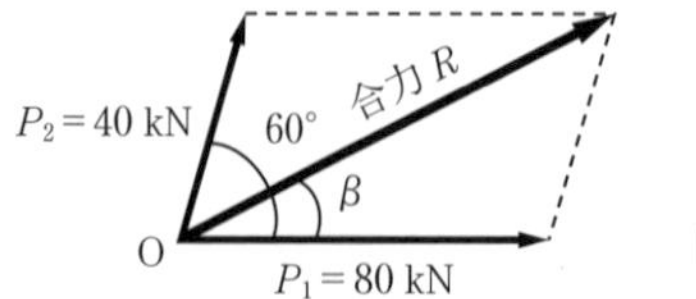

図 1.7　力の合成

解答

水平方向に作用する力の合計（右向きを正とする）：

$$\Sigma H = P_1 + P_2 \cos 60° = 80 + 40 \times \cos 60° = 100 \text{ kN}$$

鉛直方向に作用する力の合計（上向きを正とする）：

$$\Sigma V = P_2 \sin 60° = 40 \times \sin 60° = 34.6 \text{ kN}$$

合力 R は

$$R = \sqrt{(\Sigma H)^2 + (\Sigma V)^2} = \sqrt{100^2 + 34.6^2} = 105.8 \text{ kN}$$

となる。ここで，合力 R は，ΣH と ΣV の値から，xy 座標の第 1 象限にあることがわかる。

図 1.8 および次式に示すように，合力の作用方向（x 軸から反時計回りの角度）はつぎのようになる。

$$\beta = \tan^{-1}\left(\frac{\Sigma V}{\Sigma H}\right) = \tan^{-1}\left(\frac{34.6}{100}\right) = 19.1°$$

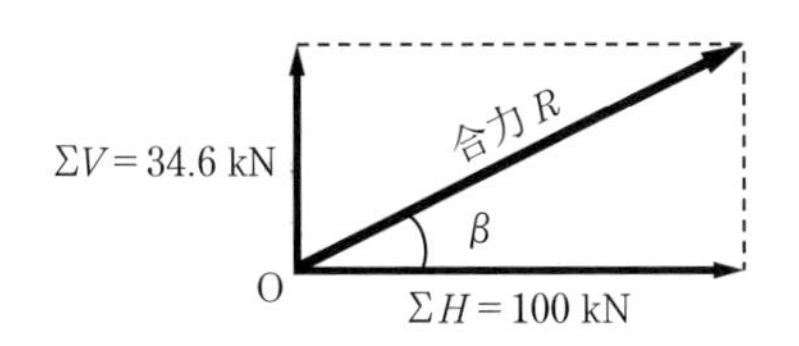

図 1.8　合力 R の作用方向

基本問題 1-4　**図 1.9** に示す二つの力 P_1，P_2 が点 O に作用しているとき，これらの合力 R とその作用方向 β を求めよ。

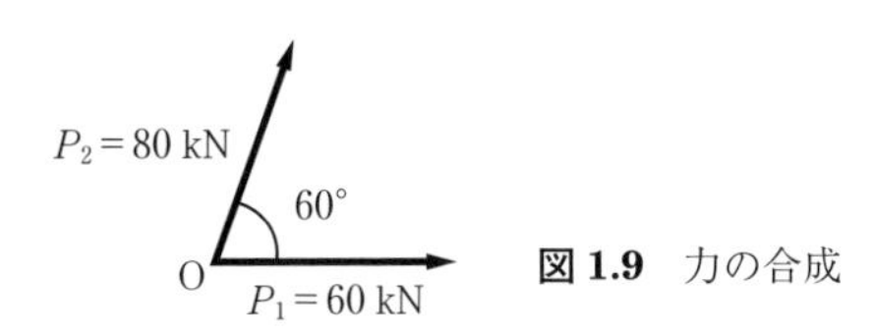

図 1.9　力の合成

解答

$\Sigma H =$ ［　　　　　　］

$\Sigma V =$ ［　　　　　　］

$R = \sqrt{(\Sigma H)^2 + (\Sigma V)^2} =$ ［　　　　　　］

$\beta = \tan^{-1}\left(\frac{\Sigma V}{\Sigma H}\right) =$ ［　　　　　　］

基本問題 1–5　**図 1.10** に示す二つの力 P_1, P_2 について，点Oに関するモーメントを求めよ。

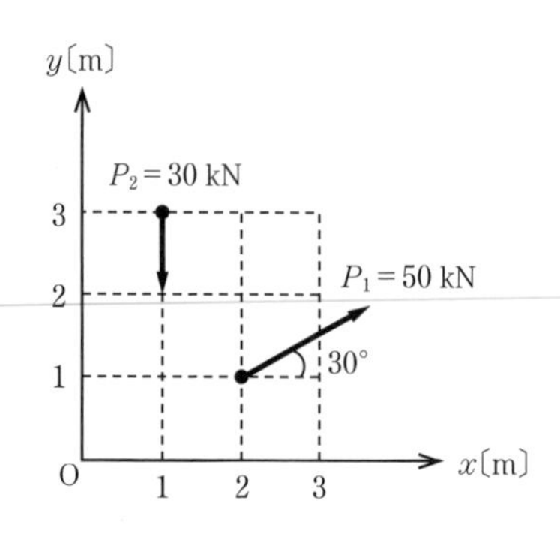

図 1.10　モーメント

解答

P_1 を水平成分と鉛直成分に分解する。

$$P_{1H} = P_1 \cos 30° = 50 \times \cos 30° = 43.3 \text{ kN}$$

$$P_{1V} = P_1 \sin 30° = 50 \times \sin 30° = 25 \text{ kN}$$

点Oに関するモーメントは，時計回りを正とすると，つぎのように求めることができる。

$$\Sigma M_O = P_{1H} \times 1 - P_{1V} \times 2 + P_2 \times 1 = 43.3 \times 1 - 25 \times 2 + 30 \times 1 = 23.3 \text{ kN·m}$$

Point
それぞれの力の作用点と作用線までの垂直な距離に注意すること。

基本問題 1–6　**図 1.11** に示す二つの力 P_1, P_2 について，点Oに関するモーメントを求めよ。

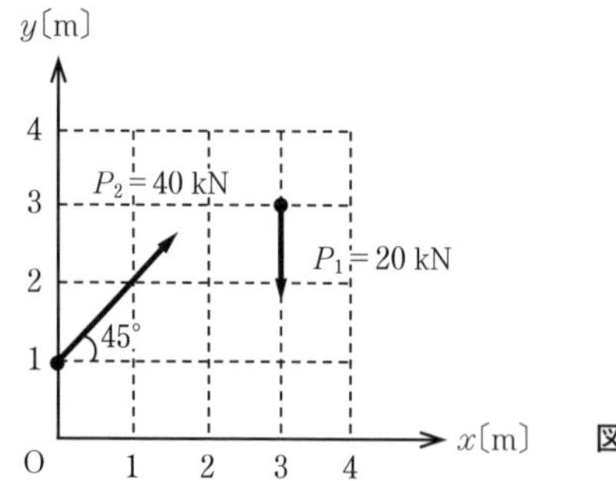

図 1.11　モーメント

解答

P_2 を水平成分と鉛直成分に分解する。

$P_{2H} =$ ［　　　　］

$P_{2V} =$ ［　　　　］

点Oに関するモーメントは，時計回りを正とすると，つぎのように求めることができる。

$\Sigma M_O =$ ［　　　　］

基本問題 1–7　**図 1.12** に示す三つの力 P_1，P_2，P_3 について，点Oに関するモーメントを求めよ。

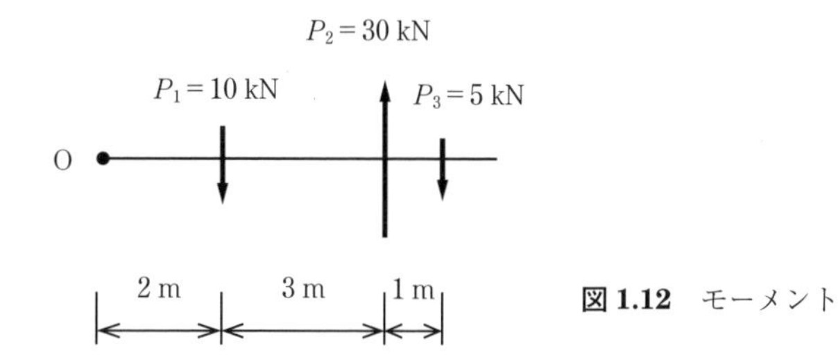

図 1.12　モーメント

解答

点 O に関するモーメントは，時計回りを正とすると，つぎのようになる。

$$\Sigma M_O = P_1 \times 2 - P_2 \times 5 + P_3 \times 6 = 10 \times 2 - 30 \times 5 + 5 \times 6 = -100 \text{ kN·m}$$

■　チャレンジ問題　■

チャレンジ問題 1–1　**図 1.13** に示す二つの力 P_1，P_2 が作用しているとき，これらの水平成分 P_H と鉛直成分 P_V を求めよ。

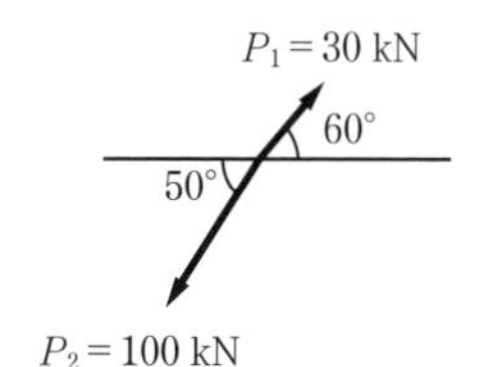

図 1.13　力の分解

チャレンジ問題 1–2　**図 1.14** に示す二つの力 P_1，P_2 が点 O に作用しているとき，これらの合力 R とその作用方向 β を求めよ。

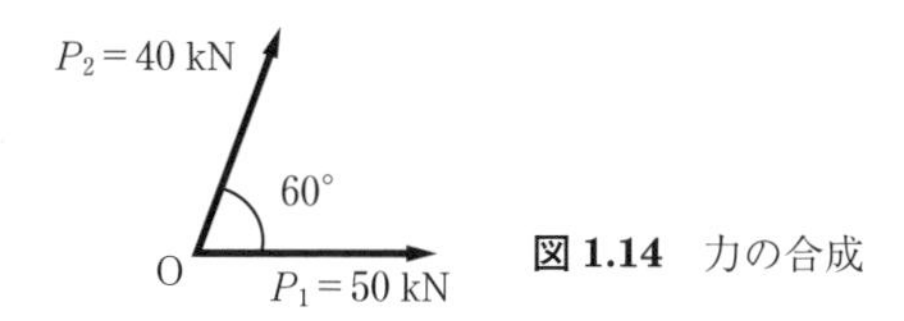

図 1.14　力の合成

チャレンジ問題 1–3　**図 1.15** に示す三つの力 P_1，P_2，P_3 が点 O に作用しているとき，これらの合力 R とその作用方向 β を求めよ。

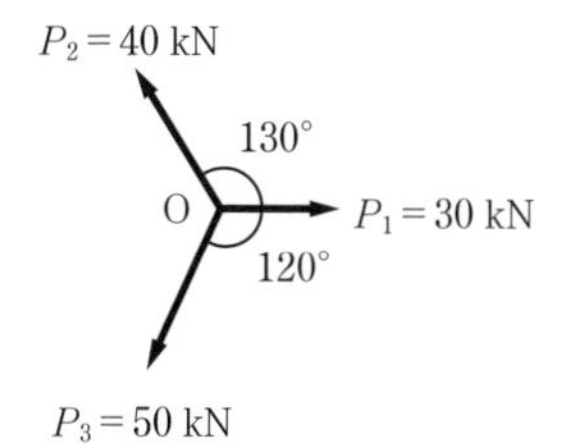

図 1.15　力の合成

チャレンジ問題 1–4　**図 1.16** に示す三つの力 P_1，P_2，P_3 について，点 O に関するモーメントを求めよ。

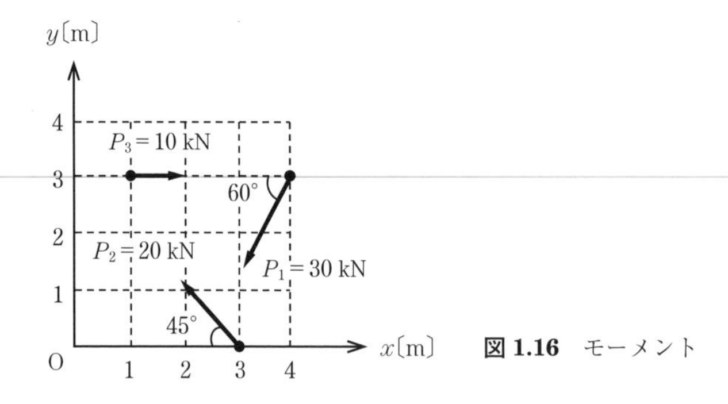

図 1.16　モーメント

チャレンジ問題 1–5　**図 1.17** に示す三つの力 P_1，P_2，P_3 について，点 O に関するモーメントを求めよ。

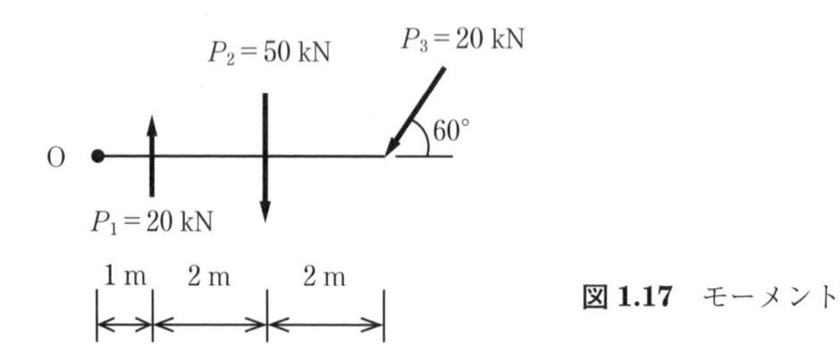

図 1.17　モーメント

著者からのメッセージ

矢野眞和先生の調査結果*によると，「大学時代の学習は，卒業時の知識能力を向上させ，その経験が卒業後に継続することによって，現在の知識能力を向上し，その結果が所得の向上に結びついている」そうである。大学時代の学習とその継続がいかに大切であるかがわかる。「継続教育」，「生涯学習」といった言葉をよく耳にするようになって久しいが，構造力学の勉強も継続が重要である。

東山浩士

*矢野眞和：教育と労働と社会—教育効果の視点から，日本労働研究雑誌，588，pp. 5–15 (2009)

2章

断面の性質

本章では，構造物のたわみ，応力，座屈などの計算に必要となる断面の性質，すなわち，種々の形状を有する断面の図心や断面２次モーメントについて学習する。ただし，本章は５章以降で必要となる内容であることから，先に３章および４章を学習した後に学んでも構わない。

■ 基礎事項 ■

2.1 断面の図心

図 2.1 に示す任意断面の**図心**（center of figure）G の位置（x_0, y_0）は，式(2.1)と式(2.2)より求めることができる。G_x と G_y は x 軸または y 軸に関する**断面１次モーメント**（geometrical moment of area）であり，それぞれ式(2.3)と式(2.4)より求めることができる。なお，A は**断面積**（sectional area）である。

$$x_0 = \frac{G_y}{A} \tag{2.1}$$

$$y_0 = \frac{G_x}{A} \tag{2.2}$$

x 軸に関する断面１次モーメント：

$$G_x = \int_A y dA \tag{2.3}$$

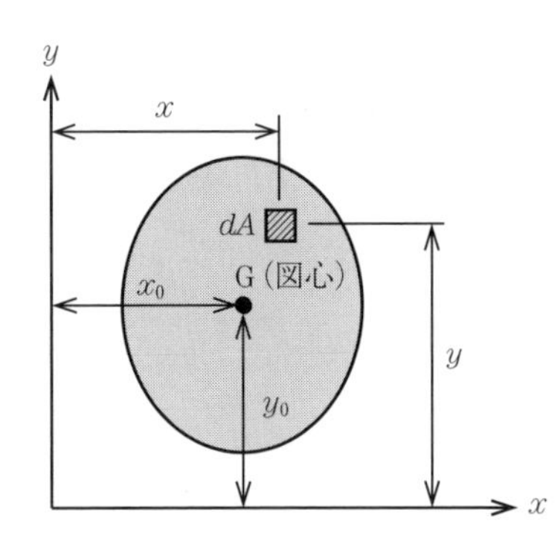

図 2.1　任意断面の図心位置

y 軸に関する断面1次モーメント：

$$G_y = \int_A x dA \tag{2.4}$$

ここで，**図2.2**に示した長方形断面について，x 軸および y 軸に関する断面1次モーメントを求めると，それぞれ式(2.5)と式(2.6)となる。

$$G_x = \int_A y dA = \int_0^h y \times (b \times dy) = \left[b \times \frac{y^2}{2} \right]_0^h = \frac{bh^2}{2} \tag{2.5}$$

$$G_y = \int_A x dA = \int_0^b x \times (h \times dy) = \left[h \times \frac{x^2}{2} \right]_0^b = \frac{hb^2}{2} \tag{2.6}$$

よって，長方形断面の図心位置は，$x_0 = b/2$，$y_0 = h/2$ となる。

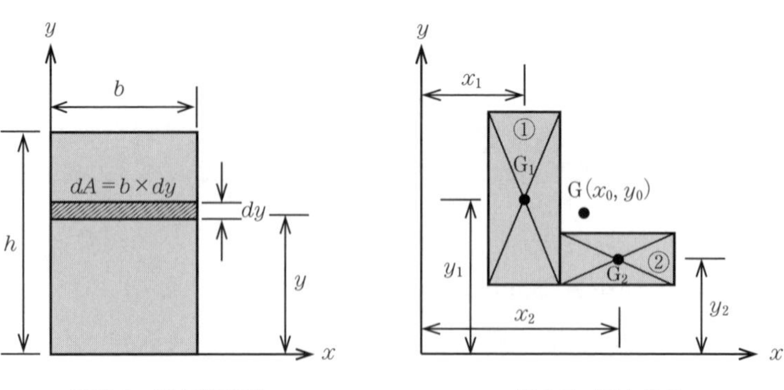

図2.2　長方形断面　　　**図2.3**　図心位置

図2.3に示すいくつかの図形からなる断面の図心位置も，式(2.7)と式(2.8)より簡単に求めることができる。

$$x_0 = \frac{\Sigma (A_i \times x_i)}{\Sigma A_i} = \frac{A_1 \times x_1 + A_2 \times x_2}{A_1 + A_2} \tag{2.7}$$

$$y_0 = \frac{\Sigma (A_i \times y_i)}{\Sigma A_i} = \frac{A_1 \times y_1 + A_2 \times y_2}{A_1 + A_2} \tag{2.8}$$

(A_1，A_2：断面①および断面②の断面積)

2.2　断面2次モーメント

図2.1に示した任意断面の x 軸および y 軸に関する**断面2次モーメント**(geometrical moment of inertia)は，それぞれ式(2.9)と式(2.10)より求めることができる。

x 軸に関する断面2次モーメント：

$$I_x = \int_A y^2 dA \tag{2.9}$$

y 軸に関する断面 2 次モーメント：

$$I_y = \int_A x^2 dA \tag{2.10}$$

ここで，図 2.2 に示した長方形断面について，x 軸に関する断面 2 次モーメントを求めると，式(2.11)となる。

$$I_x = \int_A y^2 dy = \int_0^h y^2 \times (b \times dy) = \left[b \times \frac{y^3}{3} \right]_0^h = \frac{bh^3}{3} \tag{2.11}$$

また，**図 2.4** に示す任意断面の図心軸（nx 軸および ny 軸）に関する断面 2 次モーメントを I_{nx}，I_{ny} とすれば，式(2.9)と式(2.10)は，それぞれ式(2.12)と式(2.13)のように表すことができる。

$$I_x = I_{nx} + A \times {y_0}^2 \tag{2.12}$$

$$I_y = I_{ny} + A \times {x_0}^2 \tag{2.13}$$

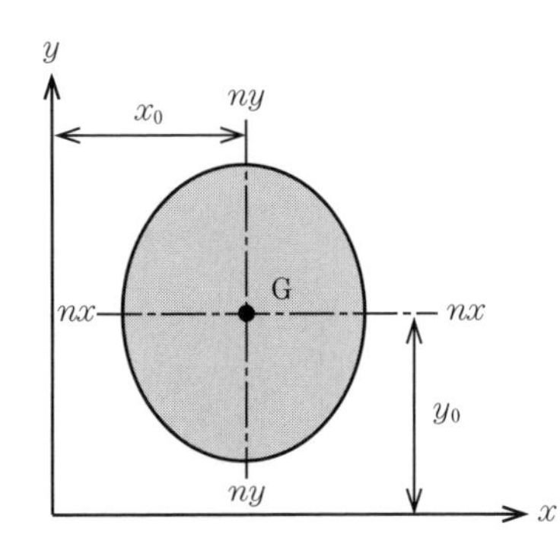

図 2.4　図心軸

ここで，図 2.2 に示した長方形断面の図心軸（nx 軸および ny 軸）に関する断面 2 次モーメントを式(2.9)と式(2.10)より求めると，それぞれ式(2.14)と式(2.15)となる。

$$I_{nx} = \int_A y^2 dy = \int_{-\frac{h}{2}}^{\frac{h}{2}} y^2 \times (b \times dy) = \left[b \times \frac{y^3}{3} \right]_{-\frac{h}{2}}^{\frac{h}{2}} = \frac{bh^3}{12} \tag{2.14}$$

$$I_{ny} = \int_A x^2 dy = \int_{-\frac{b}{2}}^{\frac{b}{2}} x^2 \times (b \times dx) = \left[h \times \frac{x^3}{3} \right]_{-\frac{b}{2}}^{\frac{b}{2}} = \frac{hb^3}{12} \tag{2.15}$$

2.3　主断面 2 次モーメント

主断面 2 次モーメント（principal moment of inertia）は，7 章の計算に必要となることがあるので，簡単に説明しておく。

2 軸対称断面では問題にならないが，ある断面における直交座標系を回転したとき，断面 2 次モーメントが極大または極小となる二つの**主軸**（principal axis）が存在する。これらの主軸に関する断面2次モーメントを主断面2次モーメントといい，それぞれ式(2.16)と式(2.17)より求めることができる。

$$I_1=\frac{1}{2}\left\{(I_{nx}+I_{ny})+\sqrt{(I_{nx}-I_{ny})^2+4I_{nxny}{}^2}\right\} \tag{2.16}$$

$$I_2=\frac{1}{2}\left\{(I_{nx}+I_{ny})-\sqrt{(I_{nx}-I_{ny})^2+4I_{nxny}{}^2}\right\} \tag{2.17}$$

主軸の方向は，**図 2.5** に示すように 1 および 2 で表され，それらはたがいに直交している。また，主軸の方向は式(2.18)より求めることができる。

$$\alpha_1=\frac{1}{2}\tan^{-1}\left(\frac{2I_{nxny}}{I_{ny}-I_{nx}}\right),\quad \alpha_2=\frac{\pi}{2}+\alpha_1 \tag{2.18}$$

nx 軸と ny 軸に平行な x 軸と y 軸に関する**断面相乗モーメント**（product of inertia of area）は式(2.19)より求めることができる。

$$I_{xy}=\int_A xydA=I_{nxny}+A\times x_1y_1 \tag{2.19}$$

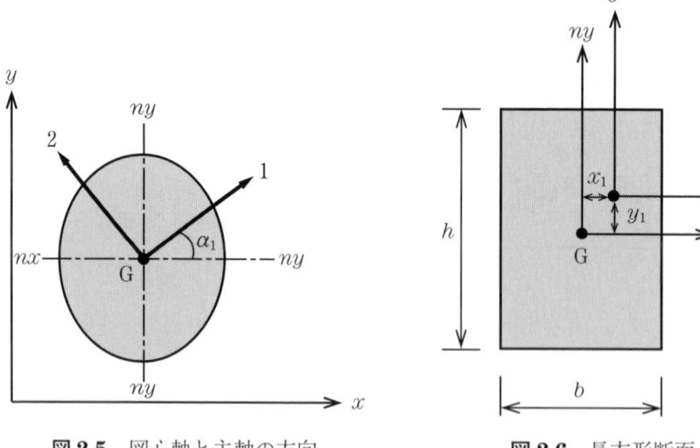

図 2.5　図心軸と主軸の方向　　**図 2.6**　長方形断面

図 2.6 に示す長方形断面のような 2 軸対称断面では，式(2.20)のように，$I_{nxny}=0$ となるため，nx 軸と ny 軸に平行な x 軸と y 軸に関する断面相乗モーメントは式(2.21)となる。

$$I_{nxny}=\int_A xydA=\int_{-\frac{h}{2}}^{\frac{h}{2}}\int_{-\frac{b}{2}}^{\frac{b}{2}} xydxdy=\int_{-\frac{h}{2}}^{\frac{h}{2}}\left[\frac{x^2}{2}\right]_{-\frac{b}{2}}^{\frac{b}{2}} ydy=0 \tag{2.20}$$

$$I_{xy}=A\times x_1y_1 \tag{2.21}$$

■ 基 本 問 題 ■

基本問題 2–1　**図 2.7** に示すL形断面の図心位置（x_0, y_0）と，x 軸および図心軸（nx 軸）に関する断面2次モーメントを求めよ。

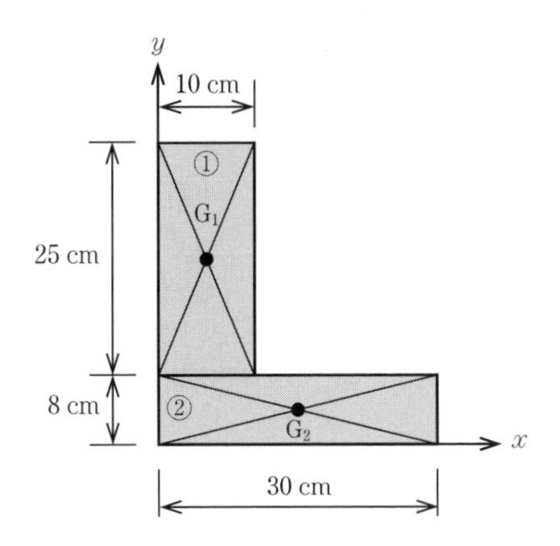

図 2.7　L形断面

解答

x 軸に関する断面1次モーメントは，基礎事項 2.1 の式(2.3)より次式のように求めることができる。

$$G_x=\int_A ydA=\int_8^{33} y\times(10\times dy)+\int_0^8 y\times(30\times dy)=10\times\left[\frac{y^2}{2}\right]_8^{33}+30\times\left[\frac{y^2}{2}\right]_0^8$$

$$=6\,085=6.09\times10^3\ \mathrm{cm}^3$$

また，y 軸に関する断面1次モーメントは，基礎事項 2.1 の式(2.4)より次式のように求めることができる。

$$G_y=\int_A xdA=\int_0^{10} x\times(25\times dx)+\int_0^{30} x\times(8\times dx)=25\times\left[\frac{x^2}{2}\right]_0^{10}+8\times\left[\frac{x^2}{2}\right]_0^{30}$$

$$=4\,850=4.85\times10^3\ \mathrm{cm}^3$$

断面積は $A=490\ \mathrm{cm}^2$ であるから，図心位置は，基礎事項 2.1 の式(2.1)と式(2.2)よりそれぞれ次式のように求めることができる。

$$x_0=\frac{G_y}{A}=\frac{4\,850}{490}=9.9\ \mathrm{cm}$$

$$y_0=\frac{G_x}{A}=\frac{6\,085}{490}=12.4\ \mathrm{cm}$$

［別解①］　基礎事項2.1の式(2.7)と式(2.8)を用いても，つぎのように同様の解答を得ることができる。

$$x_0=\frac{A_1\times x_1+A_2\times x_2}{A_1+A_2}=\frac{250\times5+240\times15}{250+240}=9.9\ \mathrm{cm}$$

$$y_0=\frac{A_1\times y_1+A_2\times y_2}{A_1+A_2}=\frac{250\times20.5+240\times4}{250+240}=12.4\ \mathrm{cm}$$

x 軸に関する断面2次モーメントは基礎事項 2.2 の式(2.9)より次式のように求めることができる。

$$I_x=\int_A y^2dA=\int_8^{33} y^2\times(10\times dy)+\int_0^8 y^2\times(30\times dy)=10\times\left[\frac{y^3}{3}\right]_8^{33}+30\times\left[\frac{y^3}{3}\right]_0^8$$

$= 123\ 203 = 1.23 \times 10^5\ \mathrm{cm}^4$

［別解 ②］　基礎事項 2.2 の式(2.12)より，つぎのように求めることもできる（**図 2.8** 参照）。

$$I_x = \Sigma(I_{nxi} + A_i \times y_i^2) = (I_{nx1} + A_1 \times y_1^2) + (I_{nx2} + A_2 \times y_2^2)$$

$$= \left(\frac{10 \times 25^3}{12} + 10 \times 25 \times 20.5^2\right) + \left(\frac{30 \times 8^3}{12} + 30 \times 8 \times 4^2\right) = 123\ 203 = 1.23 \times 10^5\ \mathrm{cm}^4$$

図心軸（nx 軸）に関する断面 2 次モーメントは次式のように求めることができる。

$$I_{nx} = \int_A y^2 dA = \int_{-4.4}^{20.6} y^2 \times (10 \times dy) + \int_{-12.4}^{-4.4} y^2 \times (30 \times dy) = 10 \times \left[\frac{y^3}{3}\right]_{-4.4}^{20.6} + 30 \times \left[\frac{y^3}{3}\right]_{-12.4}^{-4.4}$$

$$= 47\ 638 = 4.76 \times 10^4\ \mathrm{cm}^4$$

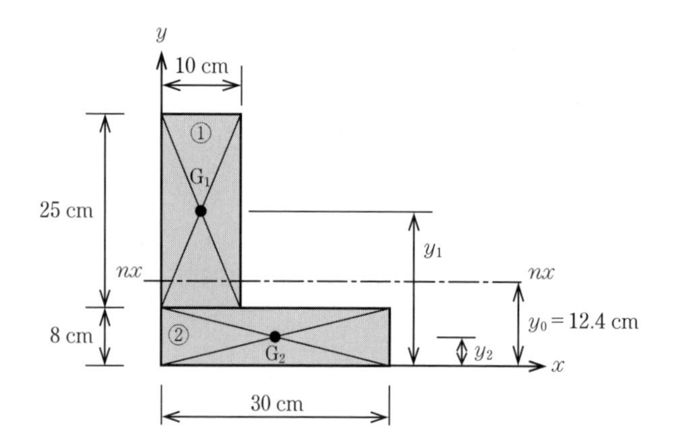

図 2.8　L 形断面の図心軸

［別解 ③］　図 2.8 に示すように，x 軸から図心位置までの距離は，$y_0 = 12.4$ cm である。求めようとする断面 2 次モーメントの基準が x 軸から nx 軸へ平行移動しているので，断面の図心位置（y_0）と断面 ① および断面 ② の図心位置（y_1 および y_2）との差を考慮して，次式のように求めることもできる。

$$I_{nx} = \Sigma\{I_{nxi} + A_i \times (y_i - y_0)^2\}$$

$$= \left\{\frac{10 \times 25^3}{12} + 10 \times 25 \times (20.5 - 12.4)^2\right\} + \left\{\frac{30 \times 8^3}{12} + 30 \times 8 \times (4 - 12.4)^2\right\}$$

$$= 47\ 638 = 4.76 \times 10^4\ \mathrm{cm}^4$$

基本問題 2-2　　**図 2.9** に示す断面の図心位置（x_0, y_0）と，x 軸および図心軸（nx 軸）に関する断面 2 次モーメントを求めよ。

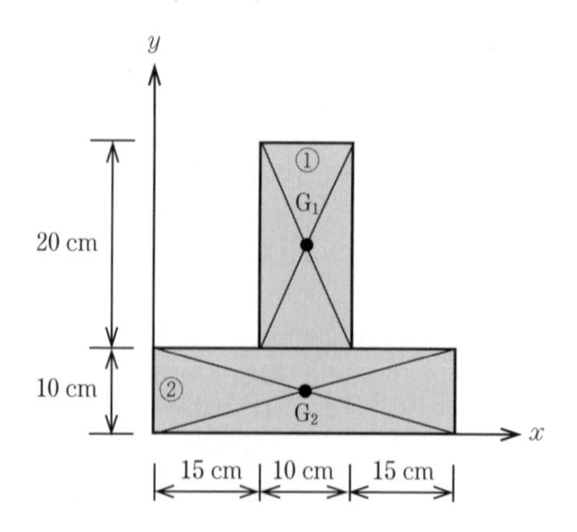

図 2.9　逆 T 形断面

解答

図心位置（**図 2.10**）：

$$x_0 = \frac{A_1 \times x_1 + A_2 \times x_2}{A_1 + A_2} = \frac{200 \times 20 + 400 \times 20}{200 + 400} = 20 \text{ cm}$$

$$y_0 = \frac{A_1 \times y_1 + A_2 \times y_2}{A_1 + A_2} = \frac{200 \times 20 + 400 \times 5}{200 + 400} = 10 \text{ cm}$$

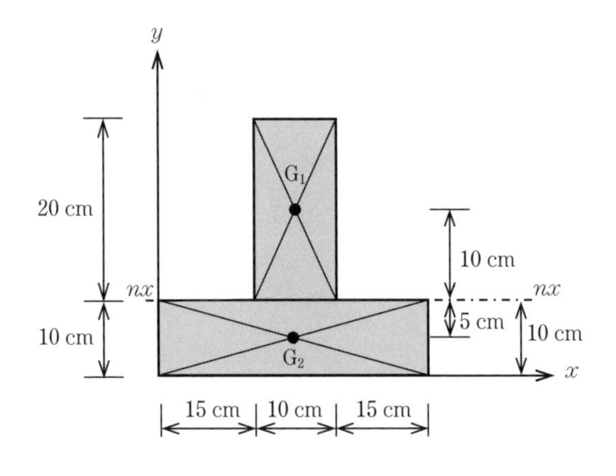

図 2.10　逆 T 形断面の図心軸

x 軸に関する断面 2 次モーメント：

$$I_x = \Sigma (I_{nxi} + A_i \times y_i{}^2) = (I_{nx1} + A_1 \times y_1{}^2) + (I_{nx2} + A_2 \times y_2{}^2)$$

$$= \left(\frac{10 \times 20^3}{12} + 10 \times 20 \times 20^2\right) + \left(\frac{40 \times 10^3}{12} + 40 \times 10 \times 5^2\right) = 100\,000 = 1.00 \times 10^5 \text{ cm}^4$$

図心軸（nx 軸）に関する断面 2 次モーメント：

$$I_{nx} = \Sigma \{I_{nxi} + A_i \times (y_i - y_0)^2\}$$

$$= \left\{\frac{10 \times 20^3}{12} + 10 \times 20 \times (20 - 10)^2\right\} + \left\{\frac{40 \times 10^3}{12} + 40 \times 10 \times (5 - 10)^2\right\} = 40\,000 = 4.00 \times 10^4 \text{ cm}^4$$

基本問題 2–3　**図 2.11** に示す断面の図心位置（x_0, y_0）と，x 軸および図心軸（nx 軸）に関する断面 2 次モーメントを求めよ。

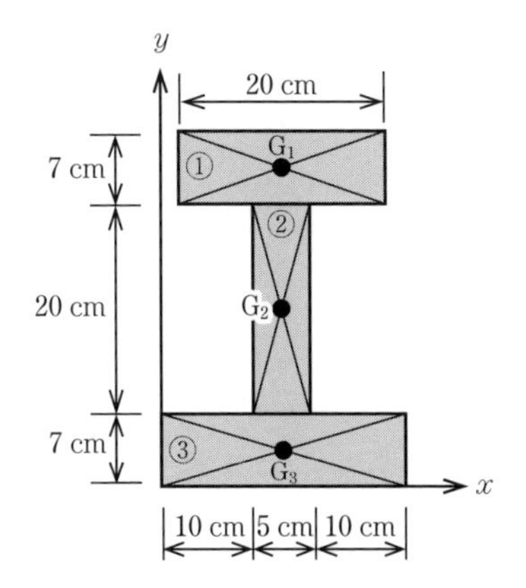

図 2.11　I 形断面

解答

図心位置（**図 2.12**）：

$$x_0=\frac{A_1\times x_1+A_2\times x_2+A_3\times x_3}{A_1+A_2+A_3}=\boxed{}$$

$$y_0=\frac{A_1\times y_1+A_2\times y_2+A_3\times y_2}{A_1+A_2+A_3}=\boxed{}$$

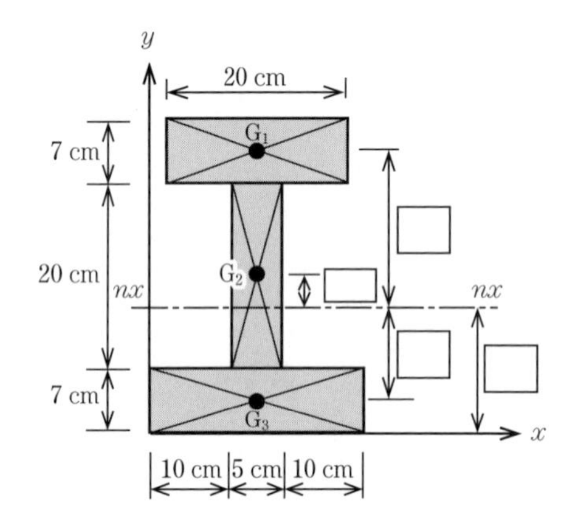

図 2.12　I 形断面の図心軸

x 軸に関する断面 2 次モーメント：

$$I_x=\Sigma(I_{nxi}+A_i\times y_i^2)=(I_{nx1}+A_1\times y_1^2)+(I_{nx2}+A_2\times y_2^2)+(I_{nx3}+A_3\times y_3^2)$$

$$=\boxed{}$$

図心軸（nx 軸）に関する断面 2 次モーメント：

$$I_{nx}=\Sigma\{I_{nxi}+A_i\times(y_i-y_0)^2\}$$

$$=\boxed{}$$

基本問題 2-4　**図 2.13** に示す断面の図心位置（x_0, y_0）と，x 軸および図心軸（nx 軸）に関する断面 2 次モーメントを求めよ。

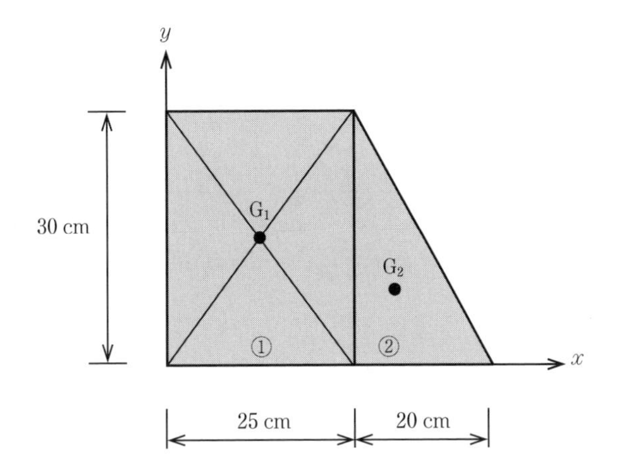

図 2.13　台形断面

解答

図心位置（**図 2.14**）：

$$x_0 = \frac{A_1 \times x_1 + A_2 \times x_2}{A_1 + A_2} = \boxed{}$$

$$y_0 = \frac{A_1 \times y_1 + A_2 \times y_2}{A_1 + A_2} = \boxed{}$$

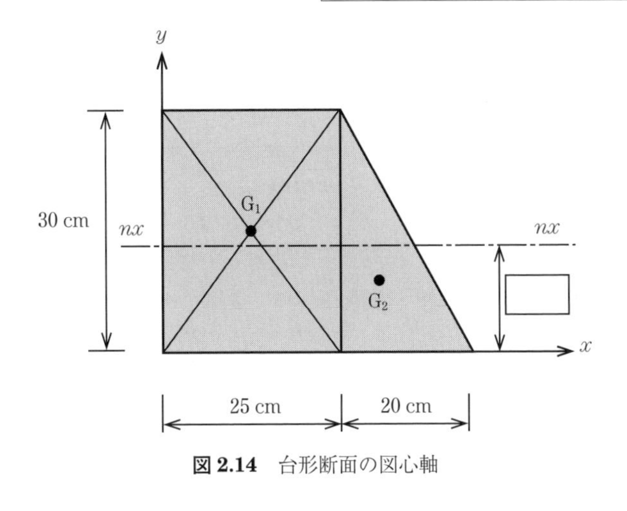

図 2.14　台形断面の図心軸

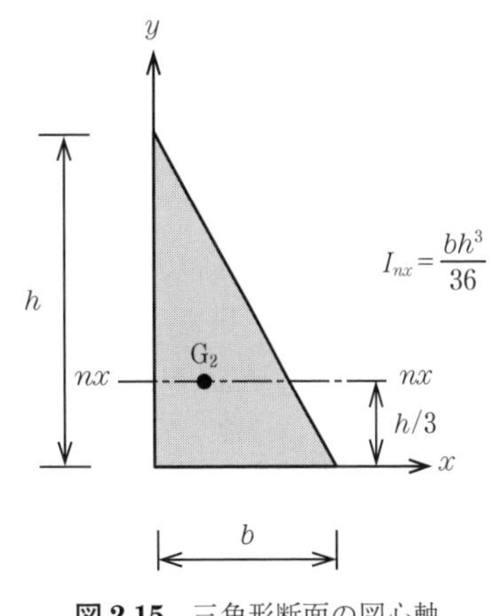

図 2.15　三角形断面の図心軸

x 軸に関する断面 2 次モーメント：

$$I_x = \Sigma(I_{nxi} + A_i \times y_i^2) = (I_{nx1} + A_1 \times y_1^2) + (I_{nx2} + A_2 \times y_2^2)$$

$$= \boxed{}$$

Point

三角形断面の図心軸（nx 軸）に関する断面 2 次モーメントは**図 2.15** を参照のこと。

図心軸（nx 軸）に関する断面 2 次モーメント：

$$I_{nx}=\Sigma\{I_{nxi}+A_i\times(y_i-y_0)^2\}$$

$$=\boxed{\qquad\qquad\qquad\qquad}$$

基本問題 2–5　**図 2.16** に示す断面の図心位置（x_0, y_0）と，x 軸および図心軸（nx 軸）に関する断面 2 次モーメントを求めよ。

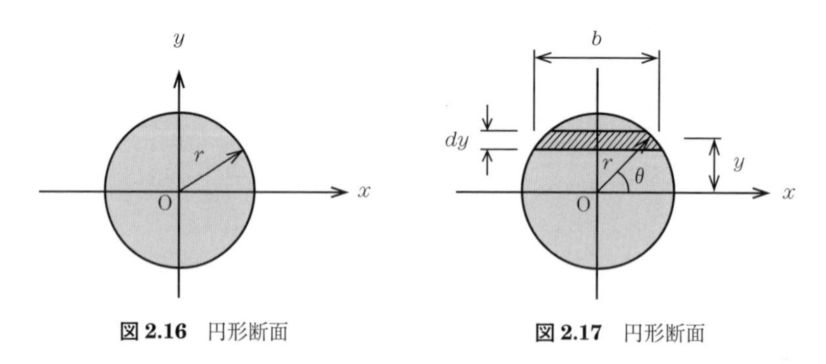

図 2.16　円形断面　　**図 2.17**　円形断面

解答

図心位置は対称性より，$x_0=y_0=0$ となる。

x 軸に関する断面 2 次モーメントは，**図 2.17** を参照して

$$b=2r\cos\theta$$

$$y=r\sin\theta$$

$$dy=r\cos\theta d\theta$$

$$I_x=\int_A y^2 dA=\int y^2(b\times dy)$$

$$=2\int_0^{\frac{\pi}{2}}(r\sin\theta)^2(2r\cos\theta)(r\cos\theta d\theta)$$

$$=r^4\int_0^{\frac{\pi}{2}}(4\sin^2\theta\cos^2\theta)d\theta=r^4\int_0^{\frac{\pi}{2}}(2\sin\theta\cos\theta)^2 d\theta$$

$$=r^4\int_0^{\frac{\pi}{2}}\sin^2 2\theta d\theta$$

$$=\frac{r^4}{2}\int_0^{\frac{\pi}{2}}(1-\cos 4\theta)d\theta=\frac{r^4}{2}\left[\theta-\frac{\sin 4\theta}{4}\right]_0^{\frac{\pi}{2}}=\frac{\pi r^4}{4}$$

となる。

> **Point**
> 積分範囲は0〜$\pi/2$とし，x 軸に対して対称断面であるので，2 倍すればよい。

いま，nx 軸と x 軸が一致しているので，nx 軸に関する断面 2 次モーメントはつぎのように x 軸に関する断面 2 次モーメントと同じになる。

$$I_{nx}=\frac{\pi r^4}{4}$$

基本問題 2–6　**図 2.18** に示す断面の図心位置（x_0, y_0）と，x 軸および図心軸（nx 軸）に関する断面 2 次モーメントを求めよ。

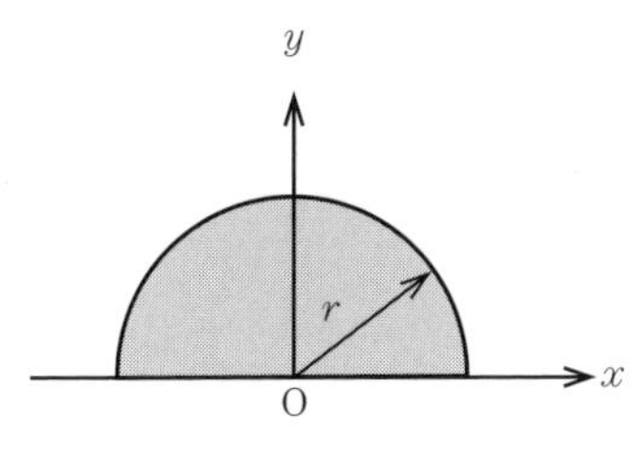

図 2.18　半円形断面

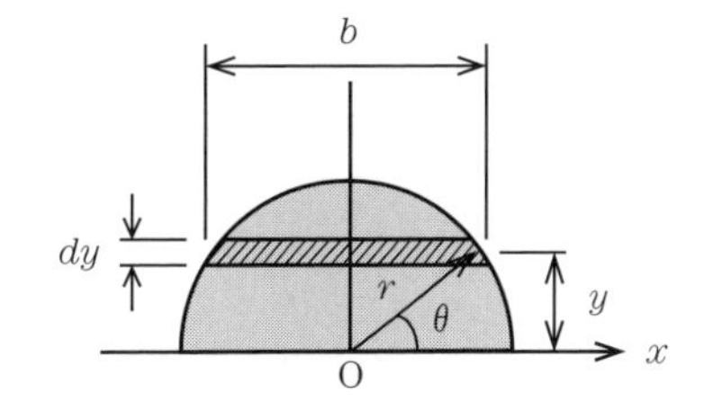

図 2.19　半円形断面

解答

図 2.19 を参照して

$$b = 2r\cos\theta$$

$$y = r\sin\theta$$

$$dy = r\cos\theta d\theta$$

とすることができる。

x 軸に関する断面 1 次モーメントは

$$G_x = \int_A ydA = \int y \times (b \times dy) = \int_0^{\frac{\pi}{2}} (r\sin\theta) \times (2r^2\cos^2\theta) d\theta = 2r^3 \int_0^{\frac{\pi}{2}} \sin\theta\cos^2\theta d\theta$$

となる。ここで，$t = \cos\theta$ とおくと

$\theta = 0$ のとき $t = 1$

$\theta = \dfrac{\pi}{2}$ のとき $t = 0$

となり，また，$dt = -\sin\theta d\theta$ となる。よって，つぎのようになる。

$G_x =$ ［　　　　］

$y_0 = \dfrac{G_x}{A} =$ ［　　　　］

$x_0 =$ ［　　　　］

半円形断面の x 軸に関する断面 2 次モーメントは，基本問題 2–5 に示した円形断面の x 軸に関する断面 2 次モーメントの 1/2 となるので

$I_x =$ ［　　　　］

となり，図心軸（nx 軸）に関する断面 2 次モーメントは，基礎事項 2.2 の式(2.12)より

$I_{nx} = I_x - A \times {y_0}^2 =$ ［　　　　］

となる。

基本問題 2-7　**図 2.20** に示すL形断面について，nx 軸と ny 軸を図心回りに回転させたときの主軸1と2の方向と主断面2次モーメントを求めよ。

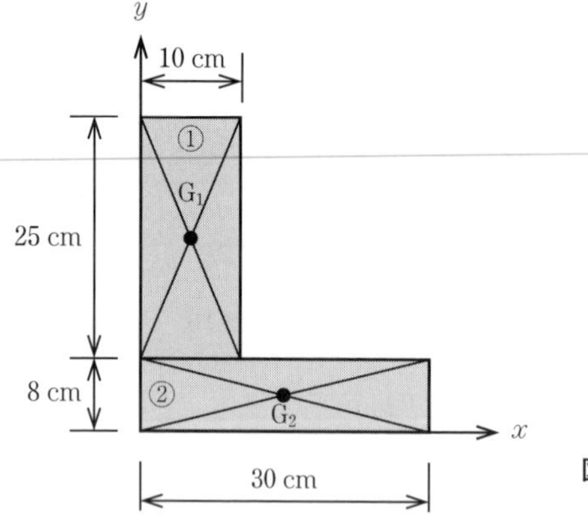

図 2.20　L形断面

解答

図心位置および nx 軸に関する断面2次モーメントは，すでに基本問題 2-1 でつぎのように求めた。

$$x_0 = 9.9\ \text{cm},\quad y_0 = 12.4\ \text{cm}$$

$$I_{nx} = 47\,638 = 4.76 \times 10^4\ \text{cm}^4$$

ny 軸に関する断面2次モーメント：

$$I_{ny} = \Sigma\{I_{nyi} + A_i \times (x_i - x_0)^2\} = \left\{\frac{25 \times 10^3}{12} + 25 \times 10 \times (5 - 9.9)^2\right\} + \left\{\frac{8 \times 30^3}{12} + 8 \times 30 \times (15 - 9.9)^2\right\}$$

$$= 32\,328 = 3.23 \times 10^4\ \text{cm}^4$$

nx 軸と ny 軸に関する断面相乗モーメントは，**図 2.21** を参照して

$$I_{nxny} = A_1 \times x_{G1} y_{G1} + A_2 \times x_{G2} y_{G2}$$

$$= 10 \times 25 \times 4.9 \times (-8.1) + 30 \times 8 \times (-5.1) \times 8.4$$

$$= -20\,204 = -2.02 \times 10^4\ \text{cm}^4$$

> **Point**
> x_{Gi}，y_{Gi} は各長方形の図心を起点として，nx 軸，ny 軸までの距離およびその符号を考慮する。

主軸の方向（**図 2.22**）：

$$\alpha_1 = \frac{1}{2}\tan^{-1}\left(\frac{2I_{nxny}}{I_{ny} - I_{nx}}\right) = \frac{1}{2}\tan^{-1}\left(\frac{-2 \times 20\,204}{32\,328 - 47\,638}\right)$$

$$= 34.6°$$

$$\alpha_2 = 90° + \alpha_1 = 90° + 34.6° = 124.6°$$

主断面2次モーメント：

$$I_1 = \frac{1}{2}\left\{(I_{nx} + I_{ny}) + \sqrt{(I_{nx} - I_{ny})^2 + 4I_{nxny}{}^2}\right\}$$

$$= \frac{1}{2}\left\{(47\,638 + 32\,328) + \sqrt{(47\,638 - 32\,328)^2 + 4 \times (-20\,204)^2}\right\} = 61\,589 = 6.16 \times 10^4\ \text{cm}^4$$

$$I_2 = \frac{1}{2}\left\{(I_{nx} + I_{ny}) - \sqrt{(I_{nx} - I_{ny})^2 + 4I_{nxny}{}^2}\right\}$$

$$= \frac{1}{2}\left\{(47\,638 + 32\,328) - \sqrt{(47\,638 - 32\,328)^2 + 4 \times (-20\,204)^2}\right\} = 18\,377 = 1.84 \times 10^4\ \text{cm}^4$$

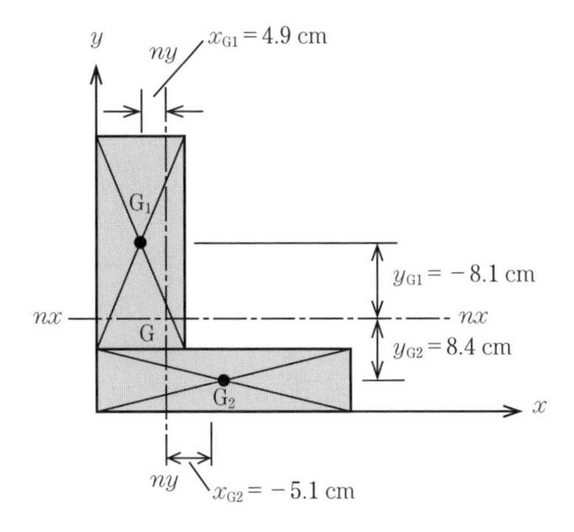

図 2.21　L 形断面の図心軸

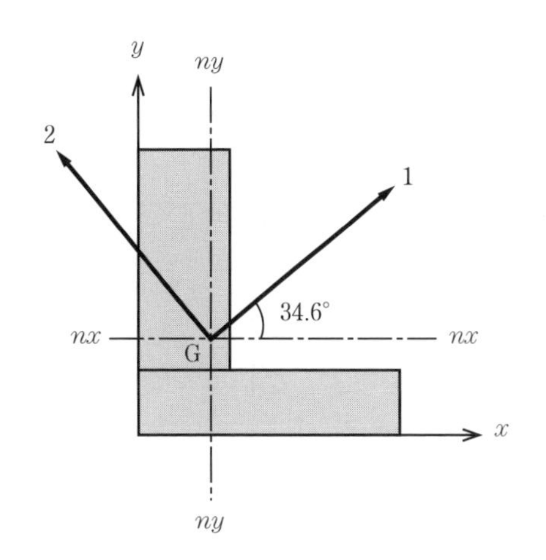

図 2.22　L 形断面の主軸

■ チャレンジ問題 ■

チャレンジ問題 2–1　**図 2.23** に示す断面の図心位置（x_0, y_0）と，x 軸および図心軸（nx 軸）に関する断面 2 次モーメントを求めよ。

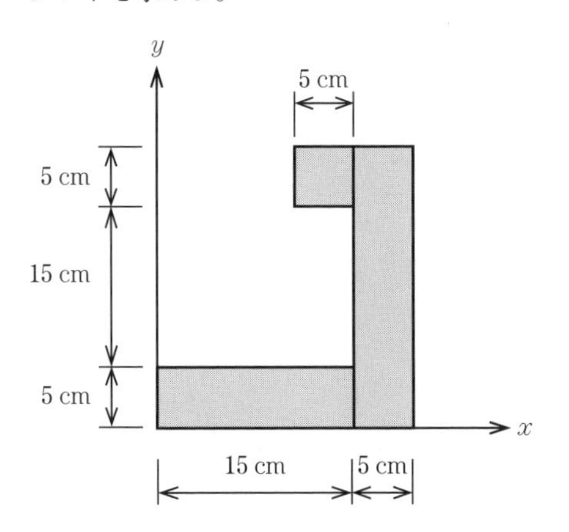

図 2.23　断　面

チャレンジ問題 2-2　**図 2.24** に示す長方形断面内に直径 5 cm の中空部を有する断面の図心位置 (x_0, y_0) と，x 軸および図心軸（nx 軸）に関する断面 2 次モーメントを求めよ。

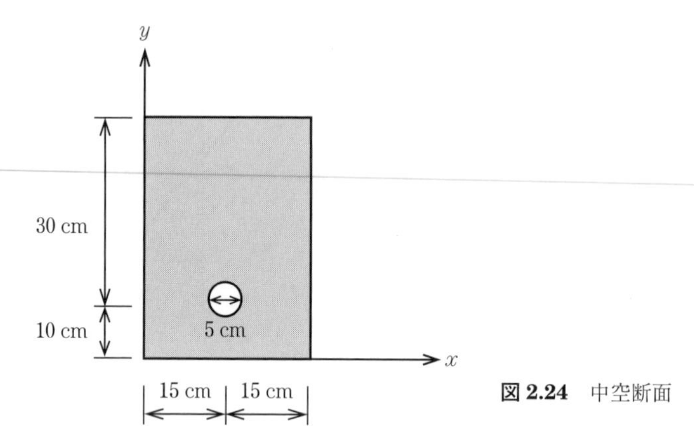

図 2.24　中空断面

チャレンジ問題 2-3　**図 2.25** に示す 1 辺の長さが a である正六角形断面の図心位置 (x_0, y_0) と，x 軸および図心軸（nx 軸）に関する断面 2 次モーメントを求めよ。

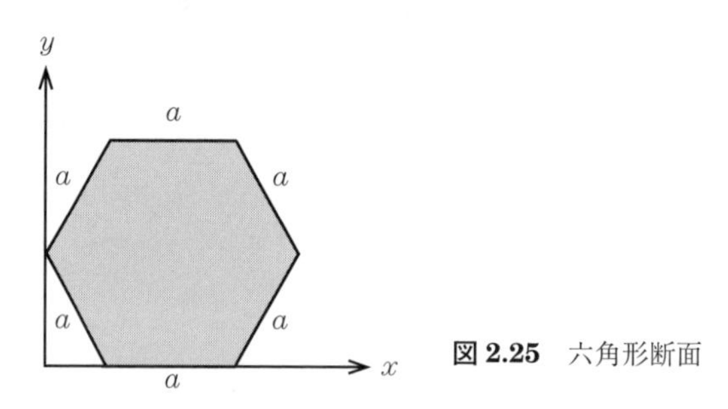

図 2.25　六角形断面

チャレンジ問題 2-4　**図 2.26** に示す断面の nx 軸の位置 (y_0) と，x 軸および図心軸（nx 軸）に関する断面 2 次モーメントを求めよ。

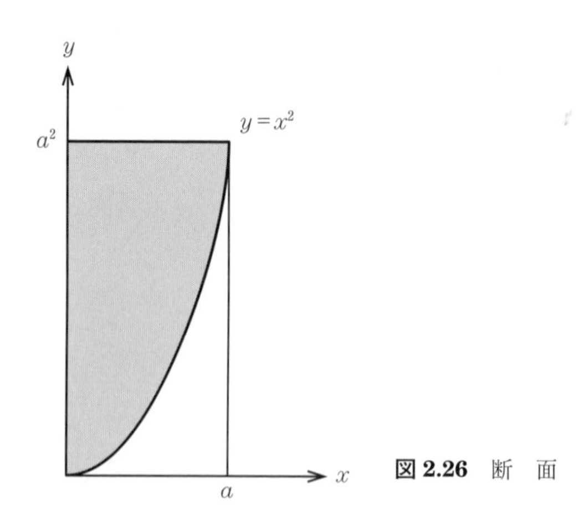

図 2.26　断　面

チャレンジ問題 2-5　**図 2.27** に示す断面について，nx 軸と ny 軸を図心回りに回転させたときの主軸の方向と主断面 2 次モーメントを求めよ。

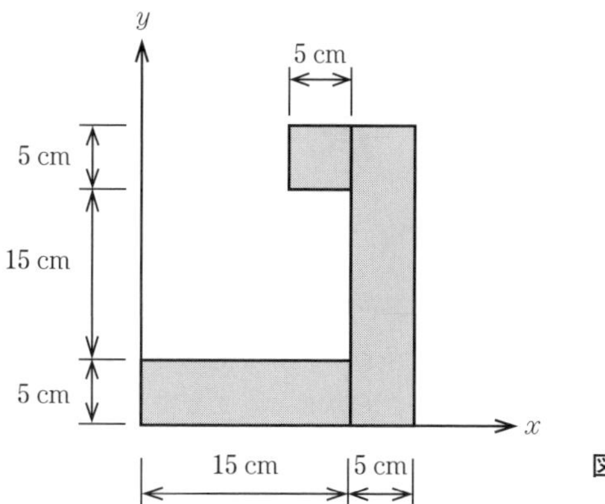

図 2.27　断　面

コーヒーブレイク　<紙を使った断面 2 次モーメントの概念>

厚さ 1 mm，幅 50 mm の厚紙を 8 枚重ねた状態の場合，空のマグカップを置くだけで**図**(a)のように大きく変形するが，同じ 8 枚の厚紙をボンドで接着し，図(b)のようにロの字形の断面にすると，12 リットルの水タンクが載ってもほとんど変形しなくなる。これは，断面 2 次モーメントが大きくなるように断面の形状を形成したためである。実際の鋼橋も，9〜40 mm 程度の薄い鋼板を断面 2 次モーメントが大きくなるような断面に溶接して製作している。

(a)　8枚の厚紙を重ねただけの状態

(b)　8枚の厚紙をロの字形の断面にした場合

図　紙を使った断面 2 次モーメントの概念

3章

支 点 反 力

構造物に荷重（外力）が作用すると，支持条件に応じて構造物を支えるための支点反力が生じる。支点反力は，荷重との力のつり合いから求めることができる。本章では，種々のはりやトラス，ラーメンなどの支点反力の計算を学習する。支点反力は，4章以降の学習で必要になるため，確実に修得しておいてほしい。

■ 基 礎 事 項 ■

3.1　力のつり合い式

静定構造物の支点反力は，式(3.1)～(3.3)に示す三つの**力のつり合い式**（equation of equilibrium of forces）を用いて求めることができる。

$\sum H=0$　（水平方向に作用するすべての力がつり合っている）　(3.1)

$\sum V=0$　（鉛直方向に作用するすべての力がつり合っている）　(3.2)

$\sum M=0$　（任意点に作用するすべての力のモーメントがつり合っている）　(3.3)

3.2　多数の集中荷重が作用するはりの支点反力

図 3.1 に示す**単純ばり**（simple beam）に多数の集中荷重が作用しているとき，点 A および点 B における支点反力を力のつり合いから求める。

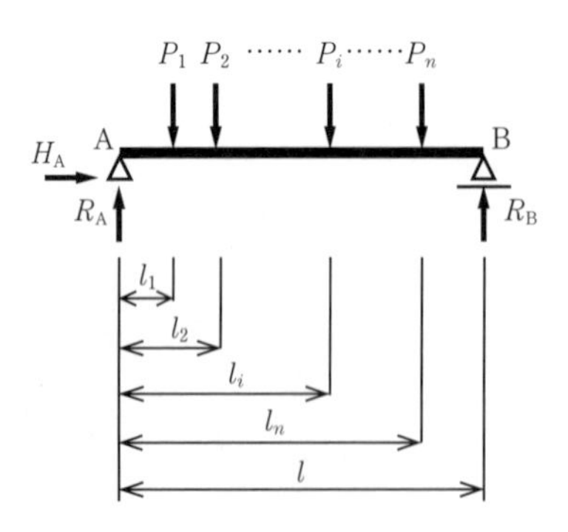

図 3.1　多数の集中荷重が作用する単純ばり

水平方向の力のつり合い式（右向きを正とする）：

$$\sum H = H_{\mathrm{A}} = 0 \tag{3.4}$$

鉛直方向の力のつり合い式（上向きを正とする）：

$$\sum V = R_{\mathrm{A}} + R_{\mathrm{B}} + \sum_{i=1}^{n} P_i = 0 \tag{3.5}$$

点 A まわりのモーメントのつり合い式（時計回りを正とする）：

$$\sum M = \sum_{i=1}^{n} P_i l_i - R_{\mathrm{B}} l = 0 \tag{3.6}$$

点 B まわりのモーメントのつり合い式（時計回りを正とする）：

$$\sum M = R_{\mathrm{A}} l - \sum_{i=1}^{n} P_i (l - l_i) = 0 \tag{3.7}$$

式(3.6)と式(3.7)，あるいは式(3.5)と式(3.6)より，点 A および点 B における鉛直方向の支点反力 R_{A}，R_{B} はそれぞれ式(3.8)と式(3.9)のように求めることができる。

$$R_{\mathrm{A}} = \frac{\sum_{i=1}^{n} P_i (l - l_i)}{l} \tag{3.8}$$

$$R_{\mathrm{B}} = \frac{\sum_{i=1}^{n} P_i l_i}{l} \tag{3.9}$$

3.3　分布荷重と等価な集中荷重

力のつり合いを考えるときには，**図 3.2** に示すように，分布荷重は等価な集中荷重（R）に置き換えて計算する。また，等価な集中荷重が作用する位置も求めておく必要がある。

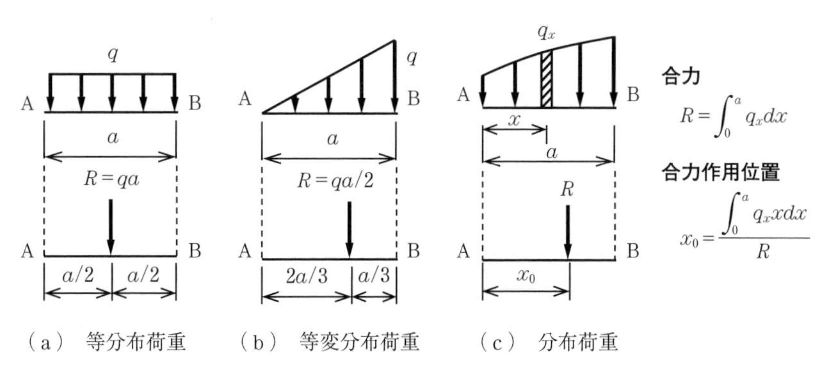

図 3.2　分布荷重と等価な集中荷重

■ 基 本 問 題 ■

基本問題 3-1　**図 3.3** に示す単純ばりの支点反力を求めよ。

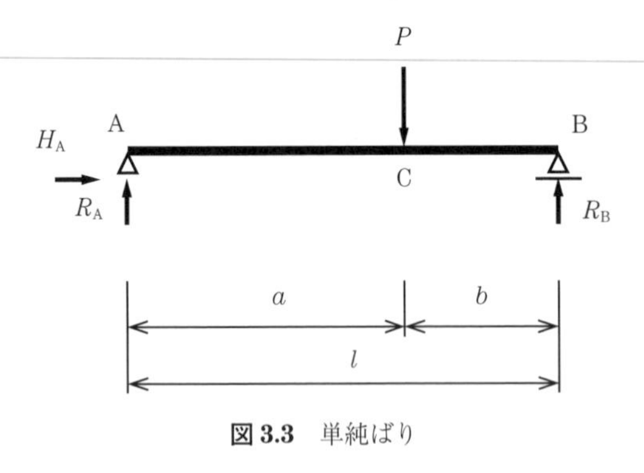

図 3.3　単純ばり

Point
力のつり合い式から支点反力が求まるまで，支点反力の実際の向きがわからない。そのため，最初は支点反力の向きを仮定して計算する。

解答

支点反力は，図 3.3 に示した方向を正として，力のつり合い式より，つぎのように求めることができる。

水平方向の力のつり合い式（右向きを正とする）：

$$\sum H = H_A = 0 \quad \therefore H_A = 0$$

点 B まわりのモーメントのつり合い式（時計回りを正とする）：

$$\sum M = R_A \times l - P \times b = 0 \quad \therefore R_A = \frac{b}{l}P$$

鉛直方向の力のつり合い式（上向きを正とする）：

$$\sum V = R_A + R_B - P = 0 \quad \therefore R_B = -R_A + P = -\frac{b}{l}P + P = \frac{a}{l}P$$

ここで，点 A まわりのモーメントのつり合い式から，つぎのように R_B を求めることもできる。どちらのつり合い式を用いてもよい。

$$\sum M = P \times a - R_B \times l = 0 \quad \therefore R_B = \frac{a}{l}P$$

基本問題 3-2　**図 3.4** に示す単純ばりの支点反力を求めよ。

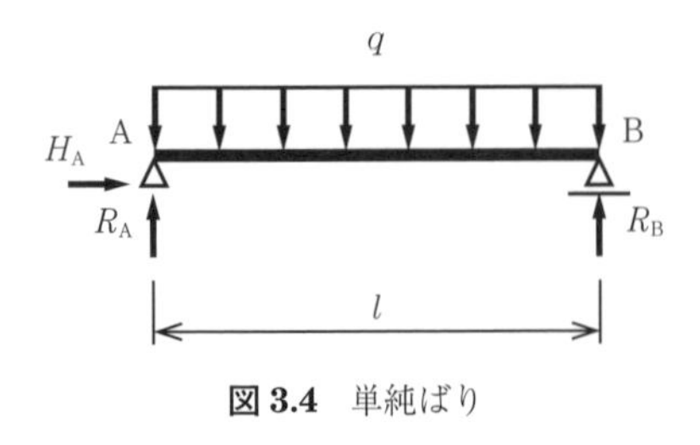

図 3.4　単純ばり

Point
等分布荷重は等価な一つの集中荷重に置き換えて考える。

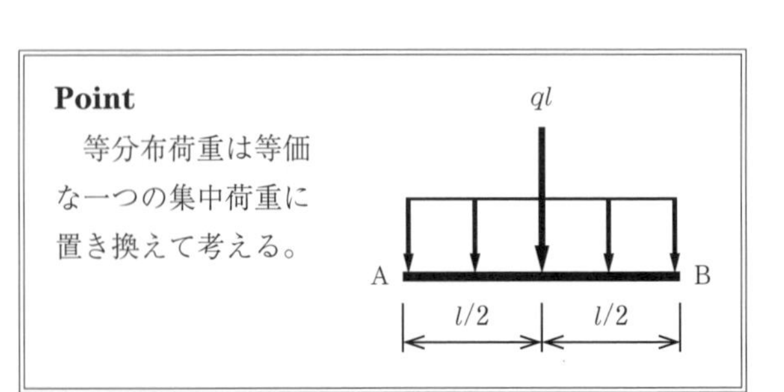

解答

水平方向の力のつり合い式：

$$\sum H = H_A = 0 \quad \therefore H_A = 0$$

点 B まわりのモーメントのつり合い式：

$$\sum M = R_A \times l - q \times l \times \frac{l}{2} = 0 \quad \therefore R_A = \frac{ql}{2}$$

鉛直方向の力のつり合い式：

$$\sum V = R_A + R_B - ql = 0 \quad \therefore R_B = -R_A + ql = -\frac{ql}{2} + ql = \frac{ql}{2}$$

基本問題 3-3　**図 3.5** に示す単純ばりの支点反力を求めよ。

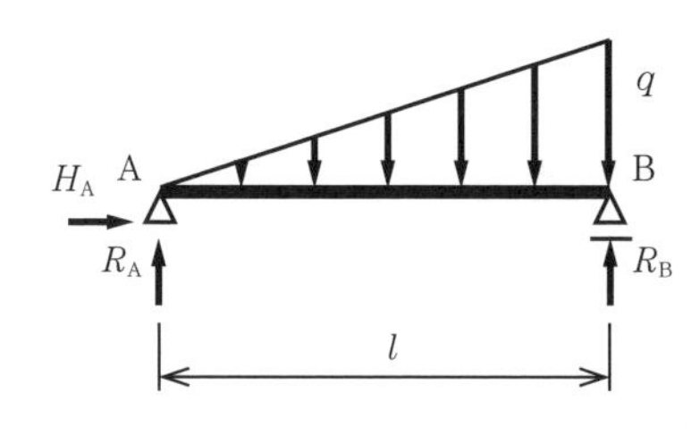

図 3.5　単純ばり

解答

水平方向の力のつり合い式：

$$\sum H = H_A = 0 \quad \therefore H_A = 0$$

点 B まわりのモーメントのつり合い式：

$$\sum M = R_A \times l - \frac{1}{2} \times q \times l \times \frac{l}{3} = 0 \quad \therefore R_A = \frac{ql}{6}$$

鉛直方向のつり合い式：

$$\sum V = R_A + R_B - \frac{ql}{2} = 0$$

$$\therefore R_B = -R_A + \frac{ql}{2} = -\frac{ql}{6} + \frac{ql}{2} = \frac{ql}{3}$$

Point

等変分布荷重も同様に等価な一つの集中荷重に置き換えて考える。

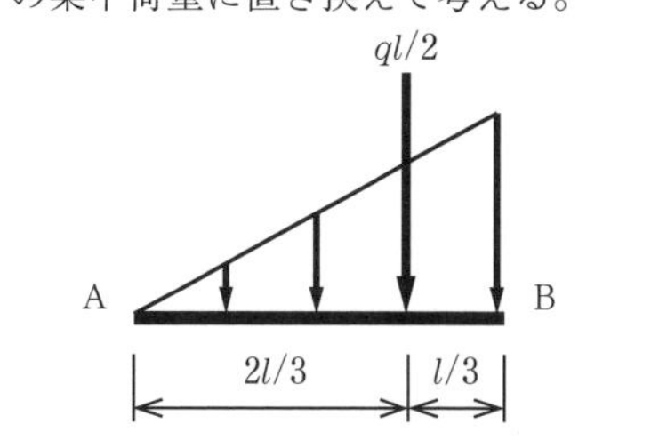

基本問題 3-4　**図 3.6** に示す単純ばりの支点反力を求めよ。

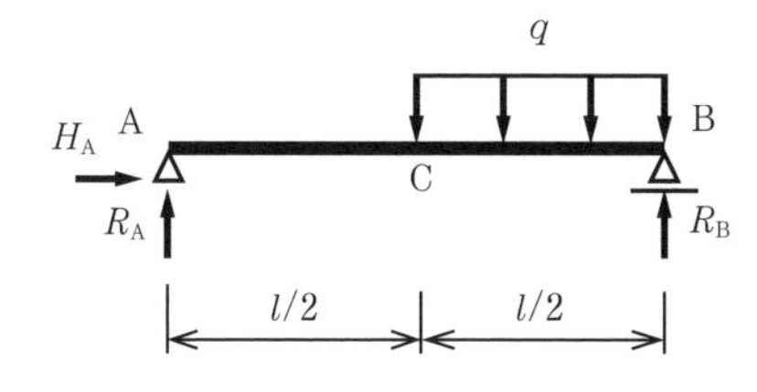

図 3.6　単純ばり

解答

水平方向の力のつり合い式：

$\sum H=$ [ ]　　$\therefore H_A=$ [ ]

点Bまわりのモーメントのつり合い式：

$\sum M=$ [ ]　　$\therefore R_A=$ [ ]

鉛直方向の力のつり合い式：

$\sum V=$ [ ]　　$\therefore R_B=$ [ ]

基本問題 3-5　**図 3.7** に示す単純ばりの支点反力を求めよ。

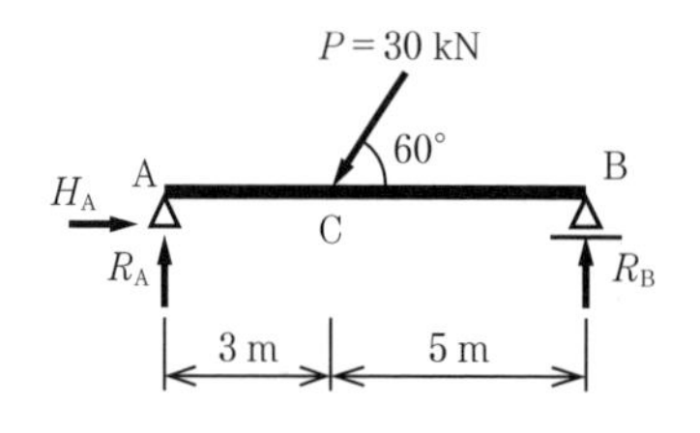

図 3.7　単純ばり

解答

荷重 P の水平成分 P_H と鉛直成分 P_V はつぎのようになる。

$$P_H=P\cos 60°=30\times\cos 60°=15\text{ kN}$$

$$P_V=P\sin 60°=30\times\sin 60°=26\text{ kN}$$

支点反力は，力のつり合い式より，つぎのように求めることができる。

水平方向の力のつり合い式：

$$\sum H=H_A-P_H=0\quad \therefore H_A=P_H=15\text{ kN}$$

点Bまわりのモーメントのつり合い式：

$$\sum M=R_A\times 8-P_V\times 5=0$$

$$\therefore R_A=\frac{5}{8}P_V=\frac{5}{8}\times 26=16.25\text{ kN}$$

鉛直方向の力のつり合い式：

$$\sum V=R_A+R_B-P_V=0$$

$$\therefore R_B=-R_A+P_V=-16.25+26=9.75\text{ kN}$$

> **Point**
> 斜めに作用する荷重では，水平成分 P_H が存在するので，$\sum H=0$ の力のつり合い式に水平成分を忘れないこと。

> **Point**
> 荷重 P の水平成分 P_H に対して，回転中心である点Bからの距離は0（ゼロ）なので，モーメントは0（ゼロ）である。

基本問題 3-6　**図 3.8** に示す単純ばりの支点反力を求めよ。

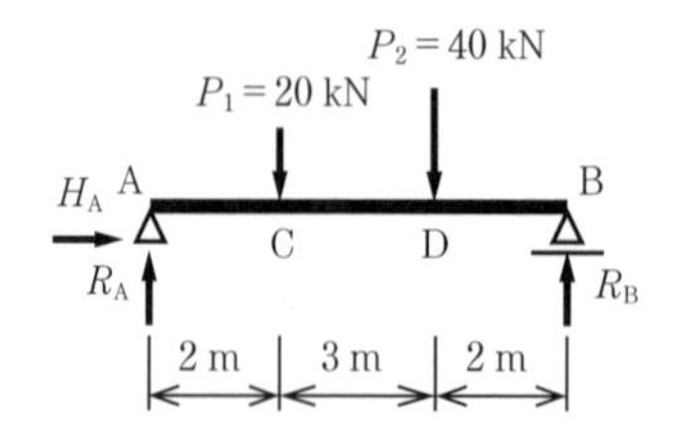

図 3.8　単純ばり

解答

水平方向の力のつり合い式：

$\sum H =$ [ ]　$\therefore H_A =$ [ ]

点 B まわりのモーメントのつり合い式：

$\sum M =$ [ ]

$\therefore R_A =$ [ ]

鉛直方向の力のつり合い式：

$\sum V =$ [ ]　$\therefore R_B =$ [ ]

基本問題 3-7　**図 3.9** に示す単純ばりの支点反力を求めよ。

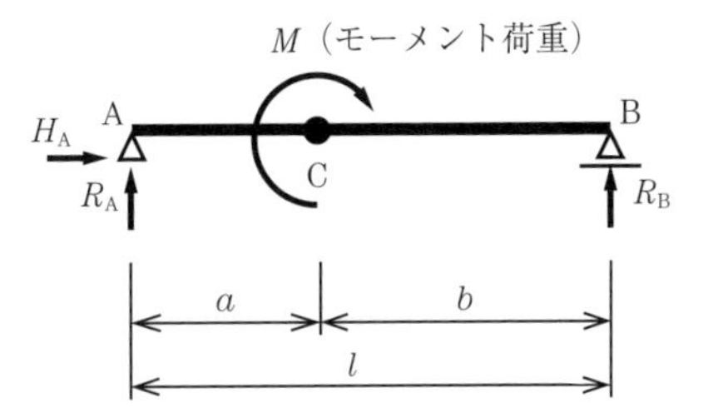

図 3.9　単純ばり

解答

水平方向の力のつり合い式：

$\sum H = H_A = 0 \quad \therefore H_A = 0$

点 B まわりのモーメントのつり合い式：

$$\sum M = R_A \times l + M = 0 \quad \therefore R_A = -\frac{M}{l}$$

鉛直方向の力のつり合い式：

$$\sum V = R_A + R_B = 0 \quad \therefore R_B = -R_A = \frac{M}{l}$$

Point

モーメント荷重は，モーメントのつり合い式のみに考慮する。

Point

支点反力の答えが負になる場合は，最初に仮定した支点反力が実際には逆向きに作用していることになる。

基本問題 3-8　**図 3.10** に示す**張出しばり**（beam with cantilevers）の支点反力を求めよ。

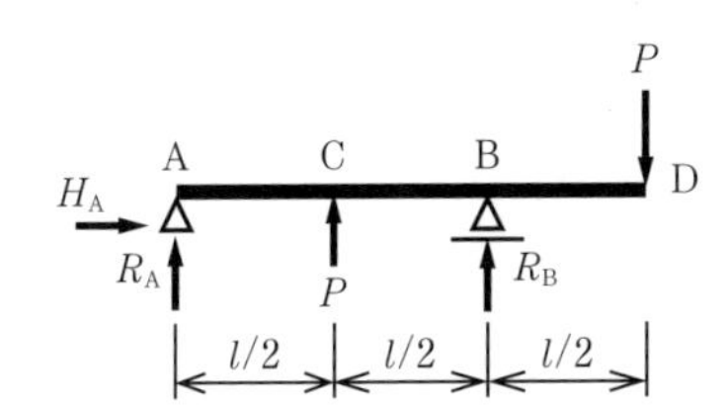

図 3.10　張出しばり

解答

水平方向の力のつり合い式：

$$\sum H = H_A = 0 \quad \therefore H_A = 0$$

点Bまわりのモーメントのつり合い式：

$$\sum M = R_A \times l + P \times \frac{l}{2} + P \times \frac{l}{2} = 0 \quad \therefore R_A = -P$$

鉛直方向の力のつり合い式：

$$\sum V = R_A + P + R_B - P = 0 \quad \therefore R_B = -R_A = P$$

基本問題 3-9　**図 3.11** に示す張出しばりの支点反力を求めよ。

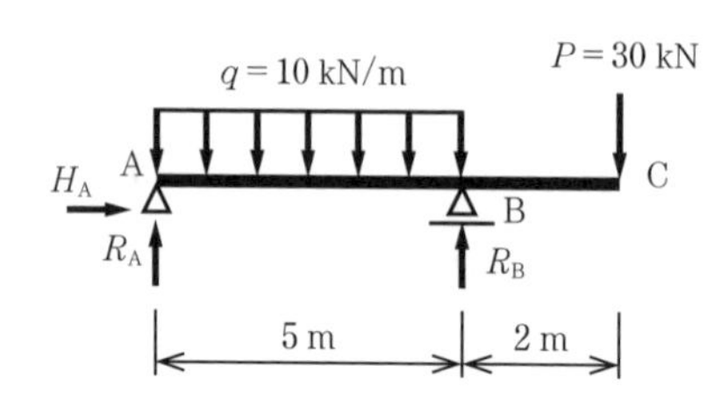

図 3.11　張出しばり

解答

水平方向の力のつり合い式：

$\sum H =$ [　　　　]　　$\therefore H_A =$ [　　　　]

点Bまわりのモーメントのつり合い式：

$\sum M =$ [　　　　]

$\therefore R_A =$ [　　　　]

鉛直方向の力のつり合い式：

$\sum V =$ [　　　　]

$\therefore R_B =$ [　　　　]

基本問題 3-10　**図 3.12** に示す**片持ちばり**（cantilever beam）の支点反力を求めよ。

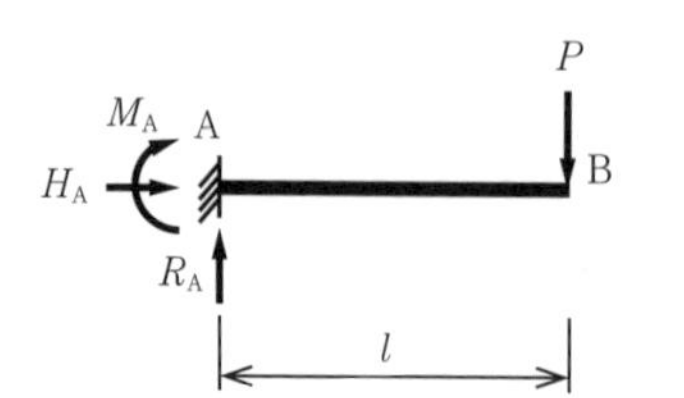

図 3.12　片持ちばり

解答

水平方向の力のつり合い式：

$\sum H = H_A = 0 \quad \therefore H_A = 0$

鉛直方向の力のつり合い式：

$\sum V = R_A - P = 0 \quad \therefore R_A = P$

点 A まわりのモーメントのつり合い式：

$\sum M = M_A + P \times l = 0 \quad \therefore M_A = -Pl$

> **Point**
> 固定支点である点Aには，モーメント反力 M_A が生じることを忘れないようにする。

基本問題 3-11　**図 3.13** に示す片持ちばりの支点反力を求めよ。

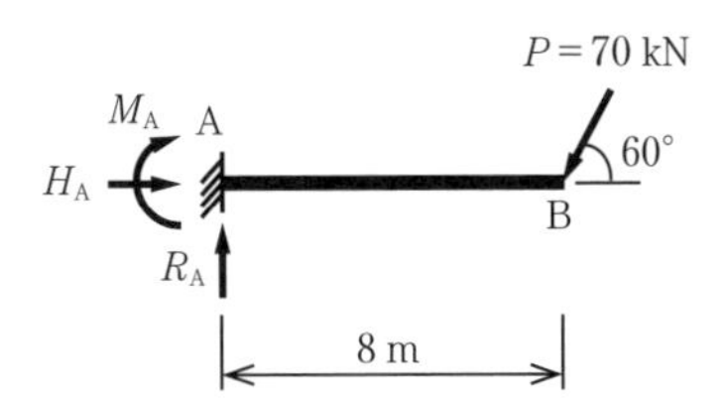

図 3.13　片持ちばり

解答

荷重 P の水平成分 P_H と鉛直成分 P_V はつぎのようになる。

$P_H = P\cos 60° = 70 \times \cos 60° = 35.0\ \text{kN}$

$P_V = P\sin 60° = 70 \times \sin 60° = 60.6\ \text{kN}$

水平方向の力のつり合い式：

$\sum H = H_A - P_H = 0 \quad \therefore H_A = P_H = 35.0\ \text{kN}$

鉛直方向の力のつり合い式：

$\sum V = R_A - P_V = 0 \quad \therefore R_A = P_V = 60.6\ \text{kN}$

点 A まわりのモーメントのつり合い式：

$\sum M = M_A + P_V \times 8 = 0$

$\therefore M_A = -P_V \times 8 = -60.6 \times 8 = -484.8\ \text{kN·m}$

> **Point**
> 荷重 P の水平成分 P_H に対して，回転中心である点 A からの距離は 0（ゼロ）なので，モーメントは 0（ゼロ）である。

基本問題 3-12　**図 3.14** に示す片持ちばりの支点反力を求めよ。

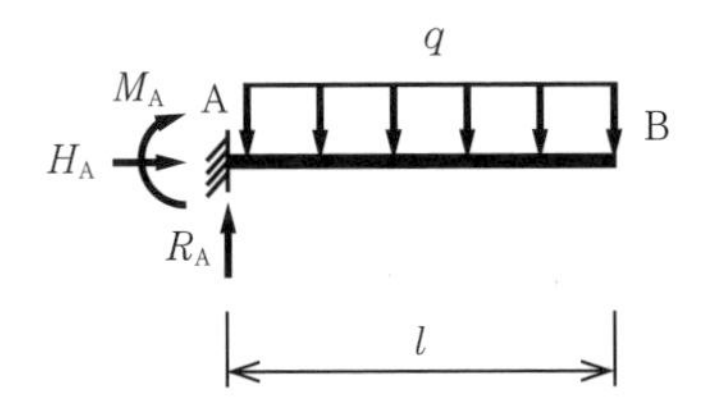

図 3.14　片持ちばり

解答

水平方向の力のつり合い式：

$\sum H =$ [　　　　]　$\therefore H_A =$ [　　　　]

鉛直方向の力のつり合い式：

$\sum V =$ ＿＿＿＿　$\therefore R_A =$ ＿＿＿＿

点 A まわりのモーメントのつり合い式：

$\sum M =$ ＿＿＿＿　$\therefore M_A =$ ＿＿＿＿

基本問題 3-13　**図 3.15** に示す片持ちばりの支点反力を求めよ。

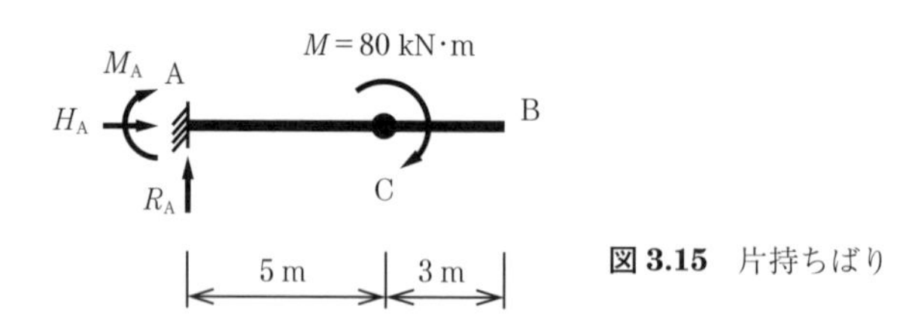

図 3.15　片持ちばり

解答

水平方向の力のつり合い式：

$\sum H =$ ＿＿＿＿　$\therefore H_A =$ ＿＿＿＿

鉛直方向の力のつり合い式：

$\sum V =$ ＿＿＿＿　$\therefore R_A =$ ＿＿＿＿

点 A まわりのモーメントのつり合い式：

$\sum M =$ ＿＿＿＿　$\therefore M_A =$ ＿＿＿＿

基本問題 3-14　**図 3.16** に示す**ゲルバーばり**（Gerber beam）の支点反力を求めよ。

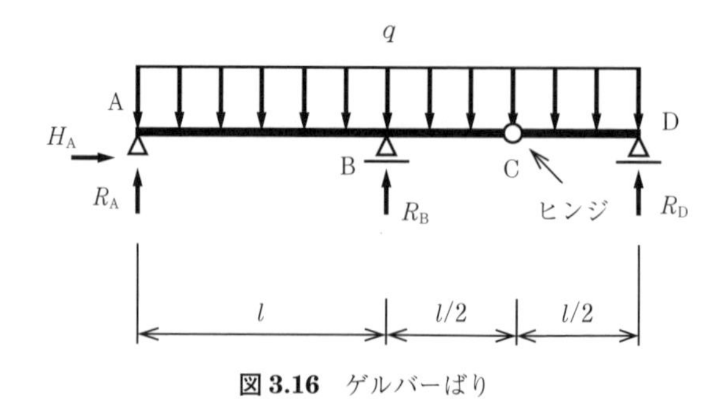

図 3.16　ゲルバーばり

解答

ゲルバーばりの支点反力を求める場合，まず，**図 3.17** に示すようにヒンジを境にしてゲルバーばりを切り離して考える。そのとき，支点反力の総数が三つより少ないほうのはりを単純ばり（吊りばり）に置き換え，もう一方のはり（受けばり）の上に載せてつり合い式を考える。

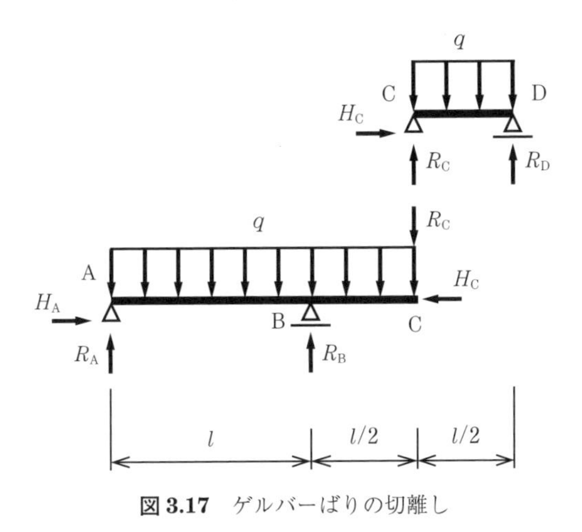

図 3.17　ゲルバーばりの切離し

Point

ヒンジ構造の詳細を以下の図に示す。

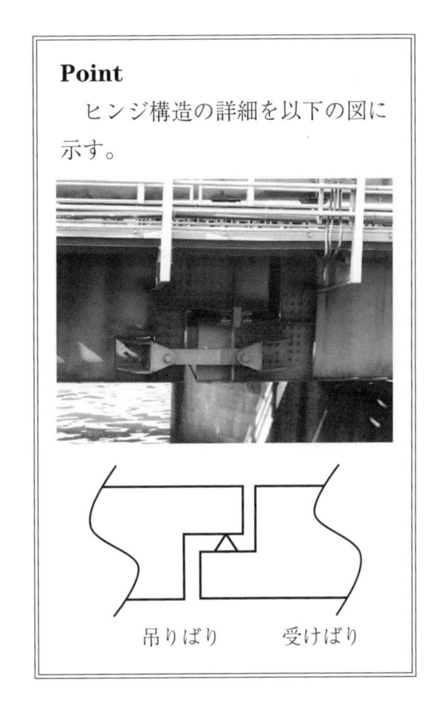

いま，吊りばりとなる単純ばり（右側）の支点反力は，$H_C=0$，$R_C=R_D=ql/4$ である。点 C では，支点反力 H_C と R_C が相反作用として受けばりとなる張出しばり（左側）に作用する。この状態で残りの支点反力を求める。

水平方向の力のつり合い式：

$$\sum H = H_A - H_C = 0 \quad \therefore H_A = H_C = 0$$

点 B まわりのモーメントのつり合い式：

$$\sum M = R_A \times l - q \times \frac{3}{2} l \times \frac{1}{4} l + R_C \times \frac{l}{2} = 0 \quad \therefore R_A = \frac{1}{l}\left(\frac{3}{8} ql^2 - \frac{1}{8} ql^2\right) = \frac{ql}{4}$$

鉛直方向の力のつり合い式：

$$\sum V = R_A + R_B - q \times \frac{3}{2} l - R_C = 0 \quad \therefore R_B = -R_A + \frac{3}{2} ql + R_C = -\frac{ql}{4} + \frac{3}{2} ql + \frac{1}{4} ql = \frac{3}{2} ql$$

基本問題 3-15　**図 3.18** に示すゲルバーばりの支点反力を求めよ。

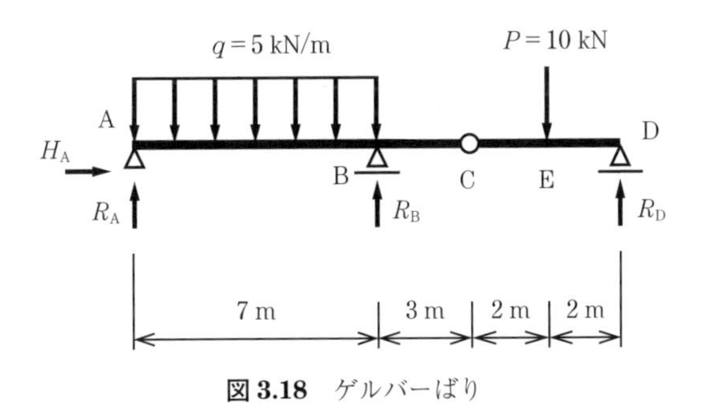

図 3.18　ゲルバーばり

解答

図 3.19 に示すように，吊りばりとなる単純ばり（右側）の支点反力は，$H_C = 0$ kN，$R_C = R_D = 5$ kN である。よって，受けばりとなる張出しばり（左側）の支点反力はつぎのように求めることができる。

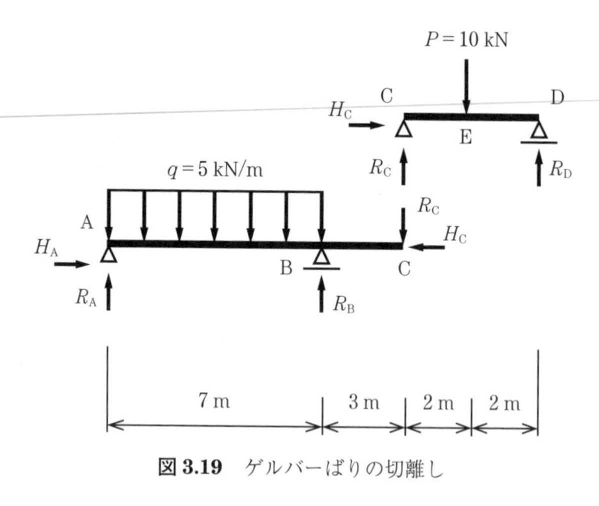

図 3.19　ゲルバーばりの切離し

水平方向の力のつり合い式：

$\sum H =$ ［　　　］　　$\therefore H_A =$ ［　　　］

点 B まわりのモーメントのつり合い式：

$\sum M =$ ［　　　］

$\therefore R_A =$ ［　　　］

鉛直方向の力のつり合い式：

$\sum V =$ ［　　　］

$\therefore R_B =$ ［　　　］

基本問題 3-16　　**図 3.20** に示す**間接荷重を受けるはり**（beam subjected to indirect load）の支点反力を求めよ。

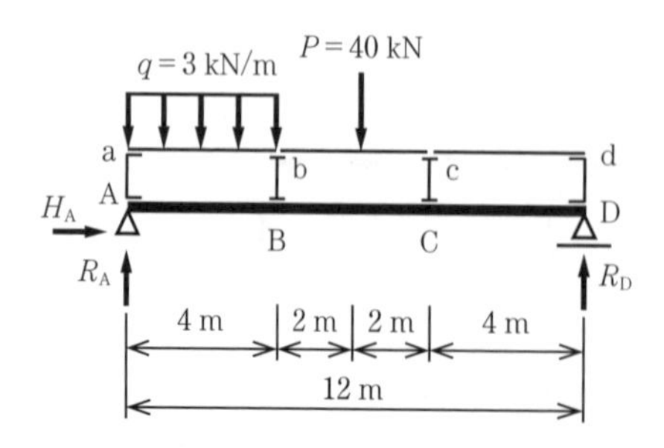

図 3.20　間接荷重を受けるはり

解答

まず，単純ばり A–D 上にある三つのはりについて，荷重が作用しているはりは，**図 3.21** に示すように，それぞれを単純ばりとして扱い，その支点反力を求める。

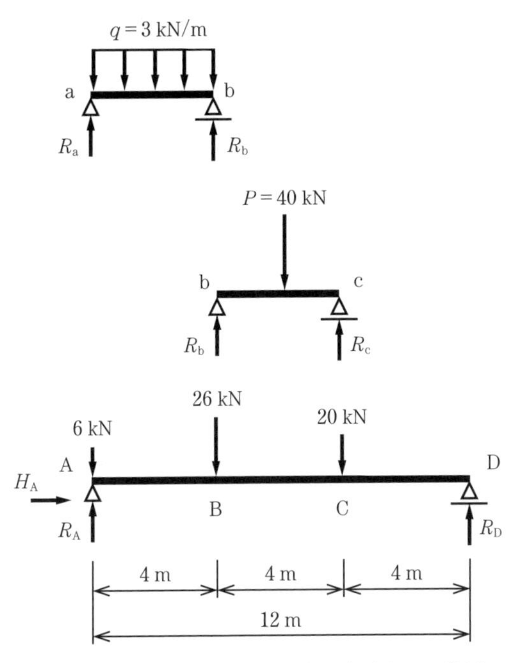

図 3.21　各支点反力の合計を集中荷重として作用

Point

間接荷重を受ける単純ばりの支点反力は，単純ばりと同様の計算で求めることができる。しかし，4 章で断面力を求める際には，単純ばり A–D 上にある三つのはりの支点反力を計算しておく必要がある。

単純ばり a–b の支点反力：$H_a = 0$ kN,　$R_a = R_b = 6$ kN

単純ばり b–c の支点反力：$H_b = 0$ kN,　$R_b = R_c = 20$ kN

単純ばり c–d の支点反力：$H_c = 0$ kN,　$R_c = R_d = 0$ kN

点 b および点 c では，両側の単純ばりの支点反力を合計して，単純ばり A–D の点 B および点 C にそれぞれを集中荷重として作用させる。その後，単純ばり A–D の支点反力を求める。

水平方向の力のつり合い式：

$$\sum H = H_A = 0 \quad \therefore H_A = 0 \text{ kN}$$

点 D まわりのモーメントのつり合い式：

$$\sum M = R_A \times 12 - 6 \times 12 - 26 \times 8 - 20 \times 4 = 0 \quad \therefore R_A = 30 \text{ kN}$$

鉛直方向の力のつり合い式：

$$\sum V = R_A + R_D - 52 = 0 \quad \therefore R_D = 22 \text{ kN}$$

基本問題 3-17　**図 3.22** に示す**折ればり**（curved beam）の支点反力を求めよ。

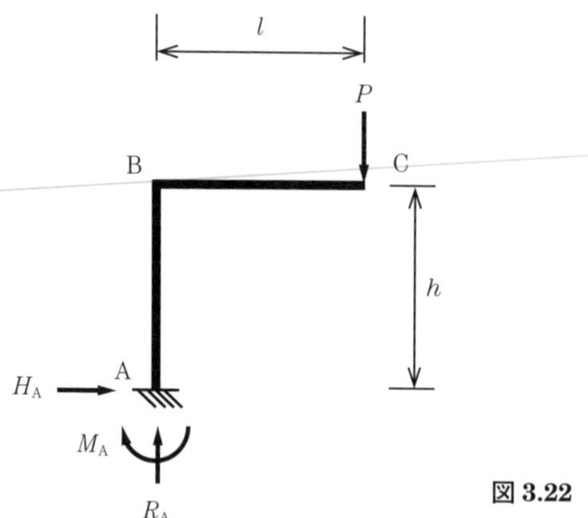

図 3.22　折ればり

解答

水平方向の力のつり合い式：

$\sum H = H_A = 0 \quad \therefore H_A = 0$

鉛直方向の力のつり合い式：

$\sum V = R_A - P = 0 \quad \therefore R_A = P$

点 A まわりのモーメントのつり合い式：

$\sum M = M_A + P \times l = 0 \quad \therefore M_A = -Pl$

> **Point**
> モーメントは回転中心から作用線に垂直な距離を荷重に乗じる。基礎事項 1.4 を確認しておくこと。

基本問題 3-18　**図 3.23** に示す折ればりの支点反力を求めよ。

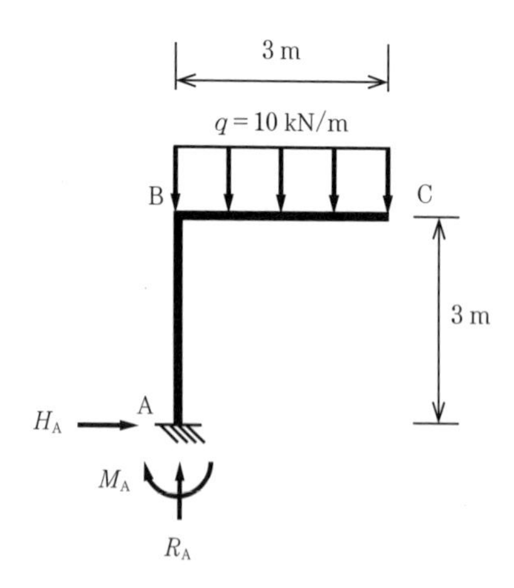

図 3.23　折ればり

解答

等分布荷重の合力と点 B から合力の作用位置までの距離はつぎのようになる。

$R = q \times 3 = 10 \times 3 = 30\ \text{kN}, \quad x_0 = 1.5\ \text{m}$

水平方向の力のつり合い式：

$\sum H = H_A = 0 \quad \therefore H_A = 0\ \text{kN}$

点 A まわりのモーメントのつり合い式：

$\sum M = M_A + R \times x_0 = 0 \quad \therefore M_A = -R \times x_0 = -30 \times 15 = -45\ \text{kN·m}$

鉛直方向の力のつり合い式：

$\sum V = R_A - R = 0 \quad \therefore R_A = R = 30\ \text{kN}$

基本問題 3-19　**図 3.24** に示す折ればりの支点反力を求めよ。

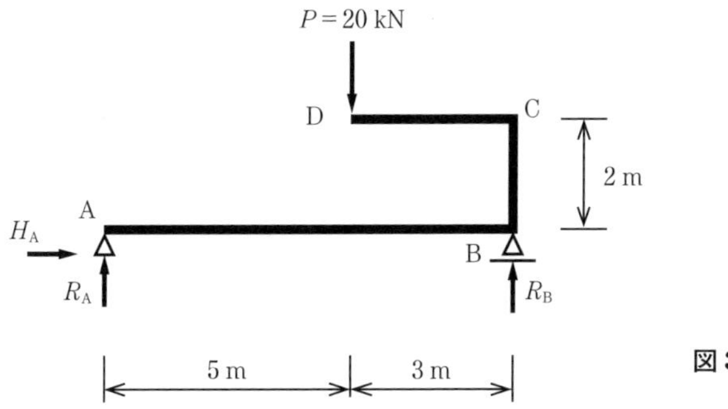

図 3.24　折ればり

解答

水平方向の力のつり合い式：

$\sum H =$ ［　　　　］　$\therefore H_A =$ ［　　　　］

点 B まわりのモーメントのつり合い式：

$\sum M =$ ［　　　　］　$\therefore R_A =$ ［　　　　］

鉛直方向の力のつり合い式：

$\sum V =$ ［　　　　］　$\therefore R_B =$ ［　　　　］

基本問題 3-20　**図 3.25** に示す**アーチ**（arch）の支点反力を求めよ。

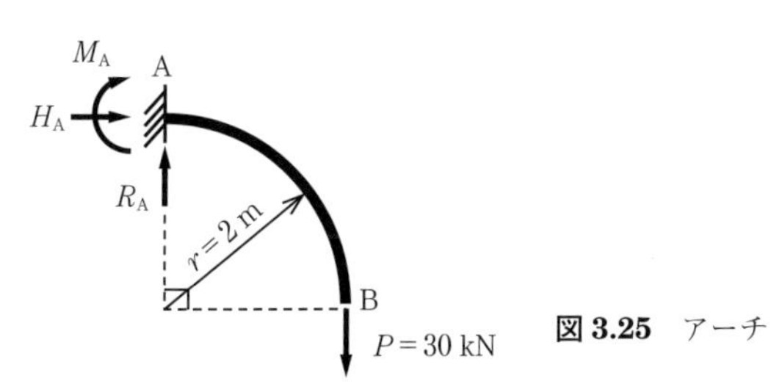

図 3.25　アーチ

解答

水平方向の力のつり合い式：

$\sum H = H_A = 0 \quad \therefore H_A = 0\ \text{kN}$

点 A まわりのモーメントのつり合い式：

$\sum M = M_A + P \times r = 0 \quad \therefore M_A = -P \times r = -30 \times 2 = -60\ \text{kN·m}$

鉛直方向の力のつり合い式：

$$\sum V = R_A - P = 0 \quad \therefore R_A = P = 30\ \text{kN}$$

基本問題 3-21　**図 3.26** に示す**ラーメン**（rigid frame）の支点反力を求めよ。

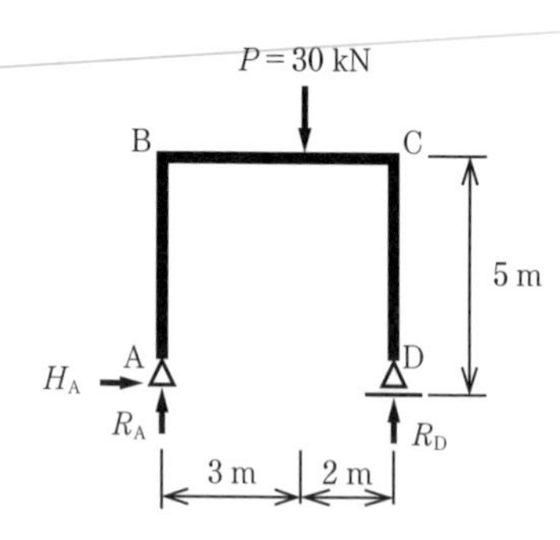

図 3.26　ラーメン

解答

水平方向の力のつり合い式：

$$\sum H = H_A = 0 \quad \therefore H_A = 0\ \text{kN}$$

点 D まわりのモーメントのつり合い式：

$$\sum M = R_A \times 5 - P \times 2 = 0 \quad \therefore R_A = \frac{1}{5} \times P \times 2 = \frac{1}{5} \times 30 \times 2 = 12\ \text{kN}$$

鉛直方向の力のつり合い式：

$$\sum V = R_A + R_D - P = 0 \quad \therefore R_D = -R_A + P = -12 + 30 = 18\ \text{kN}$$

基本問題 3-22　**図 3.27** に示すラーメンの支点反力を求めよ。

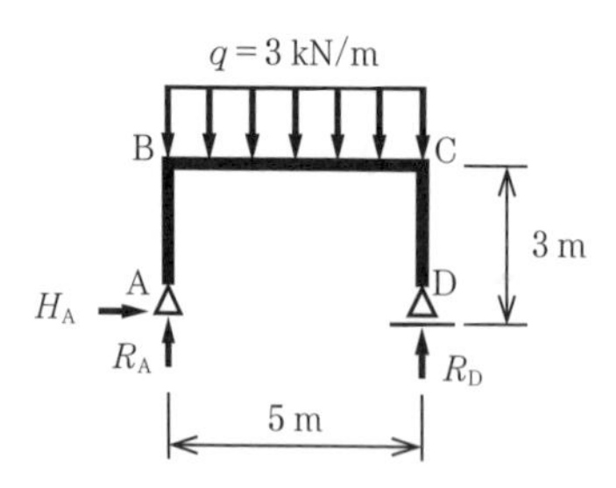

図 3.27　ラーメン

解答

等分布荷重の合力と点 C から合力の作用位置までの距離はつぎのようになる。

$R =$ ［　　　　　］，　$x_0 =$ ［　　　　　］

水平方向の力のつり合い式：

$\sum H =$ ［　　　　　］　$\therefore H_A =$ ［　　　　　］

点Dまわりのモーメントのつり合い式：

$\sum M=$ ［　　　　　］　$\therefore R_A=$ ［　　　　　］

鉛直方向の力のつり合い式：

$\sum V=$ ［　　　　　］　$\therefore R_D=$ ［　　　　　］

基本問題 3-23　**図 3.28** に示すラーメンの支点反力を求めよ。

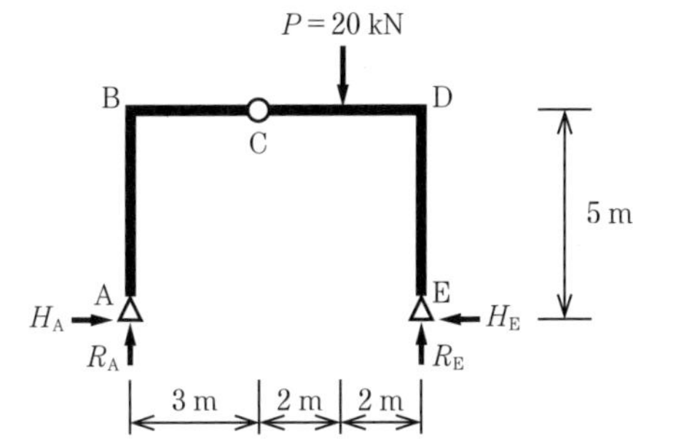

図 3.28　ラーメン

解答

点Eまわりのモーメントのつり合い式：

$$\sum M=R_A\times 7-P\times 2=0\quad \therefore R_A=\frac{1}{7}\times P\times 2=\frac{1}{7}\times 20\times 2=5.71\text{ kN}$$

鉛直方向の力のつり合い式：

$$\sum V=R_A+R_E-P=0\quad \therefore R_E=-R_A+P=-5.71+20=14.29\text{ kN}$$

つぎに，点Cはヒンジ構造であるため，点Cにおけるモーメントは0（ゼロ）になる。このことから点Cより左側について，点Cまわりのモーメントのつり合いを考えればよい。

点Cまわりのモーメントのつり合い式：

$$\sum M=R_A\times 3-H_A\times 5=0\quad \therefore H_A=\frac{1}{5}\times R_A\times 3=\frac{1}{5}\times 5.71\times 3=3.43\text{ kN}$$

水平方向の力のつり合い式：

$$\sum H=H_A-H_E=0\quad \therefore H_E=H_A=3.43\text{ kN}$$

基本問題 3-24　**図 3.29** に示す**トラス**（truss）の支点反力を求めよ。

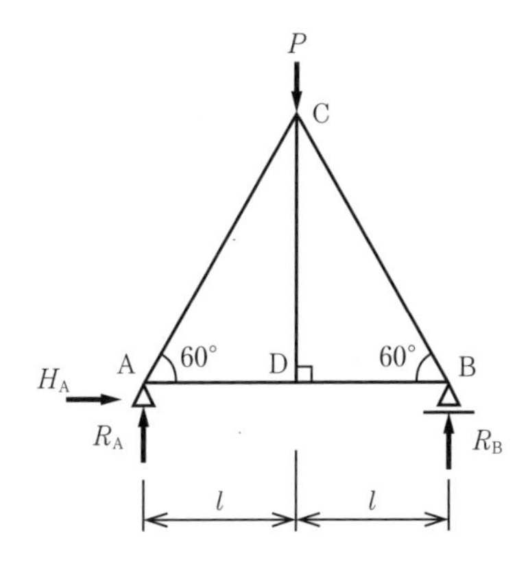

図 3.29　トラス

解答

水平方向の力のつり合い式：

$$\sum H = H_A = 0 \quad \therefore H_A = 0$$

点Bまわりのモーメントのつり合い式：

$$\sum M = R_A \times 2l - P \times l = 0 \quad \therefore R_A = \frac{P}{2}$$

鉛直方向の力のつり合い式：

$$\sum V = R_A + R_B - P = 0 \quad \therefore R_B = \frac{P}{2}$$

> **Point**
> トラスの支点反力もはりと同様の計算で求めることができる。

基本問題 3-25　**図 3.30** に示すトラスの支点反力を求めよ。

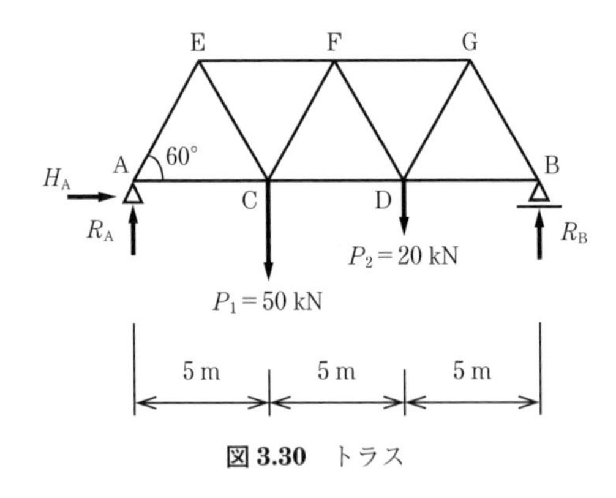

図 3.30　トラス

解答

水平方向の力のつり合い式：

$$\sum H = H_A = 0 \quad \therefore H_A = 0 \text{ kN}$$

点Bまわりのモーメントのつり合い式：

$$\sum M = R_A \times 15 - P_1 \times 10 - P_2 \times 5 = 0$$

$$\therefore R_A = \frac{1}{15} \times (P_1 \times 10 + P_2 \times 5) = \frac{1}{15} \times (50 \times 10 + 20 \times 5) = 40 \text{ kN}$$

鉛直方向の力のつり合い式：

$$\sum V = R_A + R_B - P_1 - P_2 = 0 \quad \therefore R_B = -R_A + P_1 + P_2 = -40 + 50 + 20 = 30 \text{ kN}$$

基本問題 3-26　**図 3.31** に示すトラスの支点反力を求めよ。

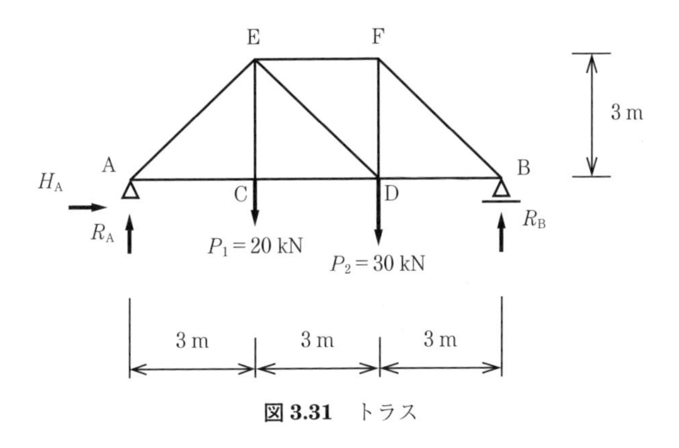

図 3.31　トラス

解答

水平方向の力のつり合い式：

$\sum H =$ ［　　　］　$\therefore H_A =$ ［　　　］

点 B まわりの力のモーメントのつり合い式：

$\sum M =$ ［　　　］

$\therefore R_A =$ ［　　　］

鉛直方向の力のつり合い式：

$\sum V =$ ［　　　］

$\therefore R_B =$ ［　　　］

■ チャレンジ問題 ■

チャレンジ問題 3-1　**図 3.32** に示す単純ばりの支点反力を求めよ。

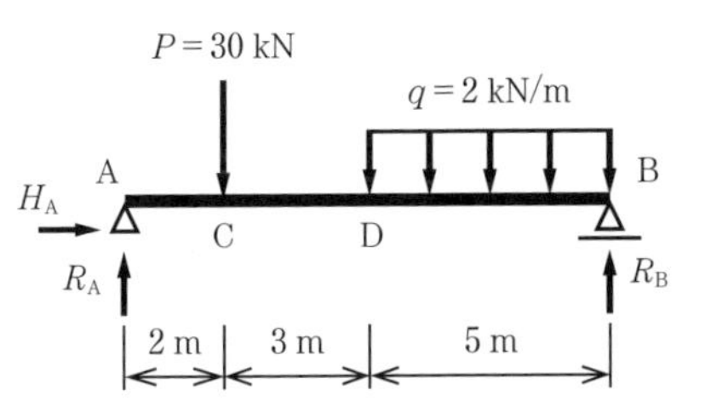

図 3.32　単純ばり

チャレンジ問題 3-2　**図 3.33** に示す単純ばりの支点反力を求めよ。

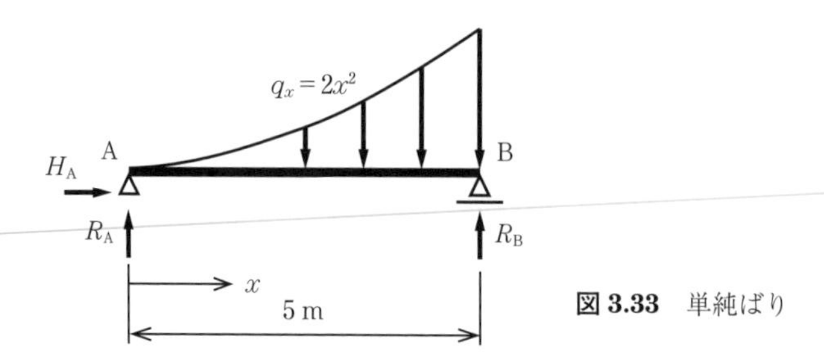

図 3.33　単純ばり

チャレンジ問題 3-3　**図 3.34** に示す単純ばりの支点反力を求めよ。

$q_x = q_0 \sin(\pi x/l)$　ただし，$q_0 = 5$ kN/m

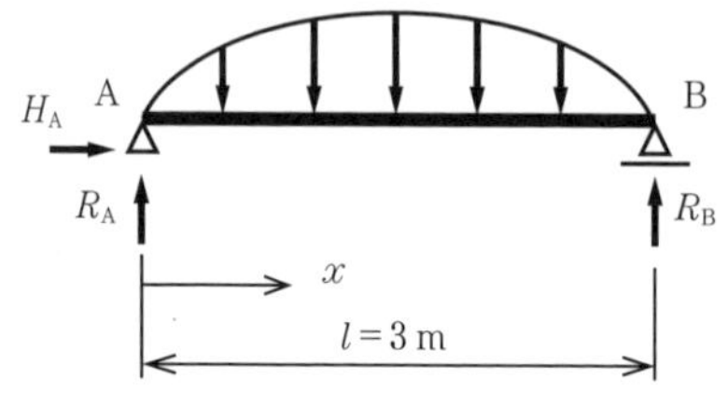

図 3.34　単純ばり

チャレンジ問題 3-4　**図 3.35** に示す張出しばりの支点反力を求めよ。

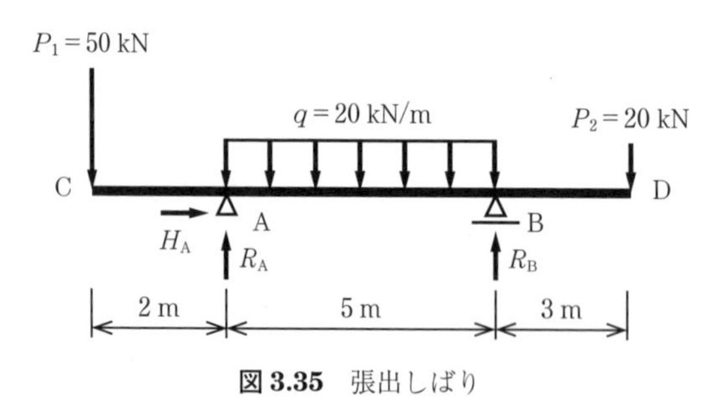

図 3.35　張出しばり

チャレンジ問題 3-5　**図 3.36** に示す片持ちばりの支点反力を求めよ。

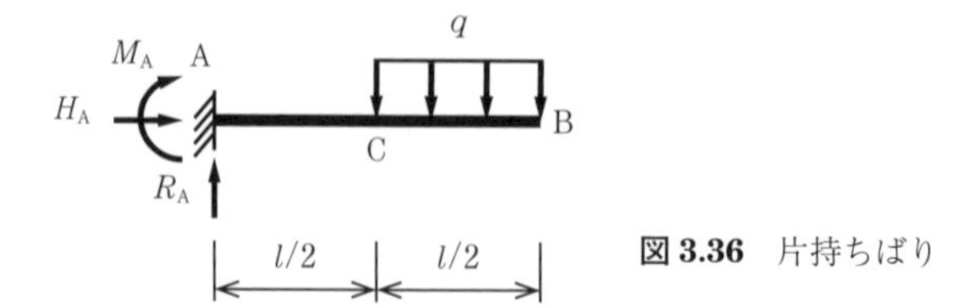

図 3.36　片持ちばり

チャレンジ問題 3-6　**図 3.37** に示す片持ちばりの支点反力を求めよ。

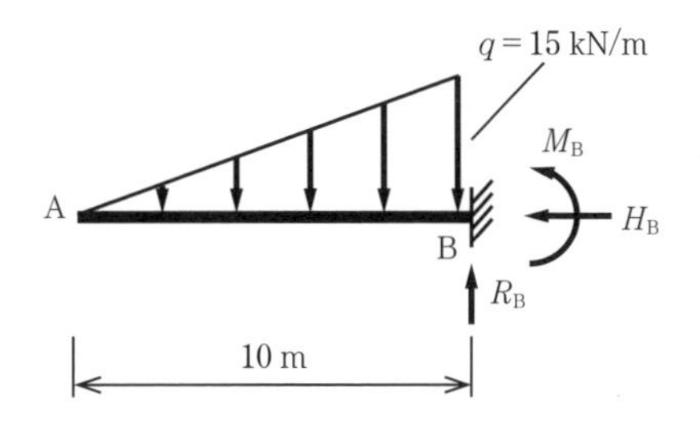

図 3.37　片持ちばり

チャレンジ問題 3-7　**図 3.38** に示すゲルバーばりの支点反力を求めよ。

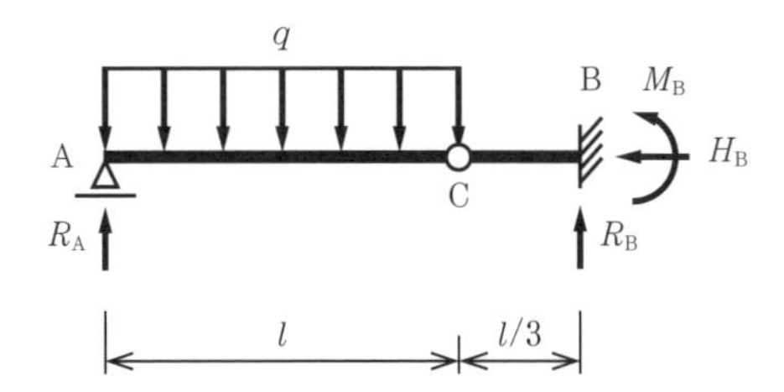

図 3.38　ゲルバーばり

チャレンジ問題 3-8　**図 3.39** に示すゲルバーばりの支点反力を求めよ。

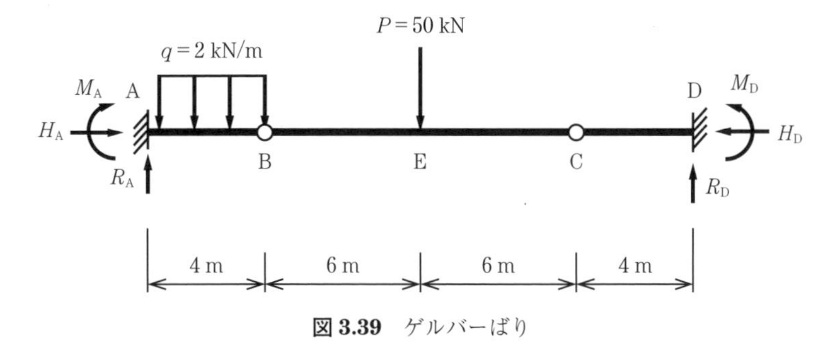

図 3.39　ゲルバーばり

チャレンジ問題 3-9　**図 3.40** に示す間接荷重を受けるはりの支点反力を求めよ。

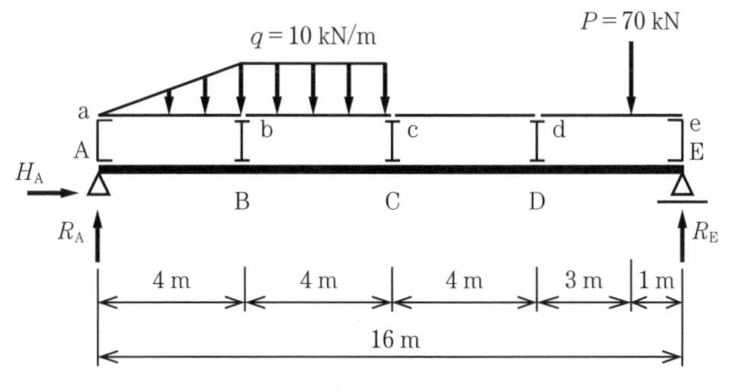

図 3.40　間接荷重を受けるはり

チャレンジ問題 3-10　**図 3.41** に示す折ればりの支点反力を求めよ。

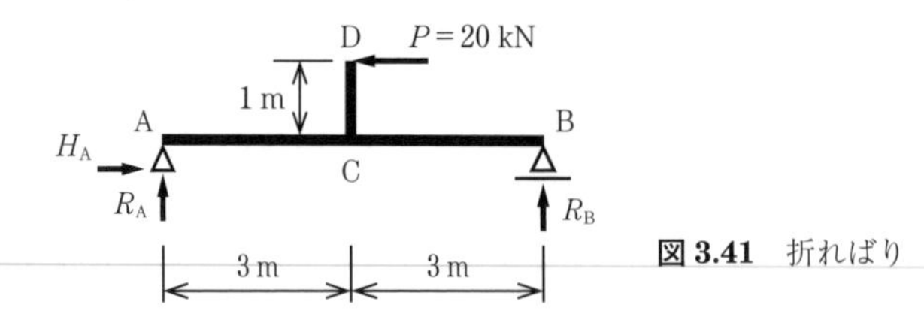

図 3.41　折ればり

チャレンジ問題 3-11　**図 3.42** に示す折ればりの支点反力を求めよ。

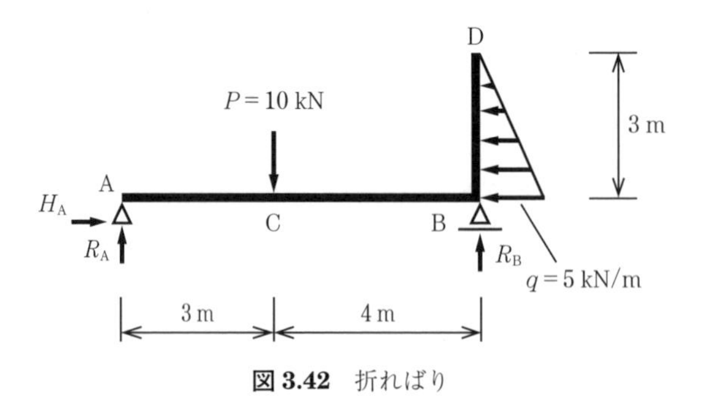

図 3.42　折ればり

チャレンジ問題 3-12　**図 3.43** に示すアーチの支点反力を求めよ。

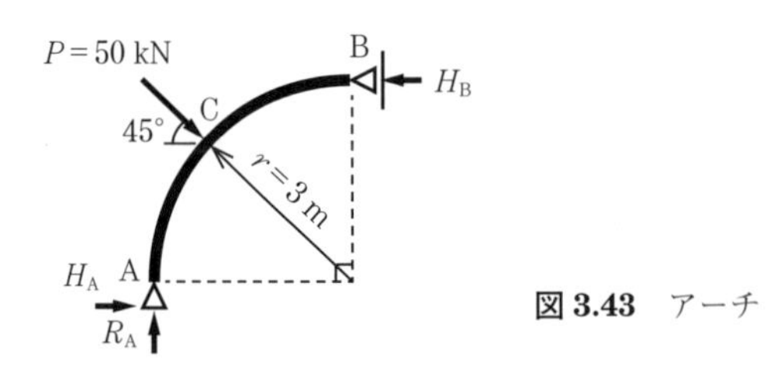

図 3.43　アーチ

チャレンジ問題 3-13　**図 3.44** に示すラーメンの支点反力を求めよ。

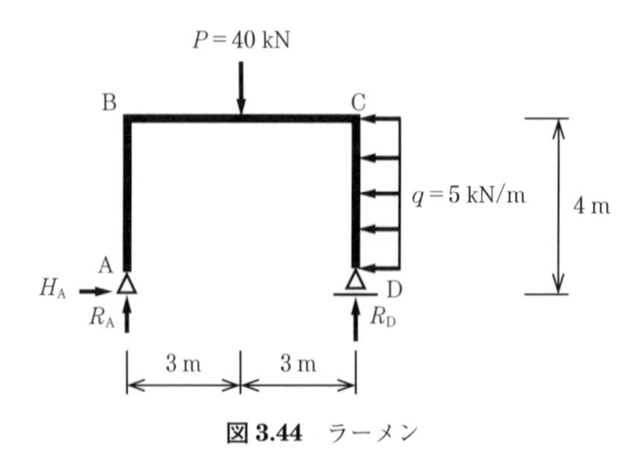

図 3.44　ラーメン

チャレンジ問題 3-14　**図 3.45** に示すラーメンの支点反力を求めよ。

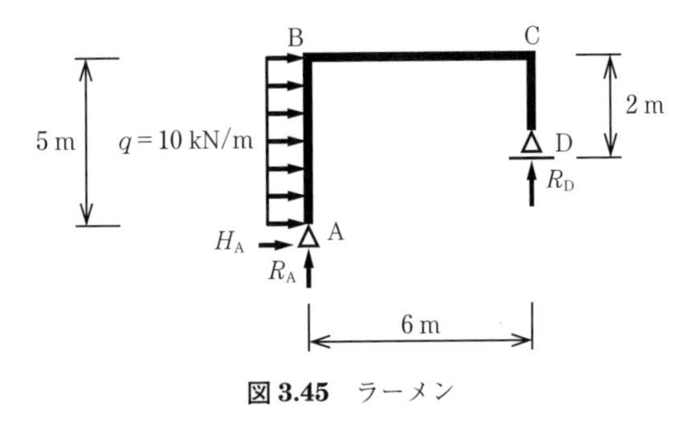

図 3.45　ラーメン

チャレンジ問題 3-15　**図 3.46** に示すトラスの支点反力を求めよ。

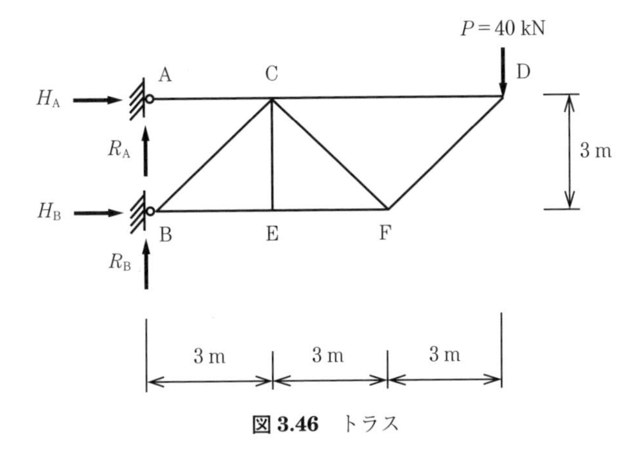

図 3.46　トラス

チャレンジ問題 3-16　**図 3.47** に示すトラスの支点反力を求めよ。

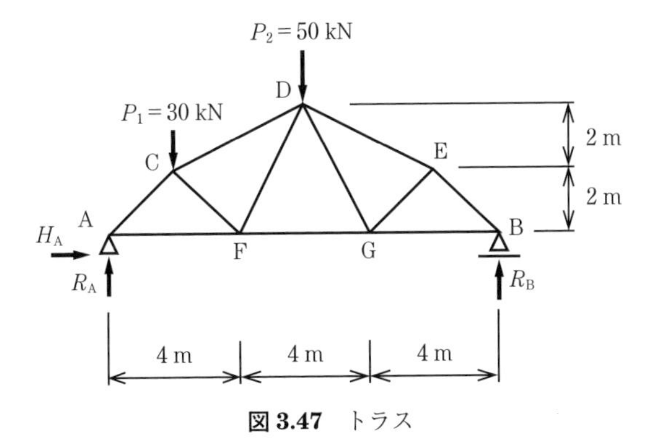

図 3.47　トラス

コーヒーブレイク　＜アイアンブリッジ＞

1779年に世界で初めて鋳鉄で造られた橋は，**図**に示すイングランド中西部に建設されたコールブルックデイル（Coalbrookdale）橋であるとされる。通称のアイアンブリッジ（The Iron Bridge）のほうをよく聞いたことがあるかと思う。本橋は，径間約 30 m のアーチ橋である。この場所は産業革命が始まった土地とされており，アイアンブリッジは製鉄業者であったアブラハム・ダービーによって造られた。周辺のアイアンブリッジ峡谷は世界遺産に登録されている。

図　アイアンブリッジ

4章

断　面　力

構造物に荷重（外力）が作用すると，構造物内には断面力（内力）として，軸力，せん断力，曲げモーメントが働く。4章では，構造物内に働く断面力を力のつり合いから計算し，それらを断面力図として描くことを学習する。ここで学習した内容は，これ以降の各章においても必要であるので，しっかりと理解しておいてほしい。

■ 基 礎 事 項 ■

4.1　断面力の定義

構造物に荷重（**外力**（external force））が作用すると，構造物の内部には外力の大きさや作用方向に応じて，つぎに示す三つの**断面力**（sectional force）（**内力**（internal force））が働く。

断面力
- **軸力**（axial force）：N
- **せん断力**（shear force）：S
- **曲げモーメント**（bending moment）：M

図 4.1 に示すように，荷重が作用したはりの任意位置ではりを切断すると，その切断面には，**図 4.2** に示す断面力が働いていることになる。

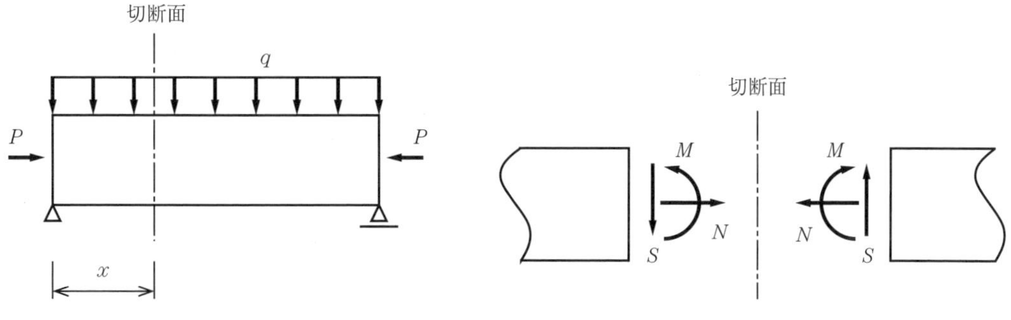

図 4.1　荷重が作用したはり

図 4.2　切断面における断面力

断面力を求める際，その符号を定義しておく必要があるため，ここでは，図 4.2 に示す断面力の方向を正（＋）と定義する。

4.2 はりに生じる断面力の求め方

図 4.3 に示す単純ばりの点Cに，一つの集中荷重 P が作用した場合の断面力の求め方を説明する。

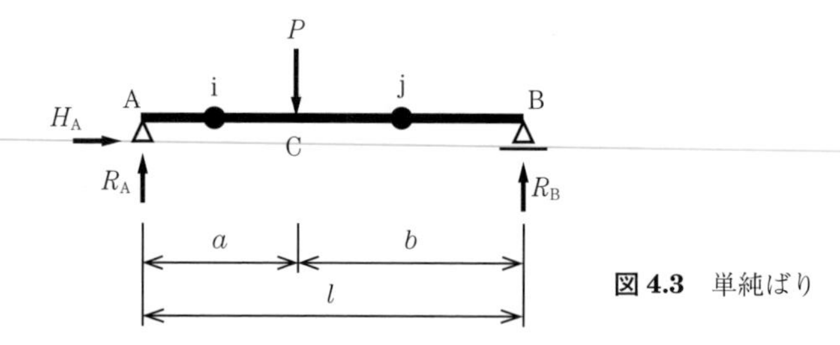

図 4.3 単純ばり

① 支点反力を求める。

$$H_A=0,\quad R_A=\frac{b}{l}P,\quad R_B=\frac{a}{l}P\quad （基本問題 3–1 参照）$$

② 点A（原点）から x だけ離れた任意点（点 i）における断面力を求めるためには，点 i ではりを切断して，**図 4.4** に示すように，切断面における断面力（N_x，S_x，M_x）を正の方向に作用させる。正の方向は図 4.2 をもう一度確認しておくこと。

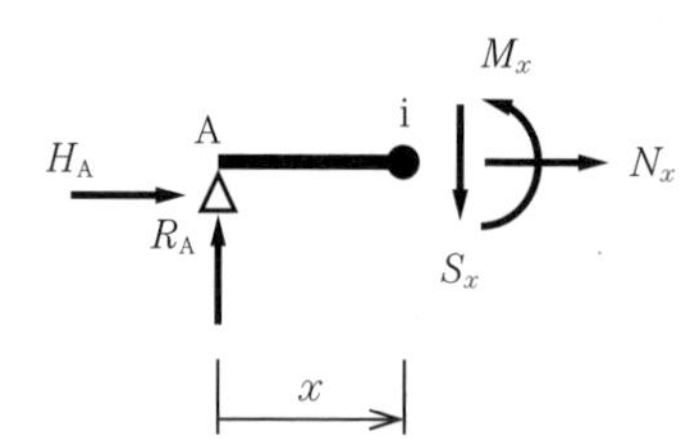

図 4.4 点 i の左側での力のつり合い（$0 \leqq x \leqq a$）

③ 切断面の左側に作用しているすべての力について，つぎのようにつり合い式を立てて断面力を求める。

$\sum H=H_A+N_x=0$ より，$N_x=-H_A=0$

$\sum V=R_A-S_x=0$ より，$S_x=R_A=\dfrac{b}{l}P$

点 i まわりのモーメントのつり合い：

$\sum M=R_A\times x-M_x=0$ より，$M_x=R_Ax=\dfrac{b}{l}Px$

一方，**図 4.5** のように，点B（原点）から点 i までの距離を x として，次式のように切断面の右側で力のつり合いを考えても断面力は同じになる。

$\sum H=-N_x=0$ より，$N_x=0$

$\sum V=S_x-P+R_B=0$ より，$S_x=P-R_B=P-\dfrac{a}{l}P=\dfrac{b}{l}P$

点 i まわりのモーメントのつり合い：

$\sum M = M_x + P(x-b) - R_B \times x = 0$ より

$M_x = -P(x-b) + R_B x$

$= -P(x-b) + \dfrac{a}{l}Px$

$= -\dfrac{b}{l}Px + Pb$

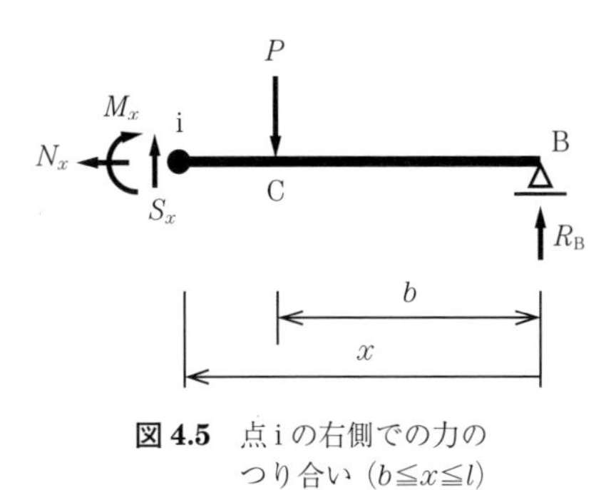

図 4.5　点 i の右側での力のつり合い（$b \leqq x \leqq l$）

④　つぎに，集中荷重 P の作用点を越えた任意点（点 j）における断面力も同様に考えればよい。ただしこの場合は，**図 4.6** のように，点 B（原点）から点 j までの距離を x として，次式のように切断面の右側で力のつり合い式を立てたほうが計算は簡単である。

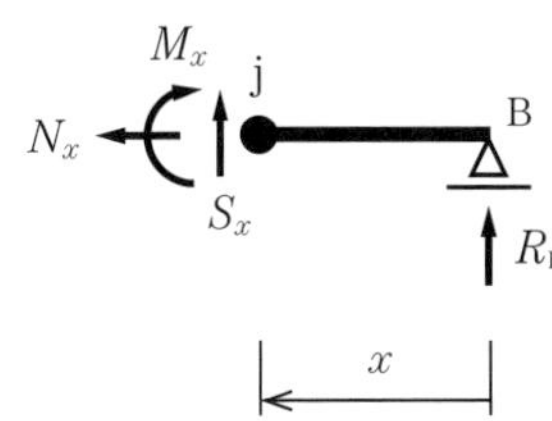

図 4.6　点 j の右側での力のつり合い（$0 \leqq x \leqq b$）

$\sum H = -N_x = 0$ より，$N_x = 0$

$\sum V = S_x + R_B = 0$ より，$S_x = -R_B = -\dfrac{a}{l}P$

点 j まわりのモーメントのつり合い：

$\sum M = M_x - R_B \times x = 0$ より，$M_x = R_B x = \dfrac{a}{l}Px$

⑤　上記の各式（N_x，S_x，M_x）を用いて断面力を図示すれば，**図 4.7** のような断面力図（軸力図：N 図，せん断力図：S 図，曲げモーメント図：M 図）が描ける。ここで，S 図は集中荷重が作用する点 C で不連続となり，集中荷重 P の大きさだけ変化する。また，曲げモーメントはせん断力が 0（ゼロ）となる位置で極値をとる。

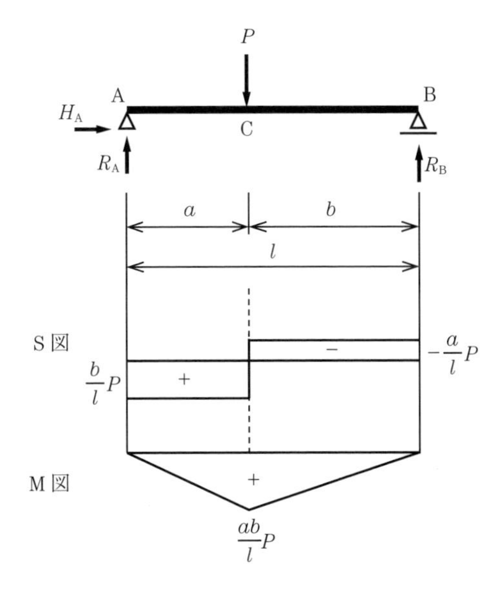

図 4.7　断面力図

4.3 分布荷重，せん断力，曲げモーメントの関係

分布荷重 q_x，せん断力 S_x，曲げモーメント M_x の間には式(4.1)，式(4.2)のような関係がある(**表 4.1**)。

$$\frac{dS_x}{dx} = -q_x \tag{4.1}$$

$$\frac{dM_x}{dx} = S_x \tag{4.2}$$

表 4.1 荷重の種類とS図およびM図の性質

	(a)	(b)	(c)	(d)
荷重の種類	荷重なし	集中荷重 P	等分布荷重 q	モーメント荷重 M
せん断力図(S図)	一定	P	直線変化	一定
曲げモーメント図(M図)	直線変化	折れ線変化	放物線変化	M

このことから，S図，M図を描くうえで，つぎの事項を知っておくとよい。

(1) 荷重が作用していない区間のせん断力は一定値となり，曲げモーメントは直線的に変化する（表(a)）。

(2) 集中荷重（支点反力を含む）が作用する位置のせん断力は，その荷重（あるいは支点反力）の大きさだけ変化し，曲げモーメントはその勾配が変化する（表(b)）。

(3) 等分布荷重が作用する区間のせん断力は直線的に変化し，曲げモーメントは放物線になる（表(c)）。

(4) モーメント荷重が作用する場合，曲げモーメントはモーメント荷重の作用位置でその大きさだけ変化する（表(d)）。

(5) せん断力が0（ゼロ）となる位置で，曲げモーメントは極値をとる。

4.4 静定トラスに生じる部材力の求め方

トラスの各部材は**格点**（panel point）（**節点**（nodal）ともいう）で結合されたヒンジ構造であるため，各部材には軸方向力しか作用しないと考えることができる。ヒンジは○記号で表されるが，トラスの格点はヒンジ構造であることが周知のこととして，○記号を省略することが

ある。

以下では，トラスの部材力を求める方法として，格点法（節点法ともいう）と断面法（切断法ともいう）の二つを説明する。

(1)　格点法

未知部材力が二つ以下となる格点から計算を始める。**図 4.8** に示すように，格点周辺の部材を切断し，格点に集まる部材力を引張(＋)方向に仮定して，力のつり合い式($\sum H=0$, $\sum V=0$)を立てる。

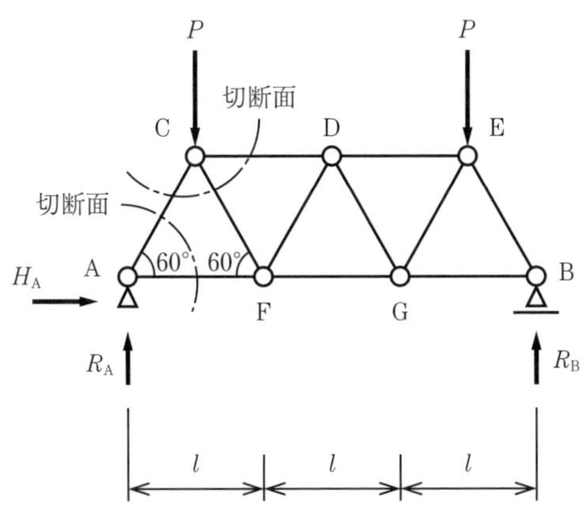

図 4.8　格点法による部材力の解法

①　支点反力 H_A，R_A，R_B を求める。

$$H_A=0,\quad R_A=R_B=P$$

②　**図 4.9** に示すように，未知部材力が N_{AC} と N_{AF} の二つである支点 A における力のつり合い式を立てる。

$$\sum H=H_A+N_{AC}\cos 60°+N_{AF}=0 \tag{4.3}$$

$$\sum V=R_A+N_{AC}\sin 60°=0 \tag{4.4}$$

式(4.4)より，$N_{AC}=-\dfrac{R_A}{\sin 60°}=-\dfrac{2P}{\sqrt{3}}$

（負の部材力は圧縮力であることを意味する）

式(4.3)より，$N_{AF}=-H_A-N_{AC}\cos 60°=\dfrac{P}{\sqrt{3}}$

（正の部材力は引張力であることを意味する）

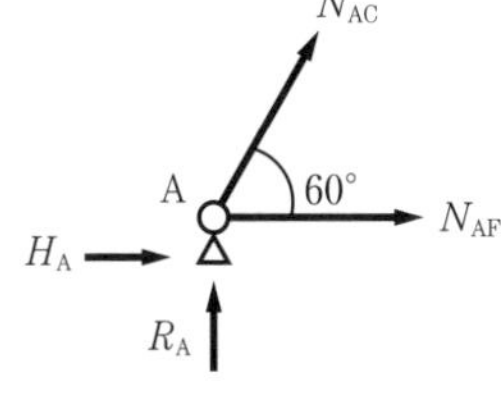

図 4.9　支点 A における力のつり合い

③　つぎに，**図 4.10** に示す格点 C における力のつり合い式を立てる。

$$\sum H=-N_{CA}\cos 60°+N_{CF}\cos 60°+N_{CD}=0 \tag{4.5}$$

$$\sum V=-N_{CA}\sin 60°-N_{CF}\sin 60°-P=0 \tag{4.6}$$

式(4.6)および $N_{CA}=N_{AC}$ より

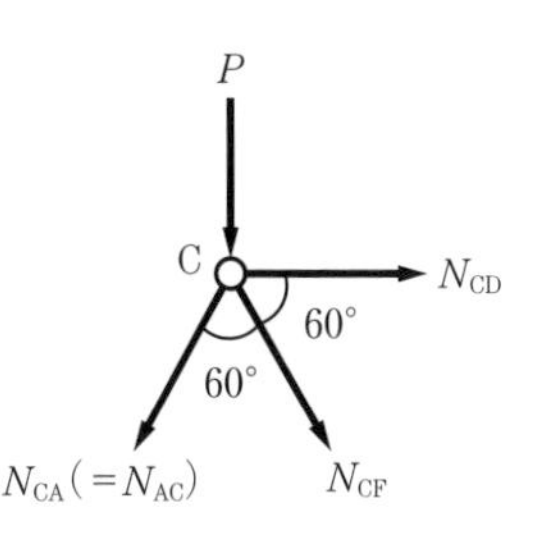

図 4.10　格点 C における力のつり合い

$$N_{CF}=\frac{-N_{CA}\sin 60°-P}{\sin 60°}=-N_{CA}-\frac{P}{\sin 60°}$$

$$=-\left(-\frac{2P}{\sqrt{3}}\right)-\frac{2P}{\sqrt{3}}=0$$

となり，式(4.5)よりつぎのようになる。

$$N_{CD}=N_{CA}\cos 60°-N_{CF}\cos 60°=\left(-\frac{2P}{\sqrt{3}}\right)\cos 60°=-\frac{P}{\sqrt{3}}$$

このように，順次，すべての格点について計算していけば，すべての部材力を求めることができる。

(2)　断面法

断面法は任意の部材力を求めることができる方法である。未知部材力が三つ以下となるように，トラスの断面全体を切断（**図 4.11**(a)）して，力のつり合い式（$\sum H=0$, $\sum V=0$, $\sum M=0$）を立てる。

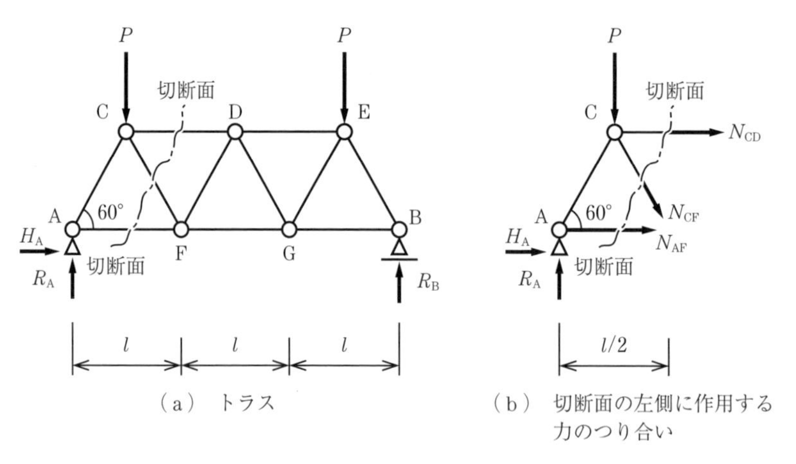

図 4.11　断面法による部材力の解法

①　支点反力 H_A, R_A, R_B を求める。

$$H_A=0,\quad R_A=R_B=P$$

②　図(b)に示すように，切断面の左側に作用する力のつり合い式を立てる。

$$\sum H=H_A+N_{CD}+N_{CF}\cos 60°+N_{AF}=0 \tag{4.7}$$

$$\sum V=R_A-P-N_{CF}\sin 60°=0 \tag{4.8}$$

ここで，モーメントのつり合い式 $\sum M$ は，未知部材力数が最小となる点を回転中心にとるのがよい。したがって，格点 C まわりのモーメントのつり合い式は式(4.9)となる。

$$\sum M=R_A\times\frac{l}{2}-N_{AF}\times\frac{\sqrt{3}}{2}l=0 \tag{4.9}$$

式(4.8)より，$N_{\mathrm{CF}}=\dfrac{R_{\mathrm{A}}-P}{\sin 60°}=0$

式(4.9)より，$N_{\mathrm{AF}}=\dfrac{R_{\mathrm{A}}}{\sqrt{3}}=\dfrac{P}{\sqrt{3}}$

N_{CF} と N_{AF} を式(4.7)に代入すれば，つぎのようになる。

$$N_{\mathrm{CD}}=-H_{\mathrm{A}}-N_{\mathrm{CF}}\cos 60°-N_{\mathrm{AF}}=-\frac{P}{\sqrt{3}}$$

■ 基 本 問 題 ■

基本問題 4–1　**図 4.12** に示す単純ばりの断面力図（S 図，M 図）を求めよ。

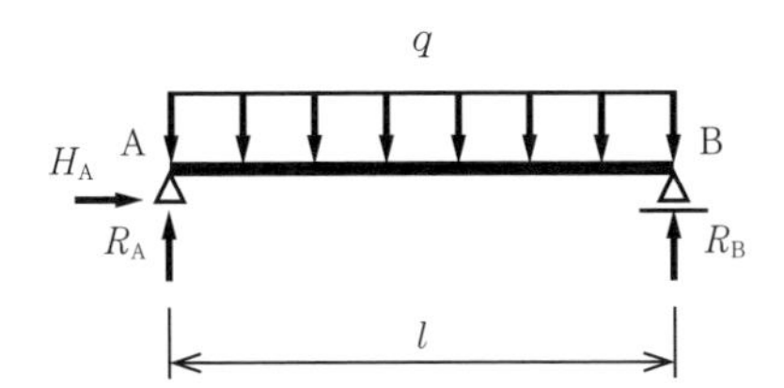

図 4.12　単純ばり

解答

支点反力：$H_{\mathrm{A}}=0$,　$R_{\mathrm{A}}=\dfrac{ql}{2}$，　$R_{\mathrm{B}}=\dfrac{ql}{2}$　（基本問題 3–2 参照）

A–B 間（$0\leqq x\leqq l$）について（**図 4.13**）

① 鉛直方向の力のつり合い式

$$\sum V=R_{\mathrm{A}}-q\times x-S_x=0$$

$$\therefore S_x=R_{\mathrm{A}}-qx=\frac{ql}{2}-qx \qquad (4.10)$$

② 点 A から x だけ離れた位置におけるモーメントのつり合い式

$$\sum M=R_{\mathrm{A}}\times x-qx\times\frac{x}{2}-M_x=0$$

$$\therefore M_x=R_{\mathrm{A}}x-\frac{qx^2}{2}=\frac{ql}{2}x-\frac{q}{2}x^2 \qquad (4.11)$$

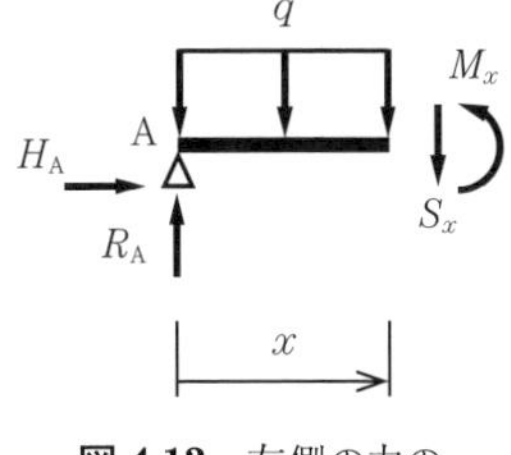

図 4.13　左側の力のつり合い

式(4.10)と式(4.11)を図示すれば**図 4.14** に示す S 図と M 図が描ける。また，最大曲げモーメントはせん断力が 0（ゼロ）になる位置に生じることから，式(4.10)を $S_x=0$ とおいて最大曲げモーメントの位置 x を求めると，点 A から $x=l/2$ の位置となる。

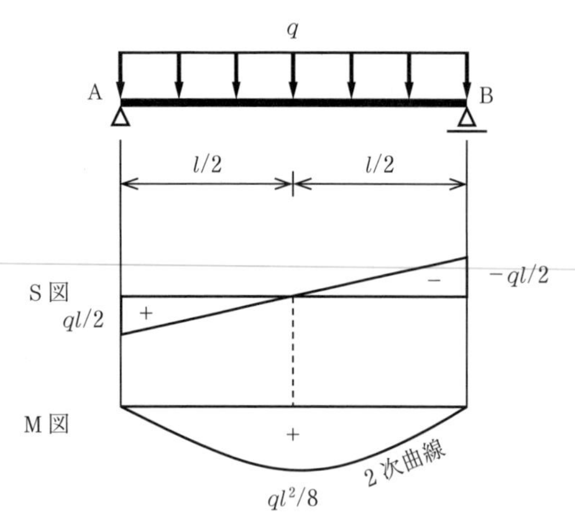

図 4.14　断面力図

> **Point**
> 　せん断力が 0（ゼロ）になる位置で曲げモーメントは極値をとる。

よって，最大曲げモーメントは，式(4.11)に $x=l/2$ を代入して

$$M_{\max}=\frac{ql}{2}\times\frac{l}{2}-\frac{q}{2}\times\left(\frac{l}{2}\right)^2=\frac{ql^2}{8}$$

となる。

基本問題 4–2　　**図 4.15** に示す単純ばりの断面力図（S 図，M 図）を求めよ。

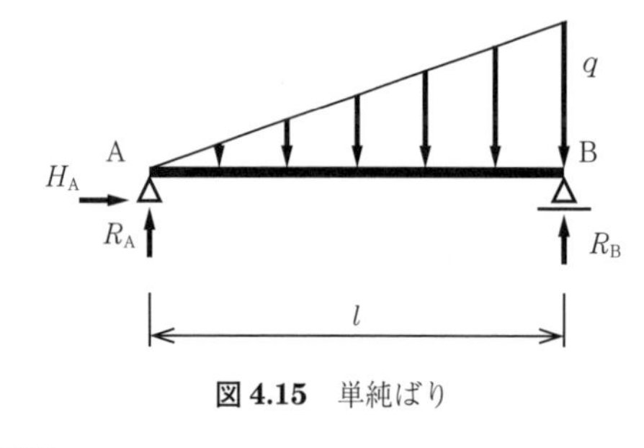

図 4.15　単純ばり

> **Point**
> 　等変分布荷重の場合，点 A から x だけ離れた位置での荷重の大きさは，
> $q_x=\dfrac{q}{l}x$ となることに注意が必要である。

解答

支点反力：$H_A=0$，　$R_A=\dfrac{ql}{6}$，　$R_B=\dfrac{ql}{3}$　（基本問題 3–3 参照）

A–B 間（$0\leqq x\leqq l$）について（**図 4.16**）

①　鉛直方向の力のつり合い式

$$\sum V=R_A-\frac{1}{2}q_x x-S_x=0$$

$$\therefore S_x=R_A-\frac{1}{2}q_x x=\frac{ql}{6}-\frac{q}{2l}x^2$$

②　点 A から x だけ離れた位置におけるモーメントのつり合い式

$$\sum M=R_A\times x-\frac{1}{2}q_x x\times\frac{x}{3}-M_x=0$$

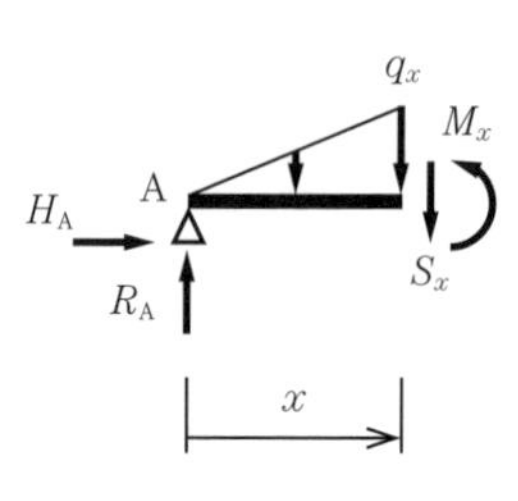

図 4.16　左側の力のつり合い

$$\therefore M_x = R_A x - \frac{q_x}{6}x^2 = \frac{ql}{6}x - \frac{q}{6l}x^3$$

S 図，M 図は**図 4.17** となる。また，最大曲げモーメントは，$S_x=0$ とおけば，つぎのように点 A から $x=\dfrac{l}{\sqrt{3}}$ の位置に生じることがわかる。

$$M_{\max} = \frac{ql}{6} \times \frac{l}{\sqrt{3}} - \frac{q}{6} \times \left(\frac{l}{\sqrt{3}}\right)^3 = \frac{ql^2}{9\sqrt{3}}$$

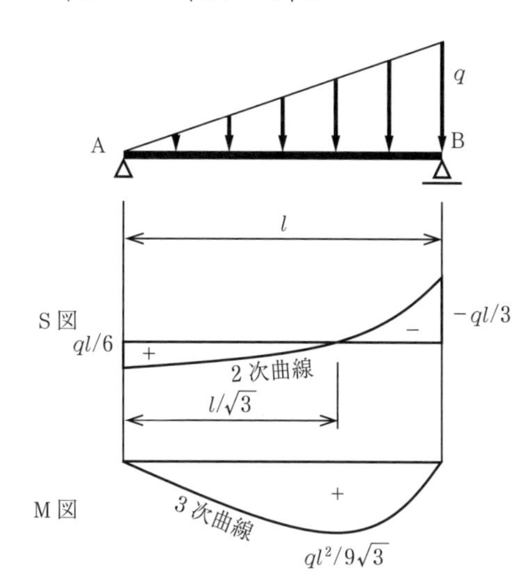

図 4.17　断面力図

基本問題 4–3　**図 4.18** に示す単純ばりの断面力図（S 図，M 図）を求めよ。

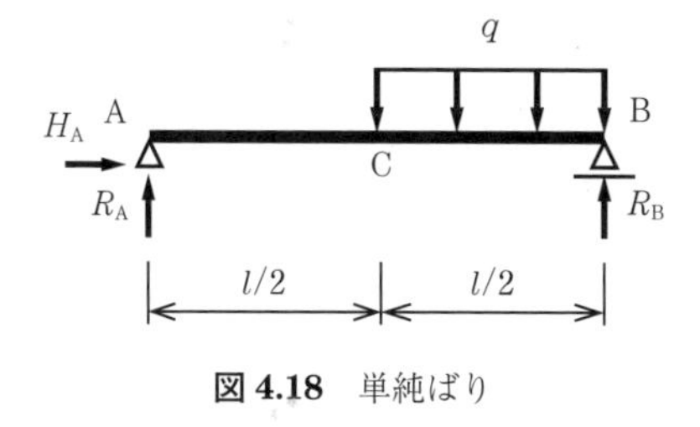

図 4.18　単純ばり

Point
B–C 間に等分布荷重が作用しているので，点 C の前後で場合分けして断面力を求める。

解答

支点反力：$H_A=$ ［　　　］，　$R_A=$ ［　　　］，　$R_B=$ ［　　　］

（基本問題 3–4 参照）

(1)　A–C 間（$0 \leqq x \leqq l/2$）について（**図 4.19**）

①　鉛直方向の力のつり合い式

$\sum V=$ ［　　　］　　$\therefore S_x=$ ［　　　］

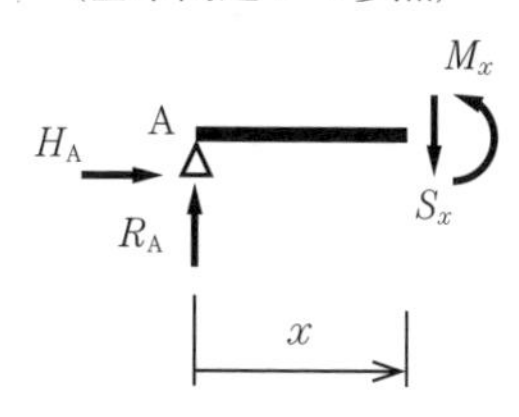

図 4.19　左側の力のつり合い

②　点 A から x だけ離れた位置におけるモーメントのつり合い式

$\sum M =$ 　$\therefore M_x =$

(2)　B–C 間（$0 \leqq x \leqq l/2$）について（**図 4.20**）

①　鉛直方向の力のつり合い式

$\sum V =$ 　$\therefore S_x =$

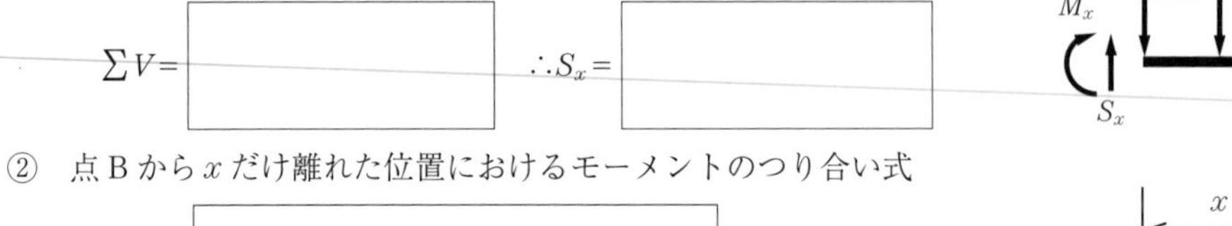

図 4.20　右側の力のつり合い

②　点 B から x だけ離れた位置におけるモーメントのつり合い式

$\sum M =$

$\therefore M_x =$

S 図，M 図は**図 4.21** となる。また，最大曲げモーメントは，つぎのように点 B から $x =$ 　の位置に生じる。

$M_{\max} =$

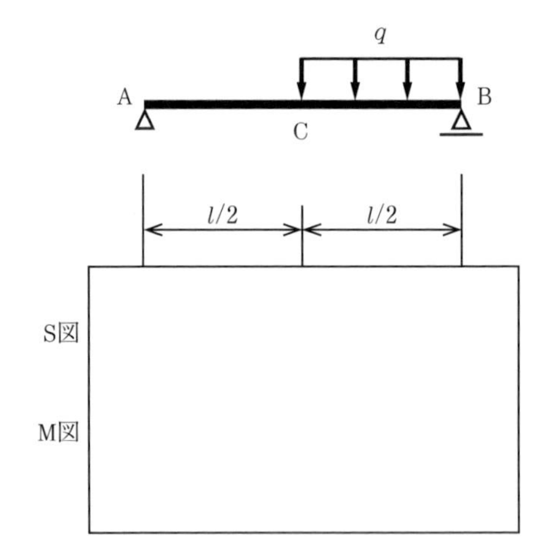

図 4.21　断面力図

基本問題 4–4　**図 4.22** に示す単純ばりの断面力図（N 図，S 図，M 図）を求めよ。

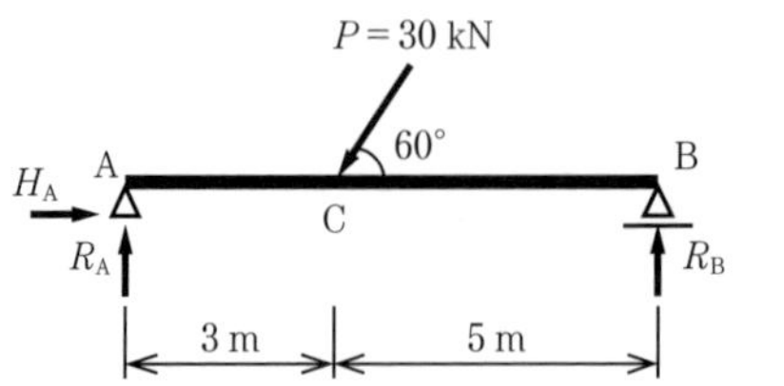

図 4.22　単純ばり

解答

支点反力：$H_A = 15$ kN,　$R_A = 16.25$ kN,　$R_B = 9.75$ kN　（基本問題 3–5 参照）

(1)　A–C 間（$0\,\mathrm{m} \leqq x \leqq 3\,\mathrm{m}$）について（**図 4.23**）

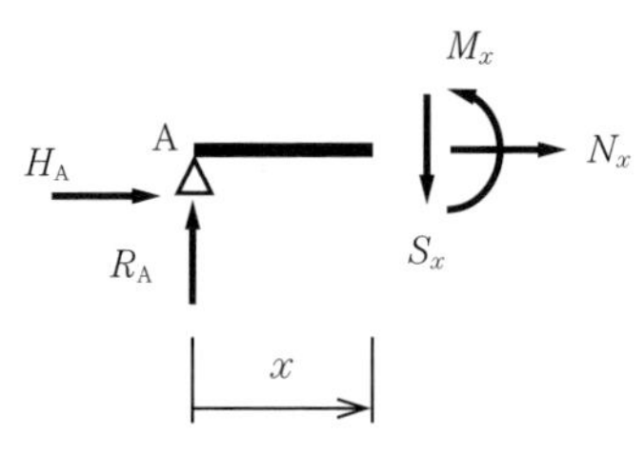

図 4.23　左側の力のつり合い

> **Point**
> N_x は正の方向に仮定して計算しているので，答えが負になるということは，求めている区間の軸方向力 N_x は圧縮力として作用していることになる。

①　水平方向の力のつり合い式

$\sum H = H_A + N_x = 0$　　$\therefore N_x = -H_A = -15$ kN

②　鉛直方向の力のつり合い式

$\sum V = R_A - S_x = 0$　　$\therefore S_x = R_A = 16.25$ kN

③　点 A から x だけ離れた位置におけるモーメントのつり合い式

$\sum M = R_A \times x - M_x = 0$　　$\therefore M_x = R_A x = 16.25x$

(2)　B–C 間（$0\,\mathrm{m} \leqq x \leqq 5\,\mathrm{m}$）について（**図 4.24**）

①　水平方向の力のつり合い式

$\sum H = -N_x = 0$

$\therefore N_x = 0$ kN

②　鉛直方向の力のつり合い式

$\sum V = S_x + R_B = 0$

$\therefore S_x = -R_B = -9.75$ kN

③　点 B から x だけ離れた位置におけるモーメントのつり合い式

$\sum M = M_x - R_B \times x = 0$

$\therefore M_x = R_B x = 9.75x$

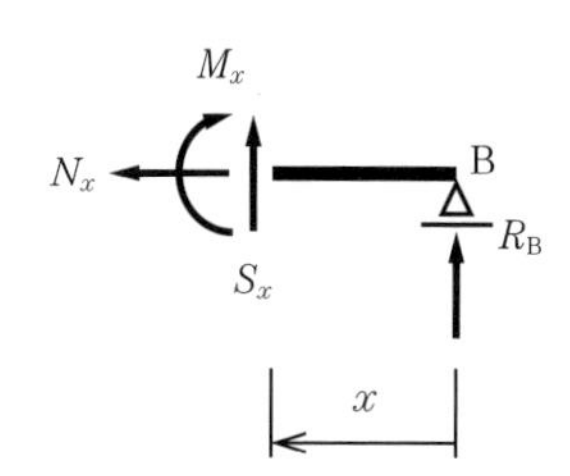

図 4.24　右側の力のつり合い

N 図，S 図，M 図は**図 4.25** となる。

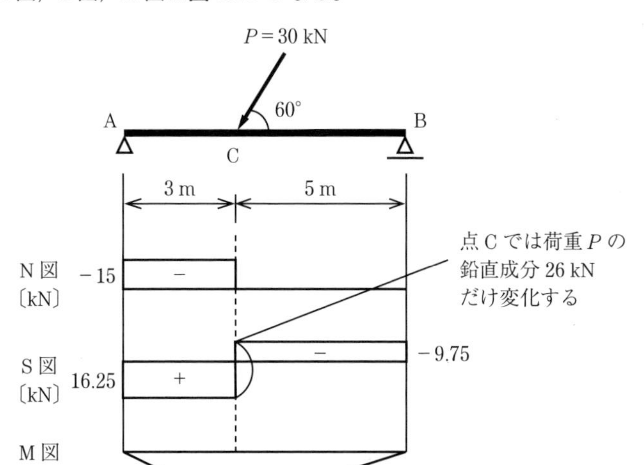

図 4.25　断面力図

基本問題 4-5　　**図 4.26** に示す単純ばりの断面力図（S 図，M 図）を求めよ。

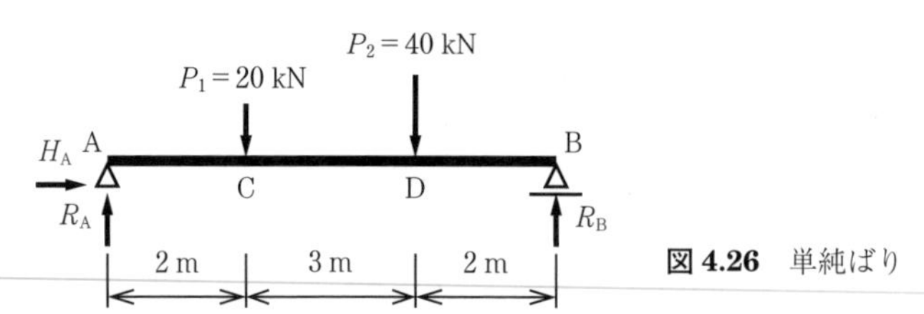

図 4.26　単純ばり

解答

支点反力：$H_A =$ ［　　］，　$R_A =$ ［　　］，　$R_B =$ ［　　］　（基本問題 3-6 参照）

(1)　A–C 間（0 m≦x≦2 m）について（**図 4.27**）

①　鉛直方向の力のつり合い式

$\sum V =$ ［　　　　］

$\therefore S_x =$ ［　　　　］

②　点 A から x だけ離れた位置におけるモーメントのつり合い式

$\sum M =$ ［　　　　］

$\therefore M_x =$ ［　　　　］

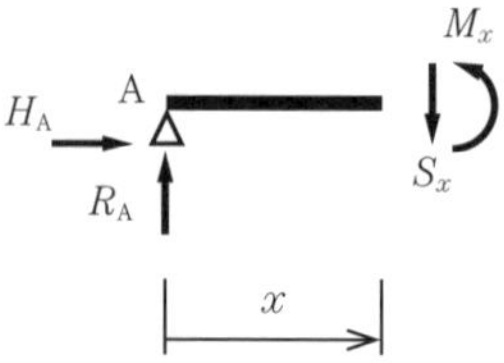

図 4.27　左側の力のつり合い

(2)　C–D 間（2 m≦x≦5 m）について（**図 4.28**）

①　鉛直方向の力のつり合い式

$\sum V =$ ［　　　　］

$\therefore S_x =$ ［　　　　］

②　点 A から x だけ離れた位置におけるモーメントのつり合い式

$\sum M =$ ［　　　　］

$\therefore M_x =$ ［　　　　］

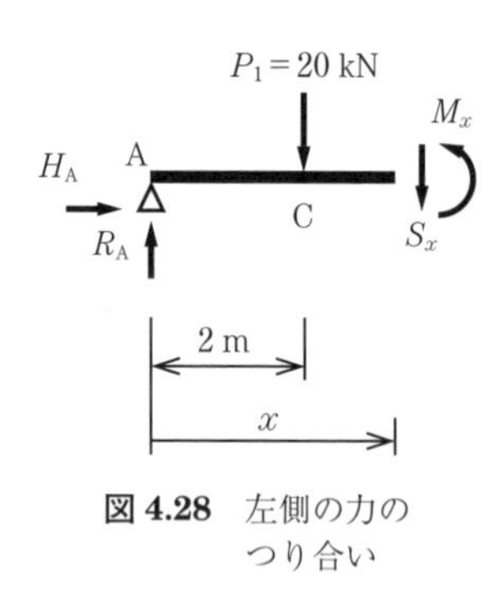

図 4.28　左側の力のつり合い

(3)　B–D 間（0 m≦x≦2 m）について（**図 4.29**）

①　鉛直方向の力のつり合い式

$\sum V =$ ［　　　　］

$\therefore S_x =$ ［　　　　］

②　点 B から x だけ離れた位置におけるモーメントのつり合い式

$\sum M =$ ［　　　　］

$\therefore M_x =$ ［　　　　］

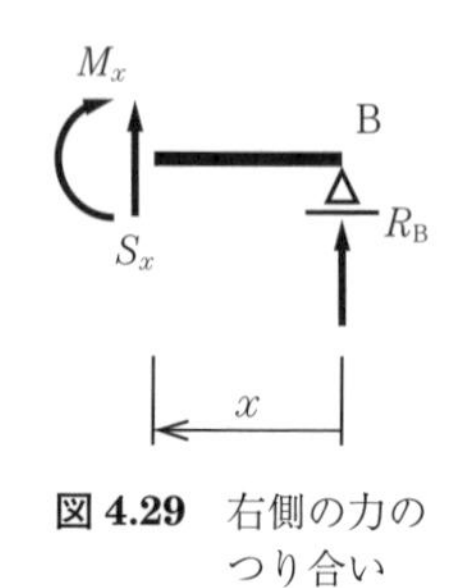

図 4.29　右側の力のつり合い

S 図，M 図は**図 4.30** となる。

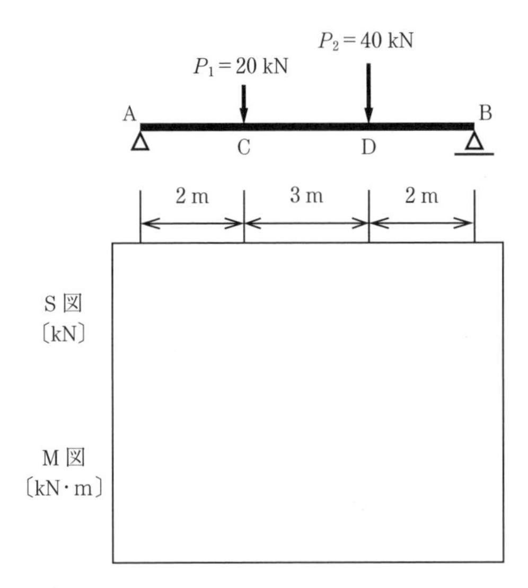

図 4.30　断面力図

基本問題 4–6　**図 4.31** に示す単純ばりの断面力図（S 図，M 図）を求めよ。

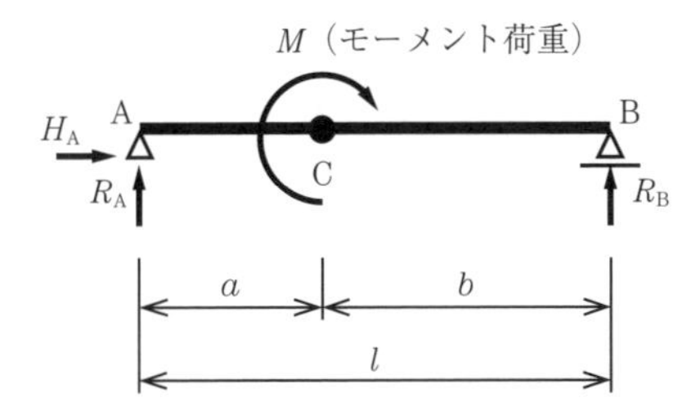

図 4.31　単純ばり

解答

支点反力：$H_A=0$，　$R_A=-\dfrac{M}{l}$，　$R_B=\dfrac{M}{l}$　（基本問題 3–7 参照）

(1)　A–C 間（$0 \leqq x \leqq a$）について（**図 4.32**）

①　鉛直方向の力のつり合い式

$$\sum V=R_A-S_x=0$$

$$\therefore S_x=R_A=-\frac{M}{l}$$

②　点 A から x だけ離れた位置におけるモーメントのつり合い式

$$\sum M=R_A\times x-M_x=0$$

$$\therefore M_x=R_A x=-\frac{M}{l}x$$

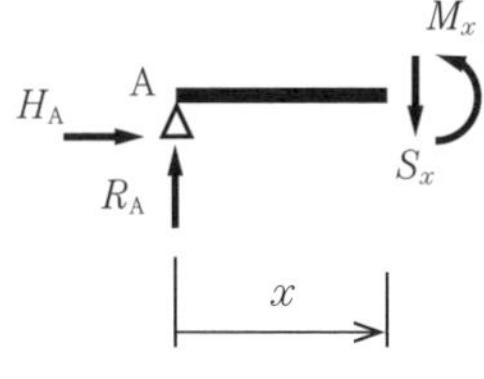

図 4.32　左側の力のつり合い

(2)　B–C 間（$0 \leqq x \leqq b$）について（**図 4.33**）

①　鉛直方向の力のつり合い式

$$\sum V=S_x+R_B=0$$

$$\therefore S_x=-R_B=-\frac{M}{l}$$

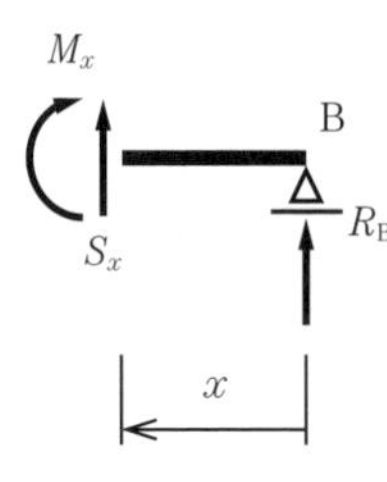

図 4.33　右側の力のつり合い

② 点Bからxだけ離れた位置におけるモーメントのつり合い式

$$\sum M = M_x - R_B x = 0$$

$$\therefore M_x = R_B x = \frac{M}{l} x$$

S図，M図は**図4.34**となる。

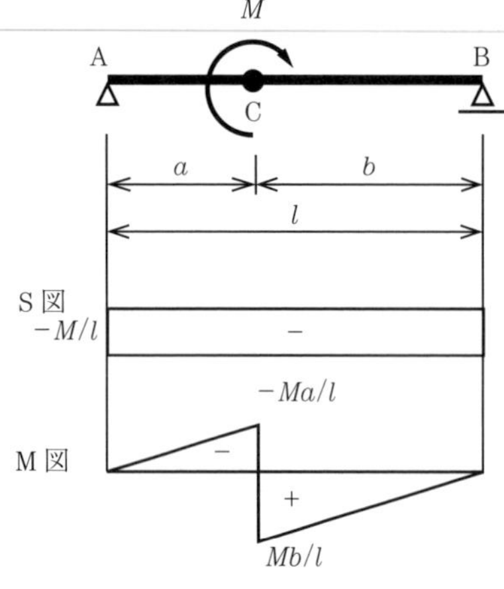

図4.34　断面力図

Point

基礎事項4.3の表4.1に示したように，M図はモーメント荷重が作用する点において，その大きさだけ変化する。

基本問題4-7　**図4.35**に示す張出しばりの断面力図（S図，M図）を求めよ。

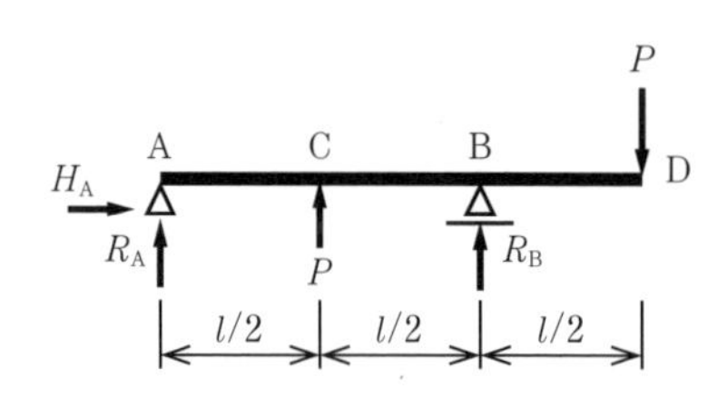

図4.35　張出しばり

解答

支点反力：$H_A = 0$，　$R_A = -P$，　$R_B = P$　（基本問題3-8参照）

(1)　A–C間（$0 \leqq x \leqq l/2$）について（**図4.36**）

① 鉛直方向の力のつり合い式

$$\sum V = R_A - S_x = 0$$

$$\therefore S_x = R_A = -P$$

② 点Aからxだけ離れた位置におけるモーメントのつり合い式

$$\sum M = R_A \times x - M_x = 0$$

$$\therefore M_x = R_A x = -Px$$

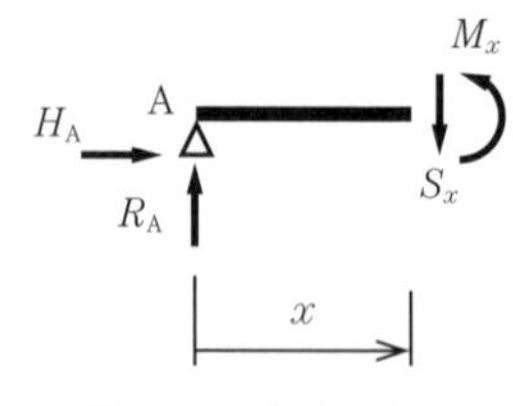

図4.36　左側の力のつり合い

(2)　C–B間（$l/2 \leqq x \leqq l$）について（**図4.37**）

① 鉛直方向の力のつり合い式

$$\sum V = R_A + P - S_x = 0$$

$$\therefore S_x = R_A + P = 0$$

② 点Aからxだけ離れた位置におけるモーメントのつり合い式

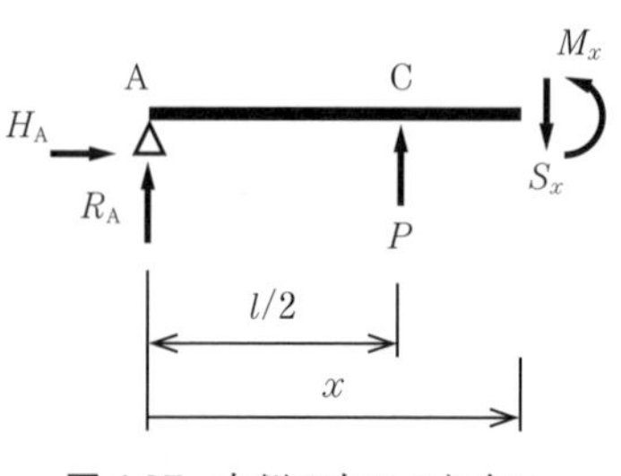

図4.37　左側の力のつり合い

$$\sum M = R_A \times x + P \times \left(x - \frac{l}{2}\right) - M_x = 0$$

$$\therefore M_x = R_A x + P\left(x - \frac{l}{2}\right) = -\frac{Pl}{2}$$

(3)　D–B 間（$0 \leqq x \leqq l/2$）について（**図 4.38**）

①　鉛直方向の力のつり合い式

$$\sum V = S_x - P = 0$$

$$\therefore S_x = P$$

②　点 D から x だけ離れた位置におけるモーメントのつり合い式

$$\sum M = M_x + P \times x = 0$$

$$\therefore M_x = -Px$$

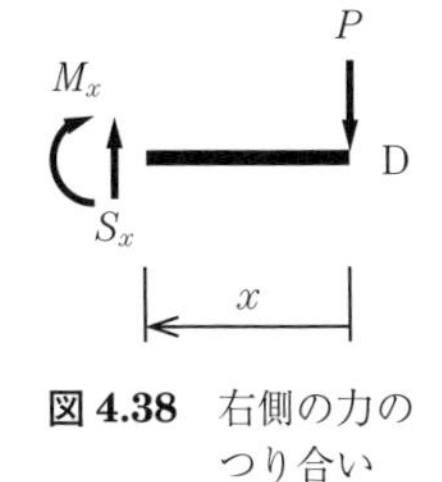

図 4.38　右側の力のつり合い

S 図，M 図は**図 4.39** となる。

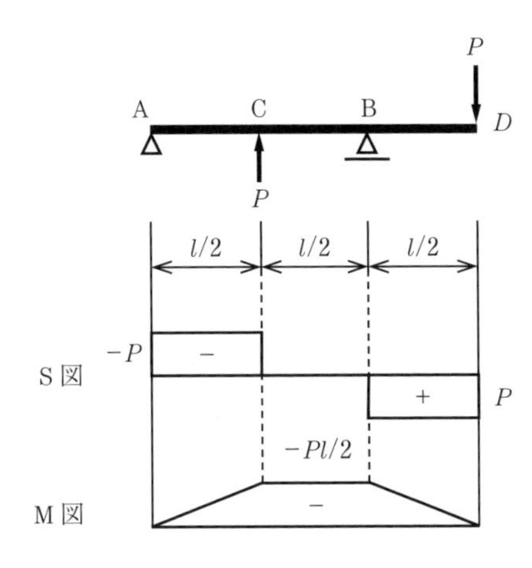

図 4.39　断面力図

基本問題 4-8　**図 4.40** に示す張出しばりの断面力図（S 図，M 図）を求めよ。

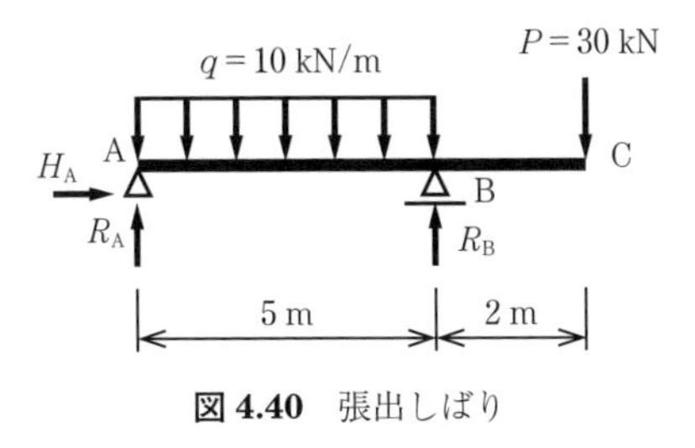

図 4.40　張出しばり

解答

支点反力：$H_A =$ ［　　　］，　$R_A =$ ［　　　］，　$R_B =$ ［　　　］

（基本問題 3-9 参照）

(1)　A–B 間（$0\,\mathrm{m} \leqq x \leqq 5\,\mathrm{m}$）について（**図 4.41**）

①　鉛直方向の力のつり合い式

$\sum V =$ ［　　　　　　　　　　］

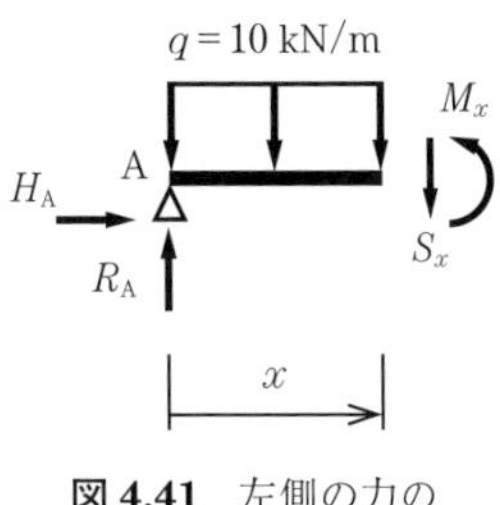

図 4.41　左側の力のつり合い

$\therefore S_x =$ [　　　　]

② 点Aからxだけ離れた位置におけるモーメントのつり合い式

$\sum M =$ [　　　　]

$\therefore M_x =$ [　　　　]

(2) C–B間（0 m≦x≦2 m）について（**図4.42**）

① 鉛直方向の力のつり合い式

$\sum V =$ [　　　　]

$\therefore S_x =$ [　　　　]

② 点Cからxだけ離れた位置におけるモーメントのつり合い式

$\sum M =$ [　　　　]

$\therefore M_x =$ [　　　　]

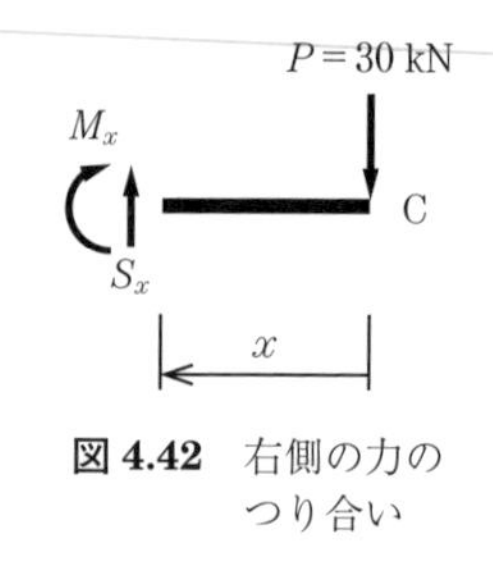

図4.42　右側の力のつり合い

S図，M図は**図4.43**となる。

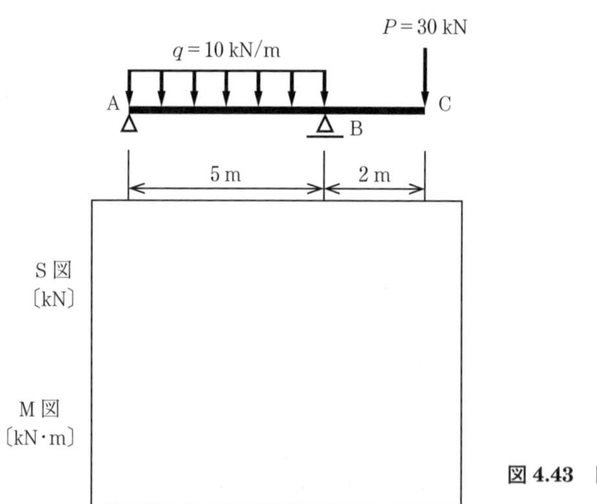

図4.43　断面力図

基本問題4–9　**図4.44**に示す片持ちばりの断面力図（S図，M図）を求めよ。

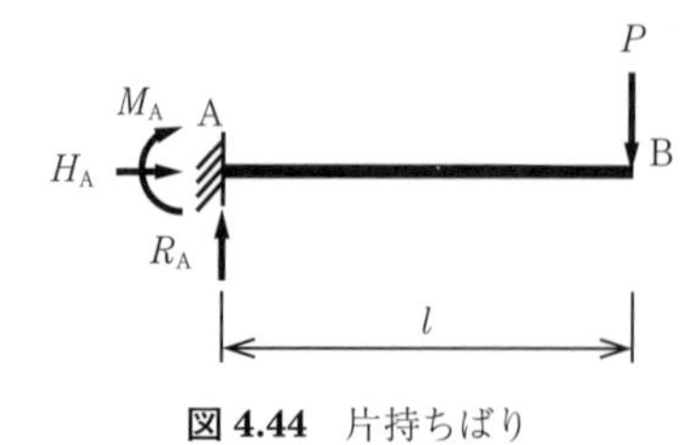

図4.44　片持ちばり

> **Point**
> 片持ちばりでは，自由端側から距離xをとって計算するのが簡単である。

解答

支点反力：$H_A=0$,　$R_A=P$,　$M_A=-Pl$　（基本問題 3–10 参照）

B–A 区間（$0 \leqq x \leqq l$）について（**図 4.45**）

① 鉛直方向の力のつり合い式

$$\sum V=S_x-P=0$$

$$\therefore S_x=P$$

② 点 B から x だけ離れた位置におけるモーメントのつり合い式

$$\sum M=M_x+P\times x=0$$

$$\therefore M_x=-Px$$

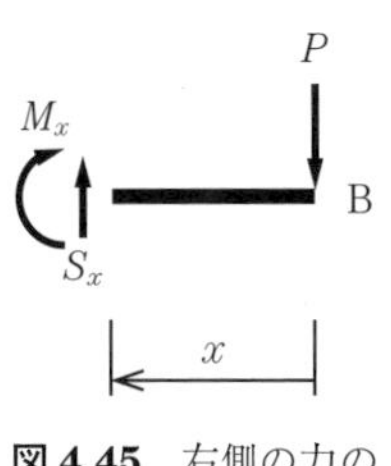

図 4.45　右側の力のつり合い

［**別解**］ 自由端側からではなく，**図 4.46** に示すように，固定端側からでも計算できるように理解しておくこと。

① 鉛直方向の力のつり合い式

$$\sum V=R_A-S_x=0$$

$$\therefore S_x=R_A=P$$

② 点 A から x だけ離れた位置におけるモーメントのつり合い式

$$\sum M=M_A+R_A\times x-M_x=0$$

$$\therefore M_x=M_A+R_Ax=-Pl+Px$$

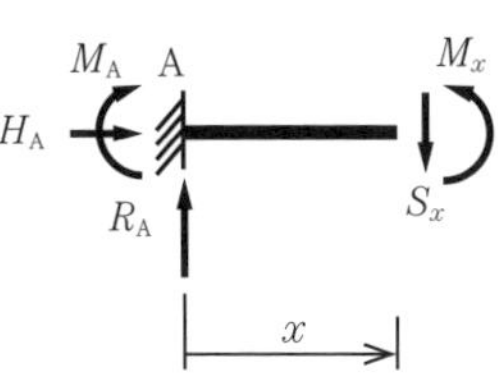

図 4.46　左側の力のつり合い

S 図，M 図は**図 4.47** となる。

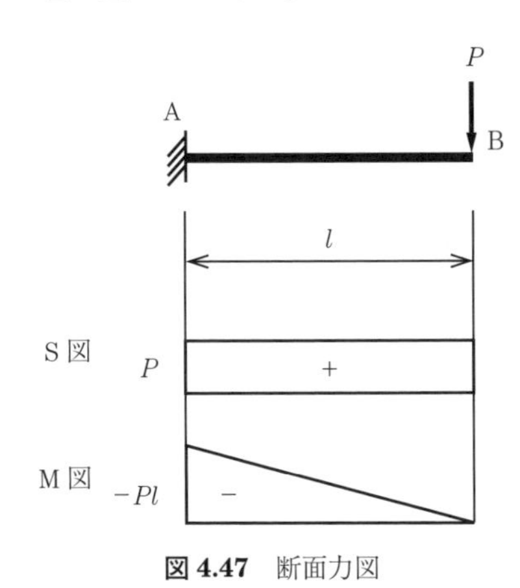

図 4.47　断面力図

> **Point**
> この場合，R_A によるモーメントとモーメント反力 M_A の存在を忘れずにつり合い式を立てること。

基本問題 4–10　**図 4.48** に示す片持ちばりの断面力図（N 図，S 図，M 図）を求めよ。

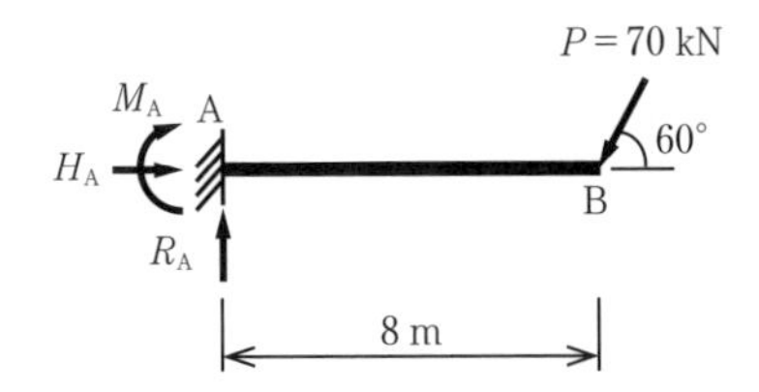

図 4.48　片持ちばり

解答

支点反力：$H_A = 35$ kN,　$R_A = 60.6$ kN,　$M_A = -484.8$ kN·m　（基本問題 3–11 参照）

B–A 間（$0 \leqq x \leqq l$）について（**図 4.49**）

① 荷重 P の水平成分 P_H と鉛直成分 P_V

$$P_H = P \times \cos 60° = 70 \times \cos 60° = 35 \text{ kN}$$

$$P_V = P \times \sin 60° = 70 \times \sin 60° = 60.6 \text{ kN}$$

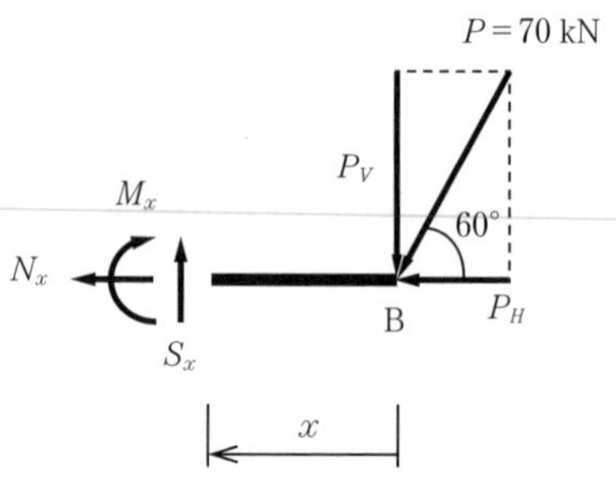

図 4.49　右側の力のつり合い

② 水平方向の力のつり合い式

$$\sum V = -N_x - P_H = 0$$

$$\therefore N_x = -P_H = -35 \text{ kN}$$

③ 鉛直方向の力のつり合い式

$$\sum V = S_x - P_V = 0$$

$$\therefore S_x = P_V = 60.6 \text{ kN}$$

④ 点 B から x だけ離れた位置におけるモーメントのつり合い式

$$\sum M = M_x + P_V \times x = 0$$

$$\therefore M_x = -P_V x = -60.6x$$

N 図，S 図，M 図は**図 4.50** となる。

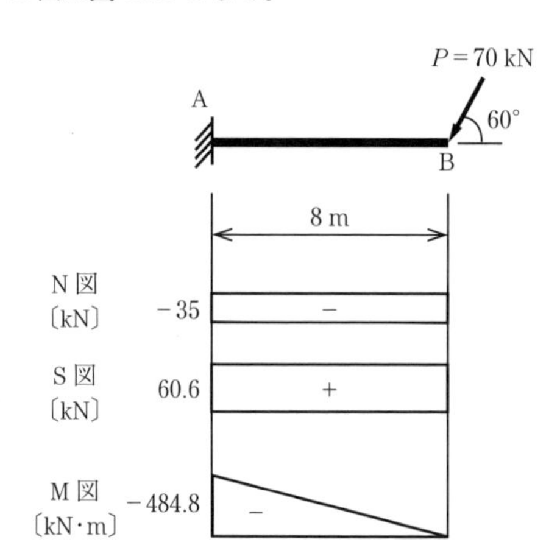

図 4.50　断面力図

基本問題 4–11　**図 4.51** に示す片持ちばりの断面力図（S 図，M 図）を求めよ。

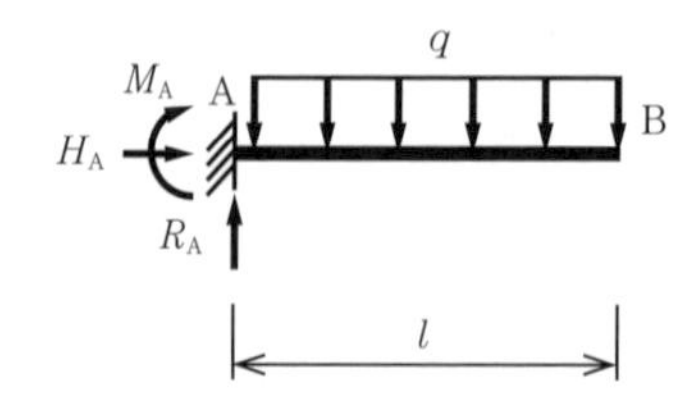

図 4.51　片持ちばり

解答

支点反力：$H_A=$ [　　], $R_A=$ [　　], $M_A=$ [　　]　（基本問題 3-12 参照）

B-A 間（$0 \leqq x \leqq l$）について（**図 4.52**）

① 鉛直方向の力のつり合い式

$\sum V =$ [　　]

$\therefore S_x =$ [　　]

② 点 B から x だけ離れた位置におけるモーメントのつり合い式

$\sum M =$ [　　]

$\therefore M_x =$ [　　]

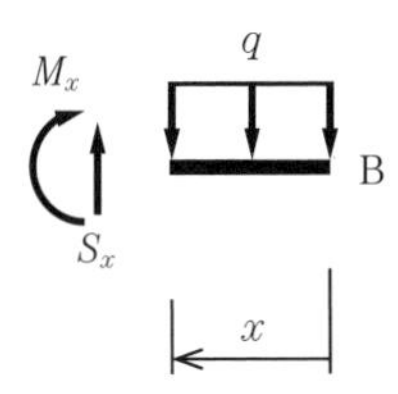

図 4.52　右側の力のつり合い

S 図，M 図は**図 4.53** となる。

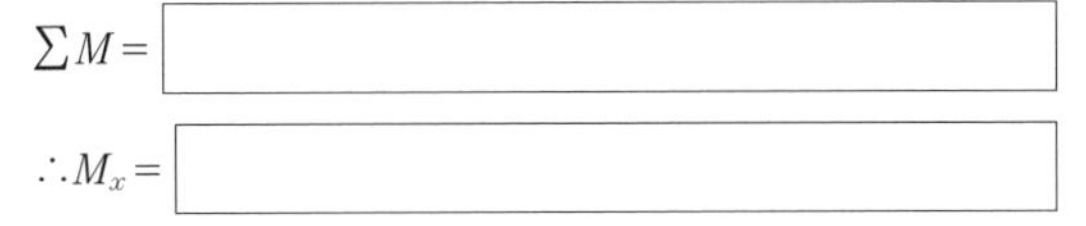

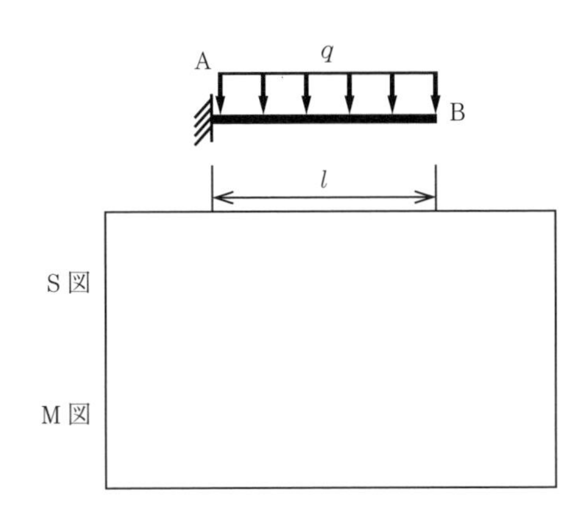

図 4.53　断面力図

基本問題 4-12　**図 4.54** に示す片持ちばりの断面力図（S 図，M 図）を求めよ。

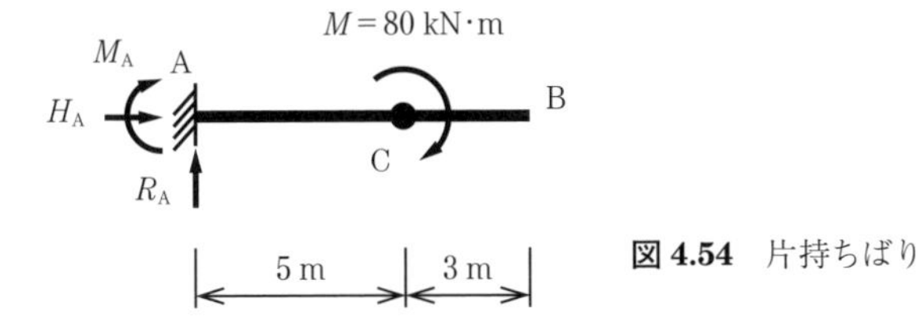

図 4.54　片持ちばり

解答

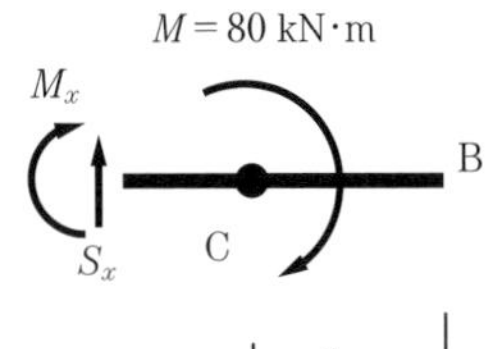

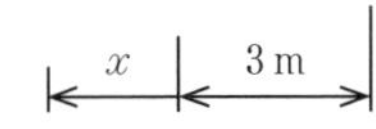

図 4.55　右側の力のつり合い

支点反力：$H_A=$ [　　], $R_A=$ [　　], $M_A=$ [　　]

（基本問題 3-13 参照）

(1)　B-C 間には荷重が作用していないので，断面力は生じない。

(2)　C-A 間（$0\ \text{m} \leqq x \leqq 5\ \text{m}$）について（**図 4.55**）

①　鉛直方向の力のつり合い式

$\sum V=$ ［　　　　］

$\therefore S_x=$ ［　　　　］

② 点Cからxだけ離れた位置におけるモーメントのつり合い式

$\sum M=$ ［　　　　］

$\therefore M_x=$ ［　　　　］

M図は**図 4.56**となる。

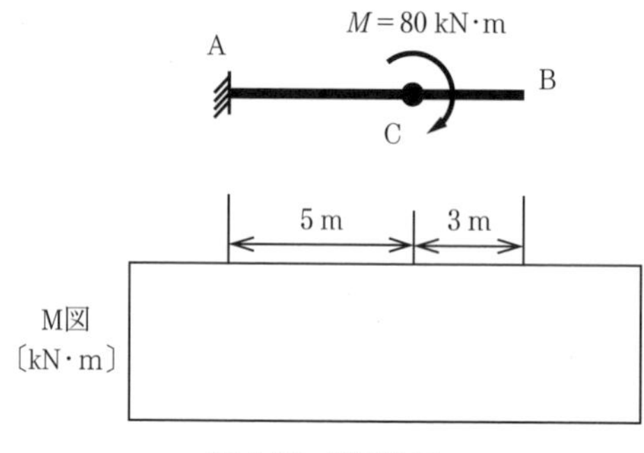

図 4.56　断面力図

基本問題 4-13　**図 4.57**に示すゲルバーばりの断面力図（S図，M図）を求めよ。

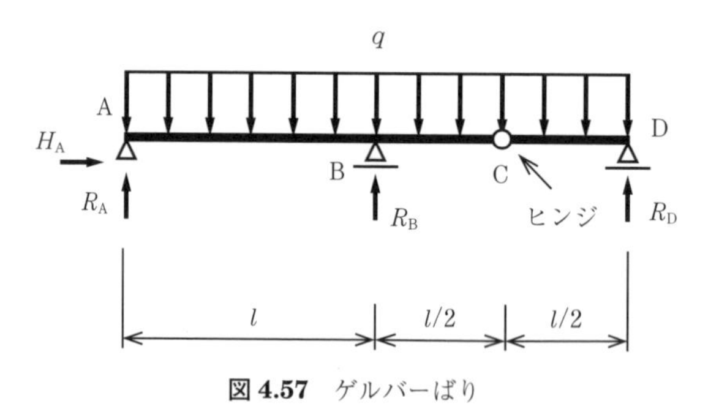

図 4.57　ゲルバーばり

解答

3章でも説明したが，**図 4.58**のように，ヒンジを境にして，ゲルバーばりを左右に切り離す。その際，右側の単純ばりが左側の張出しばりの上に載ると考える。断面力は，右側の単純ばりと左側の張出しばりに分けて計算する。

支点反力：$H_A=0$，　$R_A=\dfrac{ql}{4}$，　$R_B=\dfrac{3}{2}ql$，　$H_C=0$，　$R_C=\dfrac{ql}{4}$，　$R_D=\dfrac{ql}{4}$　（基本問題 3-14 参照）

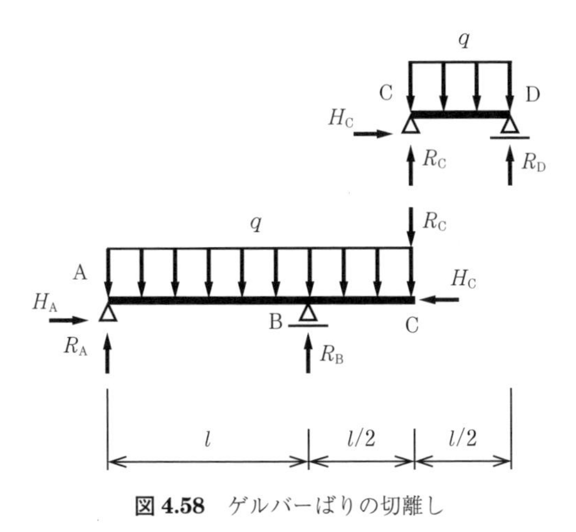

図 4.58　ゲルバーばりの切離し

> **Point**
> 点 C では支点反力 H_C, R_C が相反作用により，左側のはりにも作用することを忘れないようにする。

［右側の単純ばりについて］

C–D 間（$0 \leqq x \leqq l/2$）について（**図 4.59**）

① 鉛直方向の力のつり合い式

$$\sum V = R_C - q \times x - S_x = 0$$

$$\therefore S_x = R_C - qx = \frac{ql}{4} - qx$$

② 点 C から x だけ離れた位置におけるモーメントのつり合い式

$$\sum M = R_C \times x - qx \times \frac{x}{2} - M_x = 0$$

$$\therefore M_x = R_C x - \frac{qx^2}{2} = \frac{ql}{4}x - \frac{qx^2}{2}$$

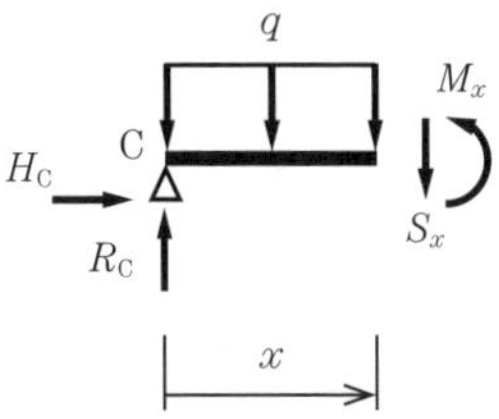

図 4.59　左側の力のつり合い

［左側の張出しばりについて］

(1)　A–B 間（$0 \leqq x \leqq l$）について（**図 4.60**）

① 鉛直方向の力のつり合い式

$$\sum V = R_A - q \times x - S_x = 0$$

$$\therefore S_x = R_A - qx = \frac{ql}{4} - qx$$

② 点 A から x だけ離れた位置におけるモーメントのつり合い式

$$\sum M = R_A x - qx \times \frac{x}{2} - M_x = 0$$

$$\therefore M_x = R_A x - \frac{qx^2}{2} = \frac{ql}{4}x - \frac{qx^2}{2}$$

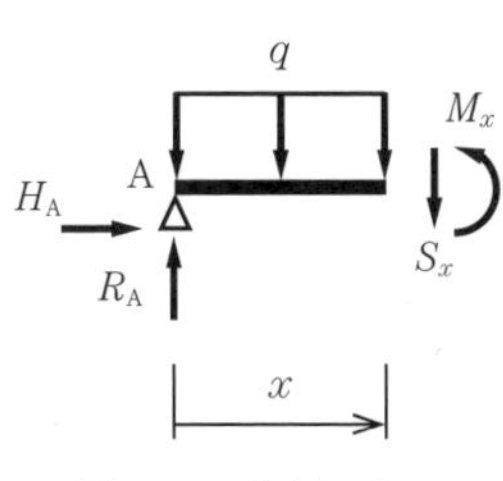

図 4.60　左側の力のつり合い

(2)　C–B 間（$0 \leqq x \leqq l/2$）について（**図 4.61**）

① 鉛直方向の力のつり合い式

$$\sum V = S_x - q \times x - R_C = 0$$

$$\therefore S_x = qx + R_C = qx + \frac{ql}{4}$$

② 点 C から x だけ離れた位置におけるモーメントのつり合い式

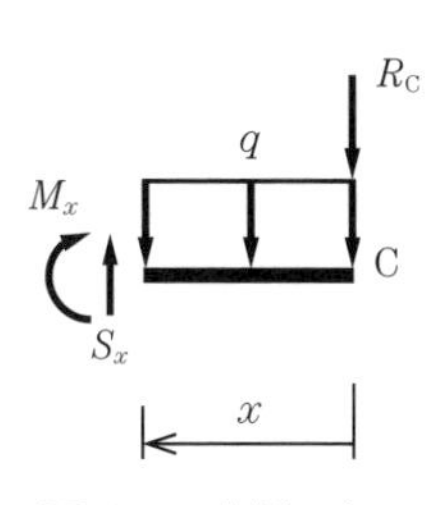

図 4.61　右側の力のつり合い

$$\sum M = M_x + qx \times \frac{x}{2} + R_C \times x = 0$$

$$\therefore M_x = -\frac{qx^2}{2} - R_C x = -\frac{qx^2}{2} - \frac{ql}{4}x$$

S 図，M 図は**図 4.62** となる。

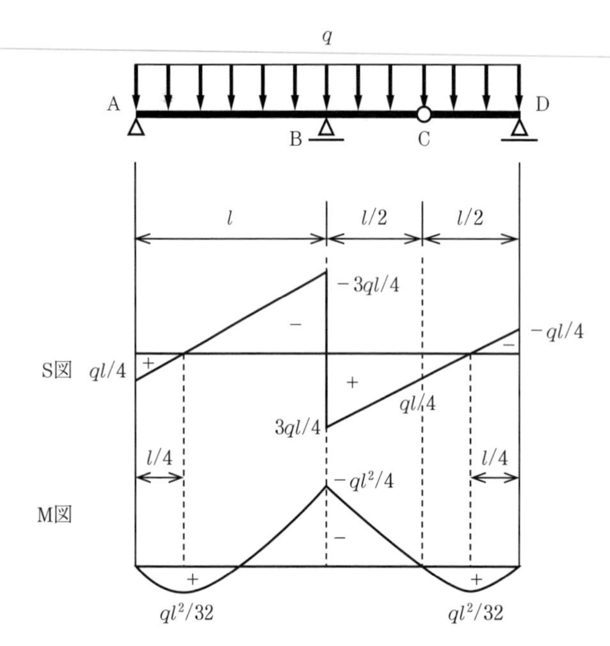

図 4.62　断面力図

> **Point**
> 　点 C のヒンジ位置で S 図が連続している，M 図が 0（ゼロ）になっていることを確認しておく。

基本問題 4-14　**図 4.63** に示すゲルバーばりの断面力図（S 図，M 図）を求めよ。

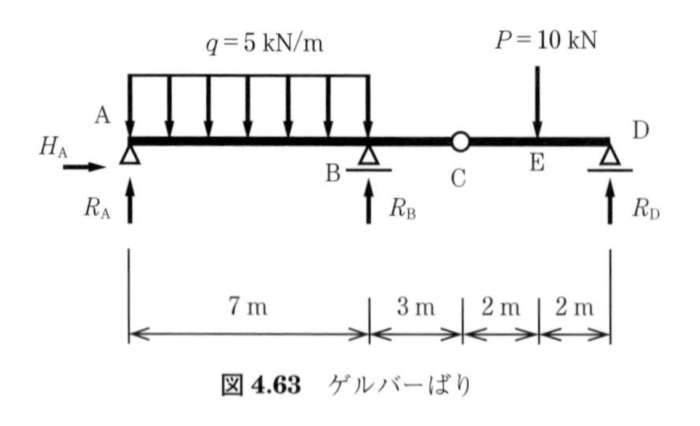

図 4.63　ゲルバーばり

解答

図 4.64 のようにヒンジを境にしてゲルバーばりを切り離す。

支点反力：$H_A =$ □，$R_A =$ □，$R_B =$ □，$R_C =$ □，$R_D =$ □

（基本問題 3-15 参照）

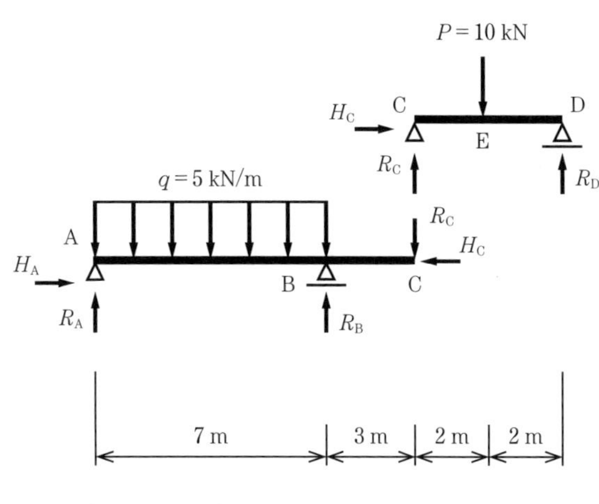

図 4.64　ゲルバーばりの切離し

［右側の単純ばりについて］

(1)　C–E 間（$0\ \text{m} \leqq x \leqq 2\ \text{m}$）について（**図 4.65**）

①　鉛直方向の力のつり合い式

$\sum V=$

$\therefore S_x=$

②　点 C から x だけ離れた位置におけるモーメントのつり合い式

$\sum M=$

$\therefore M_x=$

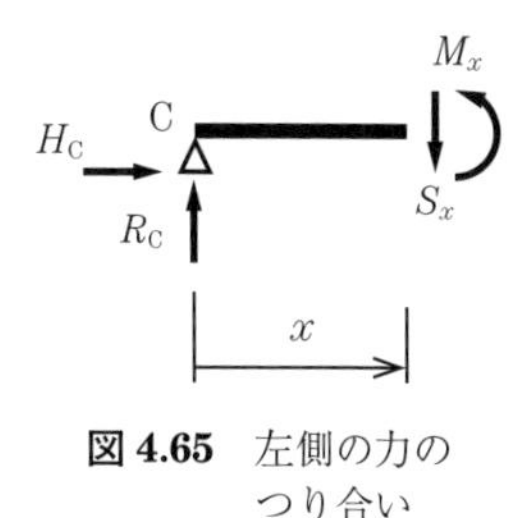

図 4.65　左側の力のつり合い

(2)　E–D 間（$2\ \text{m} \leqq x \leqq 4\ \text{m}$）について（**図 4.66**）

①　鉛直方向の力のつり合い式

$\sum V=$

$\therefore S_x=$

②　点 C から x だけ離れた位置におけるモーメントのつり合い式

$\sum M=$

$\therefore M_x=$

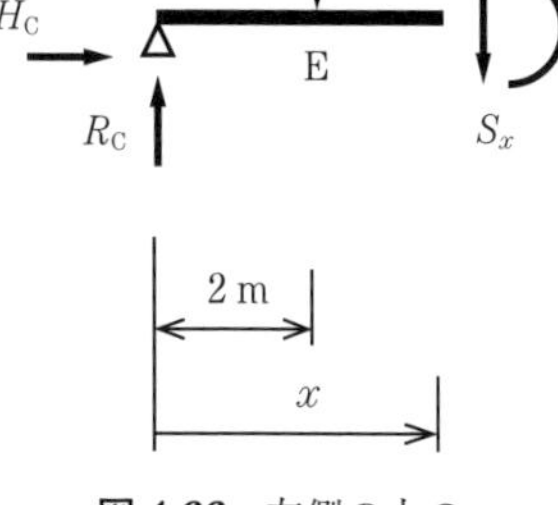

図 4.66　左側の力のつり合い

［左側の張出しばりについて］

(1)　A–B 間（$0\ \text{m} \leqq x \leqq 7\ \text{m}$）について（**図 4.67**）

①　鉛直方向の力のつり合い式

$\sum V=$

$\therefore S_x=$

②　点 A から x だけ離れた位置におけるモーメントのつり合い式

$\sum M=$

$\therefore M_x=$

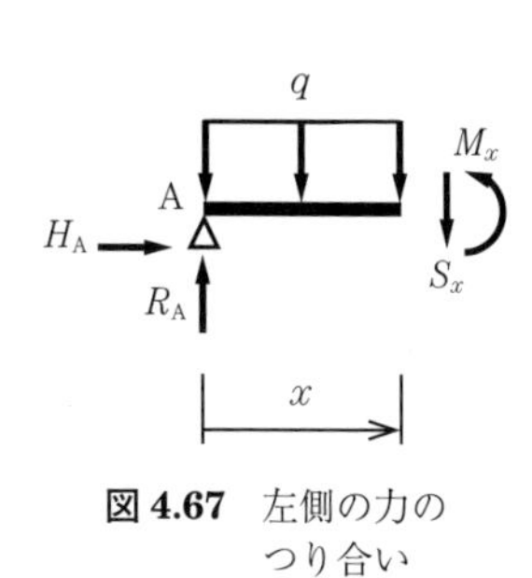

図 4.67　左側の力のつり合い

最大曲げモーメントは，$S_x=0$ より $x=$ ＿＿ の位置に生じる。

よって，最大曲げモーメントは $M_{max}=$ ＿＿ となる。

(2)　B–C 間（$7\,\mathrm{m} \leqq x \leqq 10\,\mathrm{m}$）について（**図 4.68**）

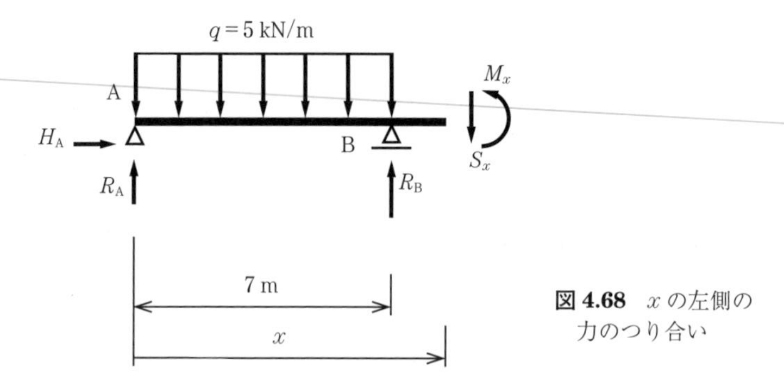

図 4.68　x の左側の力のつり合い

①　鉛直方向の力のつり合い式

$\sum V=$ ＿＿

$\therefore S_x=$ ＿＿

②　点 A から x だけ離れた位置におけるモーメントのつり合い式

$\sum M=$ ＿＿

$\therefore M_x=$ ＿＿

S 図，M 図は**図 4.69** となる。

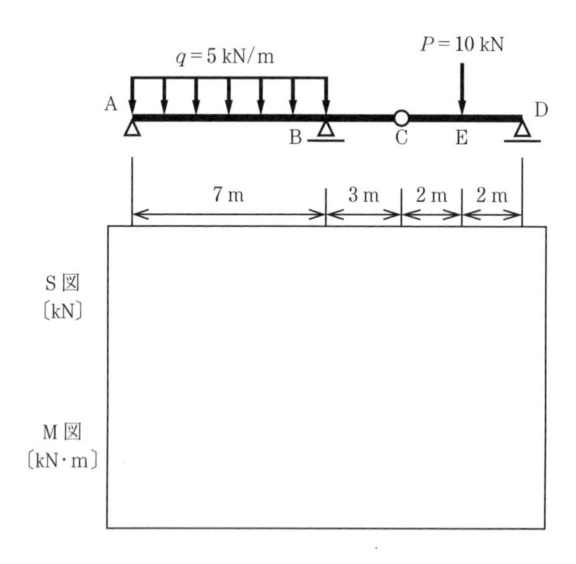

図 4.69　断面力図

基本問題 4–15　**図 4.70** に示す間接荷重を受けるはりの断面力図（S 図，M 図）を求めよ。

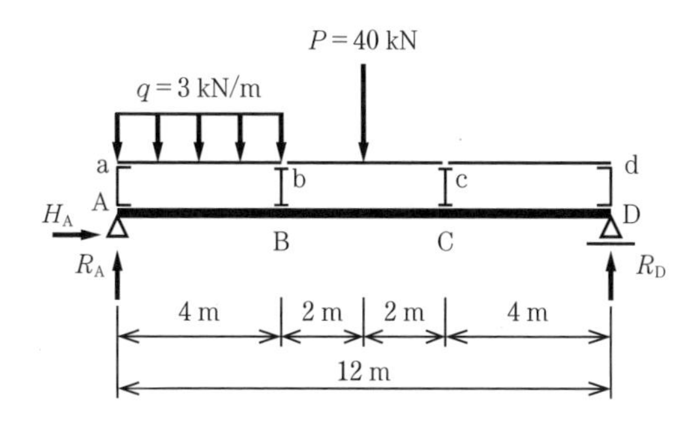

図 4.70　間接荷重を受けるはり

解答

支点反力：$H_A = 0$ kN,　$R_A = 30$ kN,　$R_D = 22$ kN　（基本問題 3–16 参照）

単純ばり A–D 上にある三つの単純ばりの支点反力から，単純ばり A–D に作用する荷重は**図 4.71** のようになる。

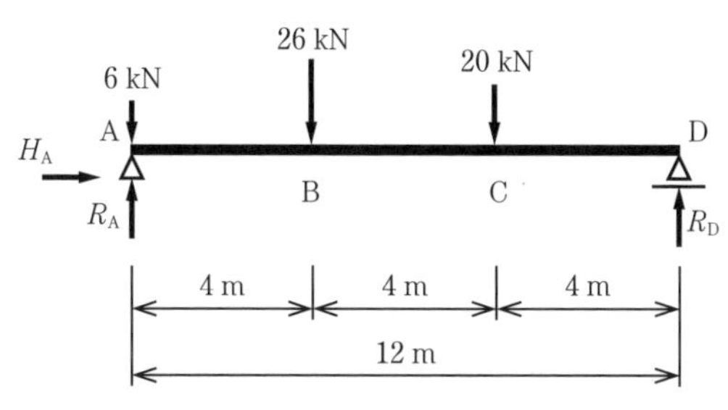

図 4.71　単純ばり A–D に作用する荷重

(1)　A–B 間（$0\,\text{m} \leqq x \leqq 4\,\text{m}$）について（**図 4.72**）

①　鉛直方向の力のつり合い式

$$\sum V = R_A - 6 - S_x = 0$$

$$\therefore S_x = R_A - 6 = 30 - 6 = 24\ \text{kN}$$

②　点 A から x だけ離れた位置におけるモーメントのつり合い式

$$\sum M = (R_A - 6) \times x - M_x = 0$$

$$\therefore M_x = (R_A - 6)x = (30 - 6)x = 24x$$

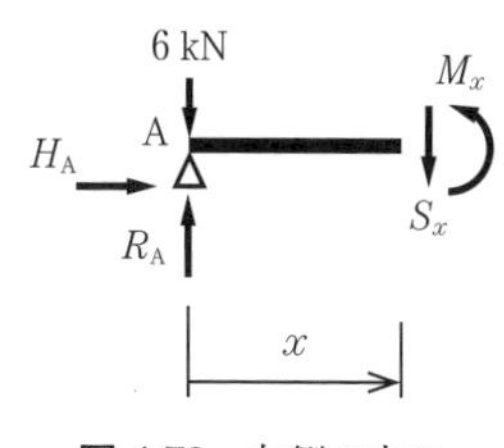

図 4.72　左側の力のつり合い

(2)　B–C 間（$4\,\text{m} \leqq x \leqq 8\,\text{m}$）について（**図 4.73**）

①　鉛直方向の力のつり合い式

$$\sum V = R_A - 6 - 26 - S_x - 0$$

$$\therefore S_x = R_A - 6 - 26 = 30 - 6 - 26 = -2\ \text{kN}$$

②　点 A から x だけ離れた位置におけるモーメントのつり合い式

$$\sum M = (R_A - 6) \times x - 26 \times (x - 4) - M_x = 0$$

$$\therefore M_x = (R_A - 6)x - 26(x - 4) = (30 - 6)x - 26(x - 4)$$

$$= -2x + 104$$

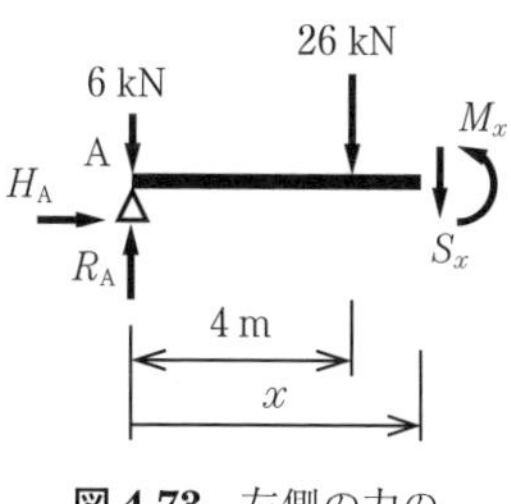

図 4.73　左側の力のつり合い

(3)　D–C 間（$0\,\mathrm{m} \leqq x \leqq 4\,\mathrm{m}$）について（**図 4.74**）

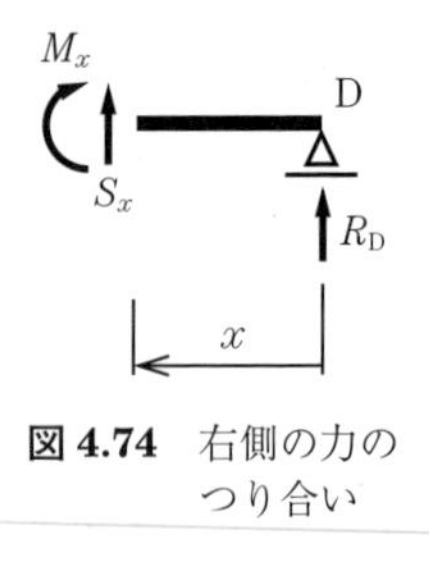

図 4.74　右側の力のつり合い

①　鉛直方向の力のつり合い式

$$\sum V = S_x + R_D = 0$$

$$\therefore S_x = -R_D = -22\,\mathrm{kN}$$

②　点 D から x だけ離れた位置におけるモーメントのつり合い式

$$\sum M = M_x - R_D \times x = 0$$

$$\therefore M_x = R_D x = 22x$$

S 図，M 図は**図 4.75** となる。

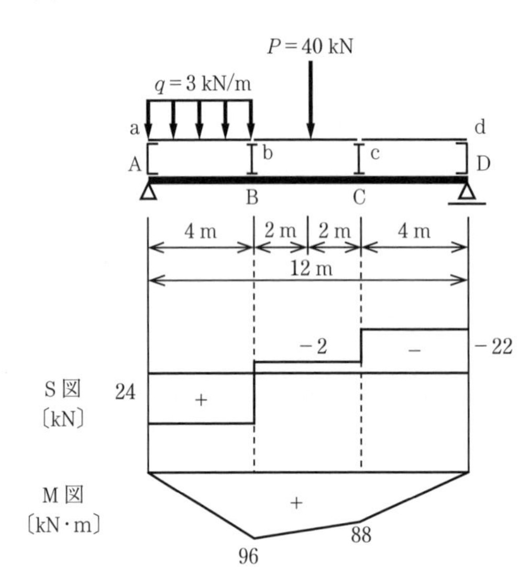

図 4.75　断面力図

基本問題 4–16　**図 4.76** に示す折ればりの断面力図（N 図，S 図，M 図）を求めよ。

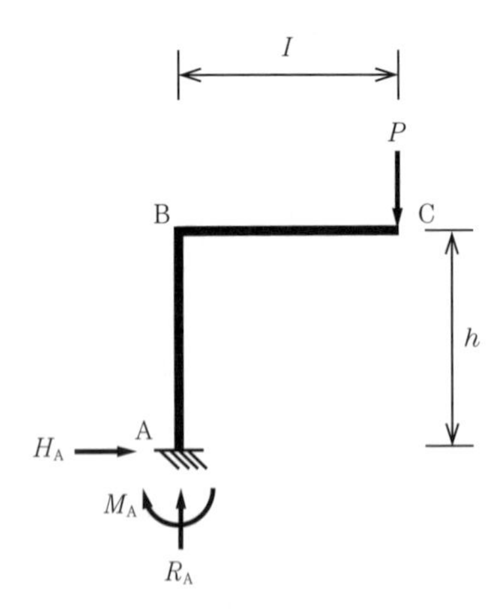

図 4.76　折ればり

解答

支点反力：$H_A=0$,　$R_A=P$,　$M_A=-Pl$　（基本問題 3-17 参照）

(1)　C–B 間（$0\leqq x\leqq l$）について（**図 4.77**）

①　水平方向の力のつり合い式

$\sum H=-N_x=0$

$\therefore N_x=0$

②　鉛直方向の力のつり合い式

$\sum V=S_x-P=0$

$\therefore S_x=P$

③　点 C から x だけ離れた位置におけるモーメントのつり合い式

$\sum M=M_x+P\times x=0$

$\therefore M_x=-Px$

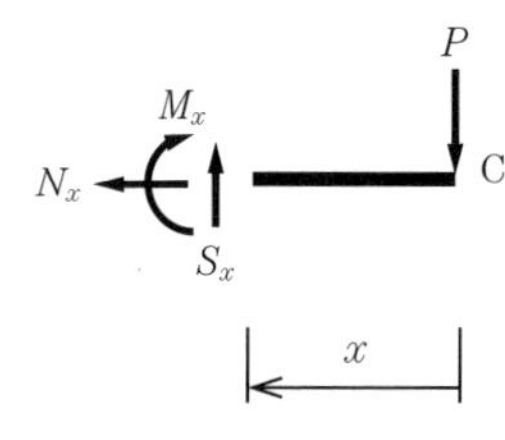

図 4.77　右側の力のつり合い

(2)　B–A 間（$0\leqq y\leqq h$）について（**図 4.78**）

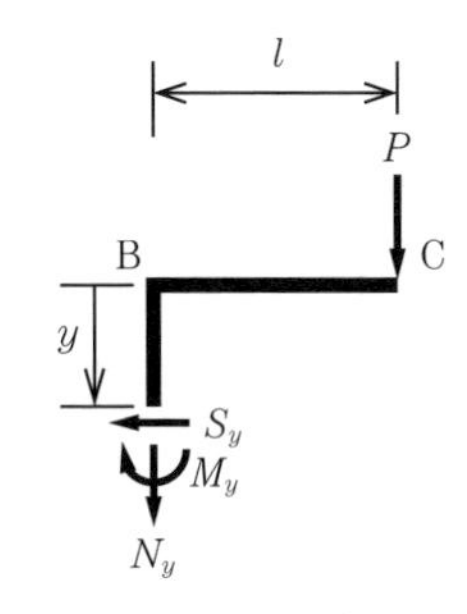

図 4.78　上側の力のつり合い

Point

点 B から下向きに y 座標をとる。ここで，断面力の正の方向に注意すること。

①　水平方向の力のつり合い式

$\sum H=-S_y=0$　$\therefore S_y=0$

②　鉛直方向の力のつり合い式

$\sum V=-N_y-P=0$　$\therefore N_y=-P$

③　点 B から y だけ離れた位置におけるモーメントのつり合い式

$\sum M=M_y+P\times l=0$　$\therefore M_y=-Pl$

N 図，S 図，M 図は**図 4.79** となる。

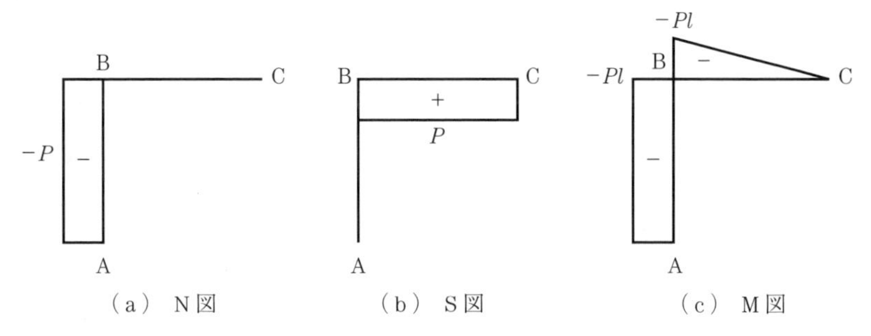

図 4.79　断面力図

基本問題 4-17　**図 4.80** に示す折ればりの断面力図（N 図，S 図，M 図）を求めよ。

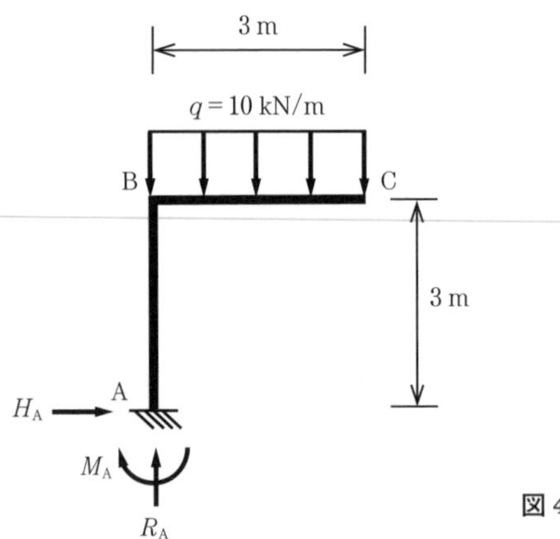

図 4.80　折ればり

解答

支点反力：$H_A = 0$ kN，　$R_A = 30$ kN，　$M_A = -45$ kN·m　（基本問題 3-18 参照）

(1)　C–B 間（$0\text{ m} \leqq x \leqq 3\text{ m}$）について（**図 4.81**）

①　水平方向の力のつり合い式

$$\sum H = -N_x = 0$$

$$\therefore N_x = 0 \text{ kN}$$

②　鉛直方向の力のつり合い式

$$\sum V = S_x - q \times x = 0$$

$$\therefore S_x = qx = 10x$$

③　点 C から x だけ離れた位置におけるモーメントのつり合い式

$$\sum M = M_x + qx \times \frac{x}{2} = 0$$

$$\therefore M_x = -\frac{qx^2}{2} = -5x^2$$

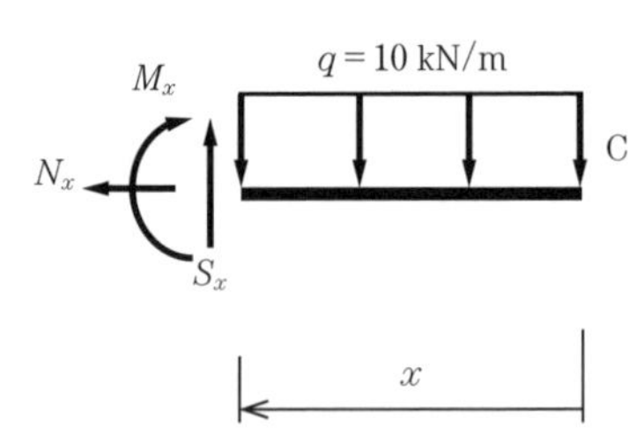

図 4.81　右側の力のつり合い

(2)　B–A 間（$0\text{ m} \leqq y \leqq 3\text{ m}$）について（**図 4.82**）

①　水平方向の力のつり合い式

$$\sum H = -S_y = 0$$

$$\therefore S_y = 0 \text{ kN}$$

②　鉛直方向の力のつり合い式

$$\sum V = -N_y - q \times 3 = 0$$

$$\therefore N_y = -q \times 3 = -10 \times 3 = -30 \text{ kN}$$

③　点 B から y だけ離れた位置におけるモーメントのつり合い式

$$\sum M = M_y + q \times 3 \times \frac{3}{2} = 0$$

$$\therefore M_y = -\frac{9}{2}q = -\frac{9}{2} \times 10 = -45 \text{ kN·m}$$

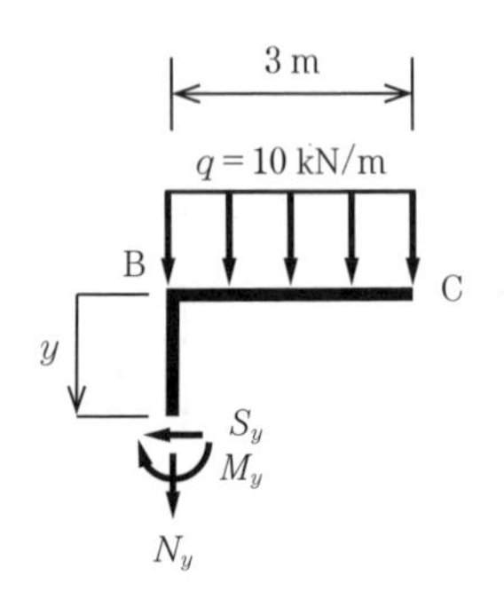

図 4.82　上側の力のつり合い

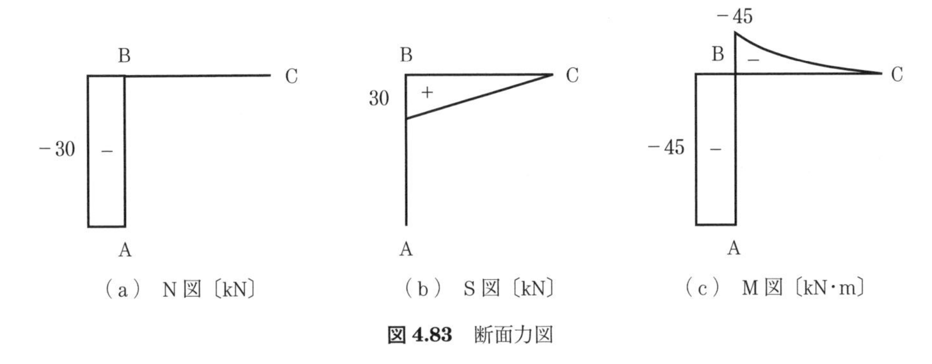

図 4.83　断面力図

N 図，S 図，M 図は**図 4.83** となる。

基本問題 4–18　**図 4.84** に示す折ればりの断面力図（N 図，S 図，M 図）を求めよ。

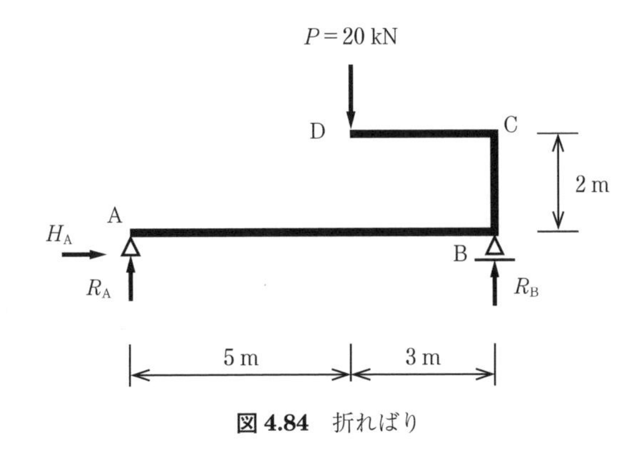

図 4.84　折ればり

解答

支点反力：H_A = ［　　］，　R_A = ［　　］，　R_B = ［　　］　（基本問題 3–19 参照）

(1)　A–B 間（0 m≦x≦8 m）について（**図 4.85**）

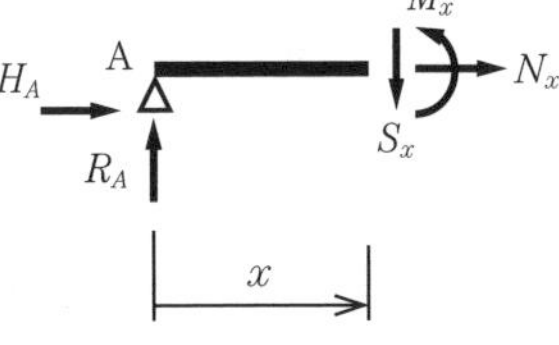

図 4.85　左側の力のつり合い

①　水平方向の力のつり合い式

$\sum H$ = ［　　］　　$\therefore N_x$ = ［　　］

②　鉛直方向の力のつり合い式

$\sum V$ = ［　　］　　$\therefore S_x$ = ［　　］

③　点 A から x だけ離れた位置におけるモーメントのつり合い式

$\sum M$ = ［　　］　　$\therefore M_x$ = ［　　］

(2)　B–C 間（0 m≦y≦2 m）について（**図 4.86**）

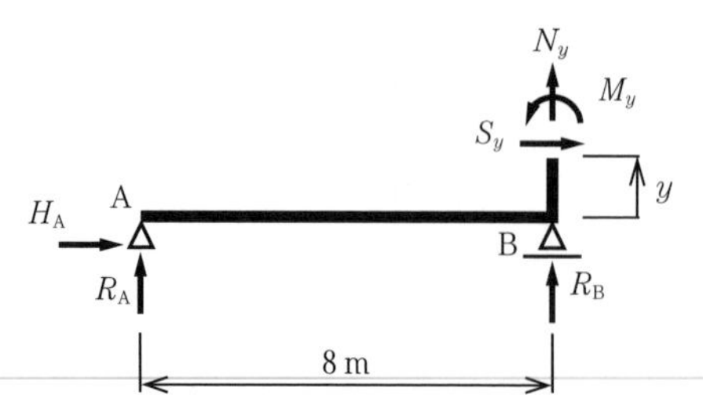

図 4.86　下側の力のつり合い

> **Point**
> 断面力の方向に注意する。B–C–D 間は A–B 間からの延長なので，A–B 間の断面力をそのまま部材に沿って回転させるだけでよい。

① 水平方向の力のつり合い式

$\sum H=$ ☐　　$\therefore S_y=$ ☐

② 鉛直方向の力のつり合い式

$\sum V=$ ☐　　$\therefore N_y=$ ☐

③ 点 B から y だけ離れた位置におけるモーメントのつり合い式

$\sum M=$ ☐　　$\therefore M_y=$ ☐

(3) D–C 間（$0\text{ m}\leqq x\leqq 3\text{ m}$）について（**図 4.87**）

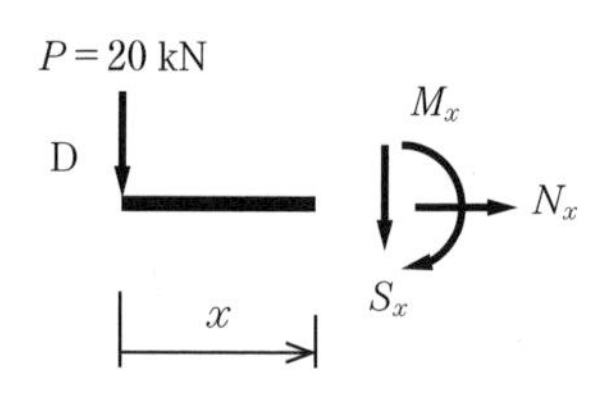

図 4.87　左側の力のつり合い

① 水平方向の力のつり合い式

$\sum H=$ ☐

$\therefore N_x=$ ☐

② 鉛直方向の力のつり合い式

$\sum V=$ ☐

$\therefore S_x=$ ☐

③ 点 D から x だけ離れた位置におけるモーメントのつり合い式

$\sum M=$ ☐

$\therefore M_x=$ ☐

N 図，S 図，M 図は**図 4.88** となる。

N 図〔kN〕　　S 図〔kN〕　　M 図〔kN·m〕

図 4.88　断面力図

基本問題 4-19　**図 4.89** に示すアーチの断面力図（N 図，S 図，M 図）を求めよ。

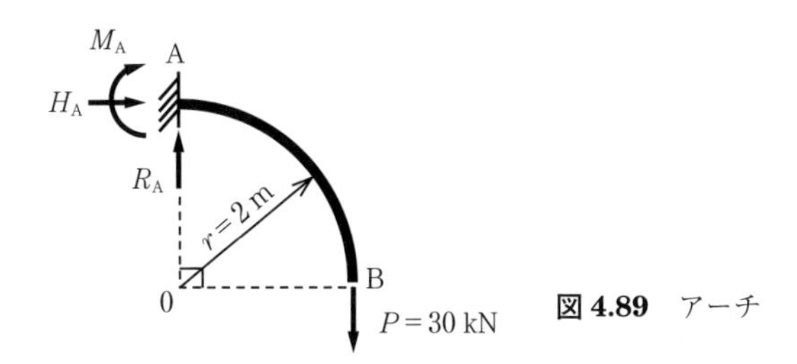

図 4.89　アーチ

解答

支点反力：$H_A=0$ kN，　$R_A=30$ kN，　$M_A=-60$ kN·m　（基本問題 3-20 参照）

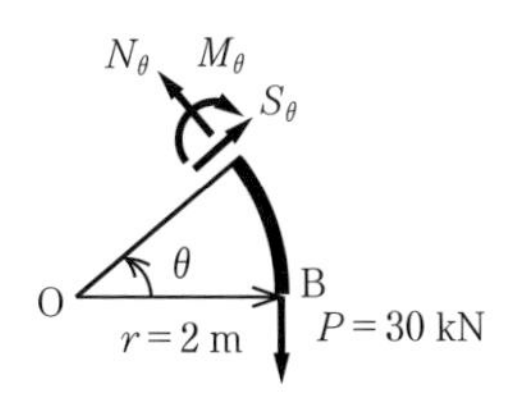

図 4.90　下側の力のつり合い

> **Point**
>
> 点 B から角度 θ の位置における断面力を**図 4.90** のようにおいて，力のつり合い式を立てる。

① 水平方向の力のつり合い式

$$\sum H=-N_\theta \sin\theta+S_\theta\cos\theta=0 \tag{4.12}$$

② 鉛直方向の力のつり合い式

$$\sum V=N_\theta\cos\theta+S_\theta\sin\theta-P=0 \tag{4.13}$$

式(4.12)×cos θ，式(4.13)×sin θ より

$$\begin{cases}-N_\theta\sin\theta\cos\theta+S_\theta\cos^2\theta=0\\ N_\theta\cos\theta\sin\theta+S_\theta\sin^2\theta-P\sin\theta=0\end{cases}$$

となり，よってつぎのようになる。

$$S_\theta=P\sin\theta=30\sin\theta$$

$$N_\theta=\frac{S_\theta\cos\theta}{\sin\theta}=P\cos\theta=30\cos\theta$$

③ 点 B から角度 θ の位置におけるモーメントのつり合い式

$$\sum M=M_\theta+P\times r(1-\cos\theta)=0$$

$$\therefore M_\theta=-Pr(1-\cos\theta)=-30\times 2\times(1-\cos\theta)=-60\times(1-\cos\theta)$$

N 図，S 図，M 図は**図 4.91** となる。

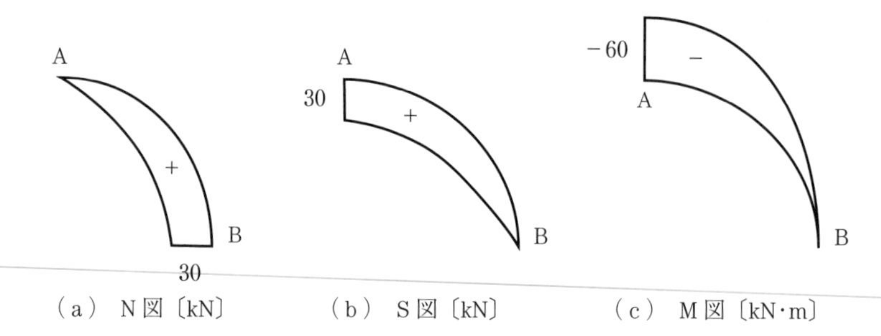

図 4.91　断面力図

基本問題 4-20　**図 4.92** に示すラーメンの断面力図（N 図，S 図，M 図）を求めよ。

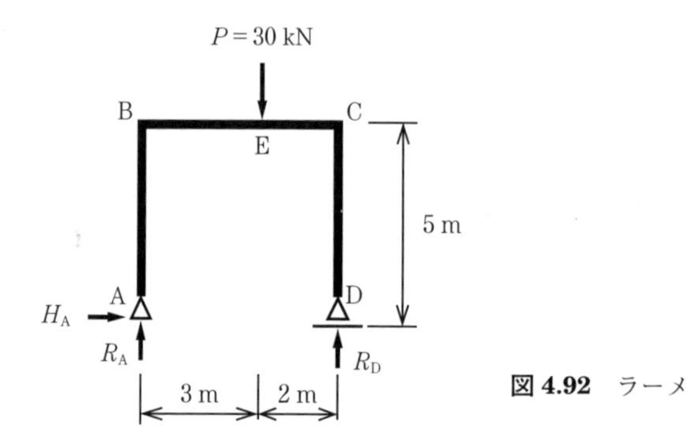

図 4.92　ラーメン

解答

支点反力：$H_A = 0$ kN,　$R_A = 12$ kN,　$R_D = 18$ kN　（基本問題 3-21 参照）

(1)　A–B 間（$0\,\text{m} \leqq y \leqq 5\,\text{m}$）について（**図 4.93**）

①　水平方向の力のつり合い式

$$\sum H = H_A + S_y = 0$$

$$\therefore S_y = -H_A = 0\ \text{kN}$$

②　鉛直方向の力のつり合い式

$$\sum V = R_A + N_y = 0$$

$$\therefore N_y = -R_A = -12\ \text{kN}$$

③　点 A から y だけ離れた位置におけるモーメントのつり合い式

$$\sum M = -M_y - H_A \times y = 0$$

$$\therefore M_y = -H_A y = 0\ \text{kN}$$

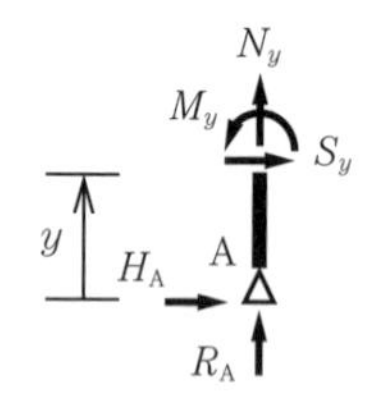

図 4.93　下側の力のつり合い

(2)　B–E 間（$0\,\text{m} \leqq x \leqq 3\,\text{m}$）について（**図 4.94**）

①　水平方向の力のつり合い式

$$\sum H = H_A + N_x = 0$$

$$\therefore N_x = -H_A = 0\ \text{kN}$$

②　鉛直方向の力のつり合い式

$$\sum V = R_A - S_x = 0$$

$$\therefore S_x = R_A = 12\ \text{kN}$$

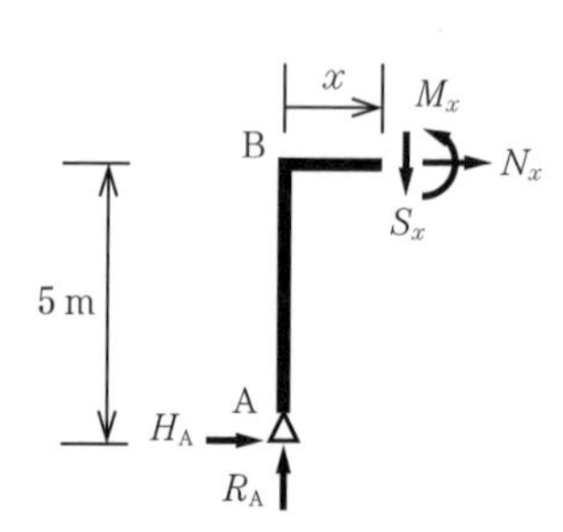

図 4.94　左側の力のつり合い

③　点Bからxだけ離れた位置におけるモーメントのつり合い式

$\sum M = -H_A \times 5 + R_A \times x - M_x = 0$

$\therefore M_x = -5H_A + R_A x = 12x$

(3)　D–C 間（$0\,\mathrm{m} \leqq y \leqq 5\,\mathrm{m}$）について（**図 4.95**）

①　水平方向の力のつり合い式

$\sum H = S_y = 0$

$\therefore S_y = 0\,\mathrm{kN}$

②　鉛直方向の力のつり合い式

$\sum V = R_D + N_y = 0$

$\therefore N_y = -R_D = -18\,\mathrm{kN}$

③　点Dからyだけ離れた位置におけるモーメントのつり合い式

$\sum M = M_y = 0$

$\therefore M_y = 0\,\mathrm{kN \cdot m}$

図 4.95　下側の力のつり合い

(4)　C–E 間（$0\,\mathrm{m} \leqq x \leqq 2\,\mathrm{m}$）について（**図 4.96**）

①　水平方向の力のつり合い式

$\sum H = -N_x = 0$

$\therefore N_x = 0\,\mathrm{kN}$

②　鉛直方向の力のつり合い式

$\sum V = S_x + R_D = 0$

$\therefore S_x = -R_D = -18\,\mathrm{kN}$

③　点Cからxだけ離れた位置におけるモーメントのつり合い式

$\sum M = M_x - R_D \times x = 0$

$\therefore M_x = R_D x = 18x$

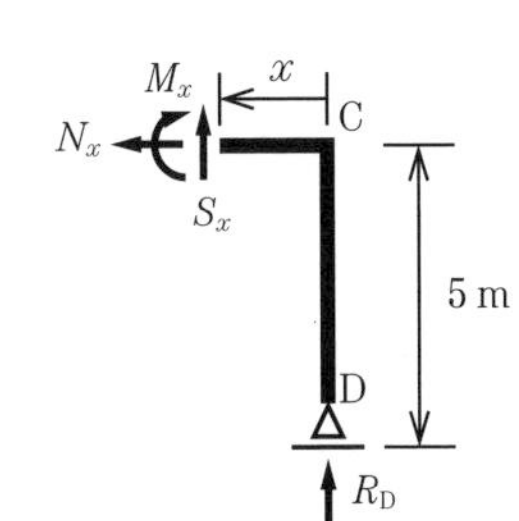

図 4.96　右側の力のつり合い

N 図，S 図，M 図は**図 4.97** となる。

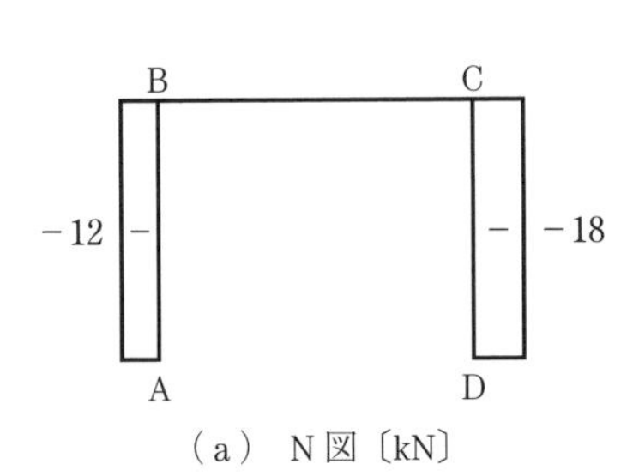

（a）　N 図〔kN〕

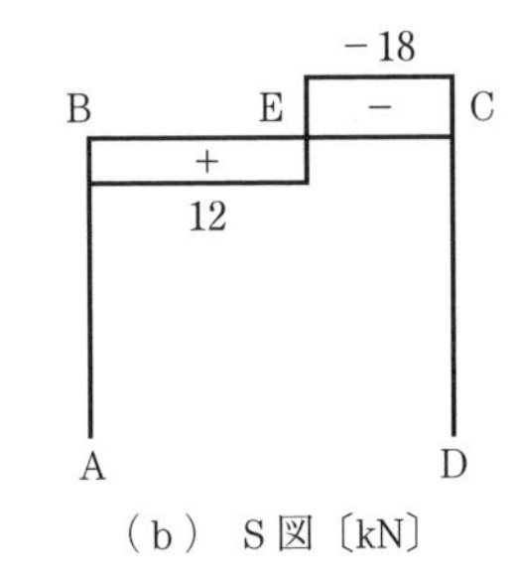

（b）　S 図〔kN〕

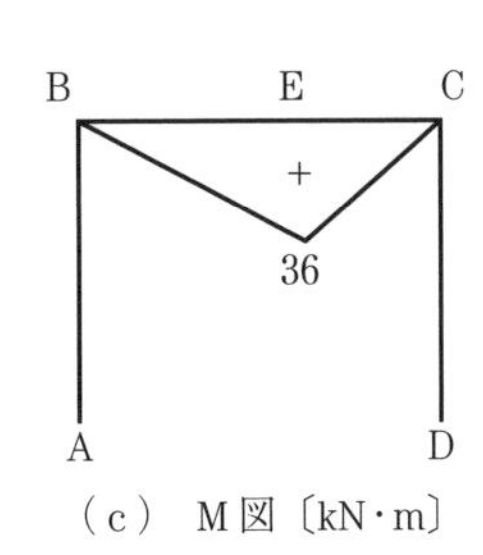

（c）　M 図〔kN・m〕

図 4.97　断面力図

基本問題 4–21　　**図 4.98** に示すラーメンの断面力図（N 図，S 図，M 図）を求めよ。

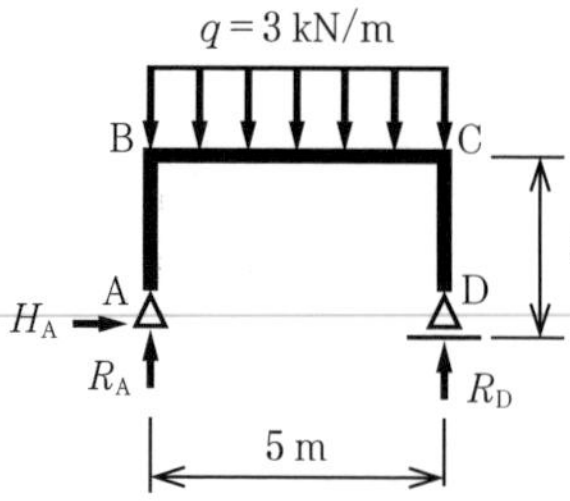

図 4.98　ラーメン

解答

支点反力：$H_A =$ ［　　　］，　$R_A =$ ［　　　］，　$R_D =$ ［　　　］　（基本問題 3–22 参照）

（1）　A–B 間（0 m≦y≦3 m）について（**図 4.99**）

①　水平方向の力のつり合い式

$\sum H =$ ［　　　］

$\therefore S_y =$ ［　　　］

②　鉛直方向の力のつり合い式

$\sum V =$ ［　　　］

$\therefore N_x =$ ［　　　］

③　点 A から y だけ離れた位置におけるモーメントのつり合い式

$\sum M =$ ［　　　］

$\therefore M_y =$ ［　　　］

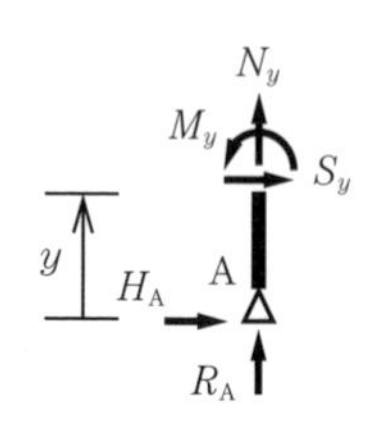

図 4.99　下側の力のつり合い

（2）　B–C 間（0 m≦x≦5 m）について（**図 4.100**）

①　水平方向の力のつり合い式

$\sum H =$ ［　　　］

$\therefore N_x =$ ［　　　］

②　鉛直方向の力のつり合い式

$\sum V =$ ［　　　］

$\therefore S_x =$ ［　　　］

③　点 B から x だけ離れた位置におけるモーメントのつり合い式

$\sum M =$ ［　　　］

$\therefore M_x =$ ［　　　］

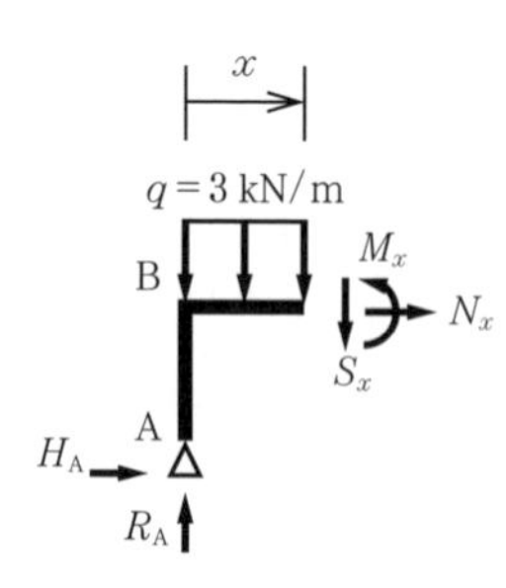

図 4.100　左側の力のつり合い

（3）　D–C 間（0 m≦y≦3 m）について（**図 4.101**）

① 水平方向の力のつり合い式

$\sum H=$ ［　　　　　　　　］

$\therefore S_y=$ ［　　　　　　　　］

② 鉛直方向の力のつり合い式

$\sum V=$ ［　　　　　　　　］

$\therefore N_y=$ ［　　　　　　　　］

③ 点Dから y だけ離れた位置におけるモーメントのつり合い式

$\sum M=$ ［　　　　　　　　］

$\therefore M_y=$ ［　　　　　　　　］

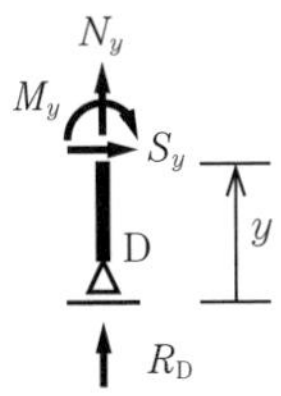

図 4.101　下側の力のつり合い

N図，S図，M図は**図 4.102** となる。

N図〔kN〕　　S図〔kN〕　　M図〔kN·m〕

図 4.102　断面力図

基本問題 4-22　**図 4.103** に示すラーメンの断面力図（N図，S図，M図）を求めよ。

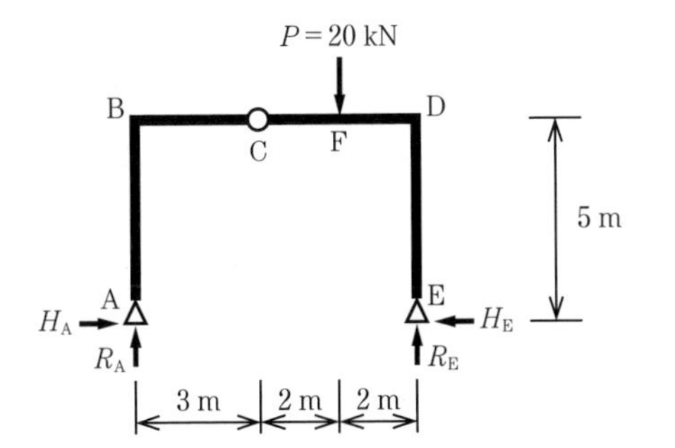

図 4.103　ラーメン

解答

支点反力：$H_A=3.43$ kN，　$R_A=5.71$ kN，　$H_E=3.43$ kN，　$R_E=14.29$ kN　（基本問題 3-23 参照）

(1)　A-B 間（0 m≦y≦5 m）について（**図 4.104**）

① 水平方向の力のつり合い式

$\sum H = H_A + S_y = 0$

$\therefore S_y = -H_A = -3.43\ \text{kN}$

② 鉛直方向の力のつり合い式

$\sum V = R_A + N_x = 0$

$\therefore N_x = -R_A = -5.71\ \text{kN}$

③ 点Aからyだけ離れた位置におけるモーメントのつり合い式

$\sum M = -H_A \times y - M_y = 0$

$\therefore M_x = -H_A y = -3.43y$

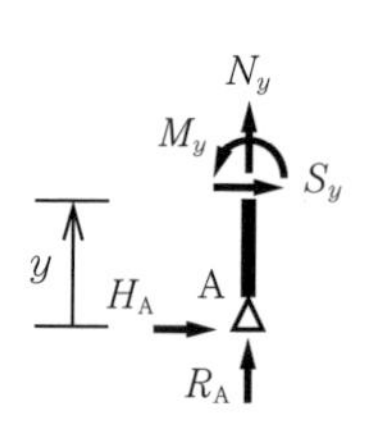

図 4.104　下側の力のつり合い

(2) B–F 間（0 m≦x≦5 m）について（**図 4.105**）

① 水平方向の力のつり合い式

$\sum H = H_A + N_x = 0$

$\therefore N_x = -H_A = -3.43\ \text{kN}$

② 鉛直方向の力のつり合い式

$\sum V = R_A - S_x = 0$

$\therefore S_x = R_A = 5.71\ \text{kN}$

③ 点Bからxだけ離れた位置におけるモーメントのつり合い式

$\sum M = -H_A \times 5 + R_A \times x - M_x = 0$

$\therefore M_x = -5H_A + R_A x = -17.15 + 5.71x$

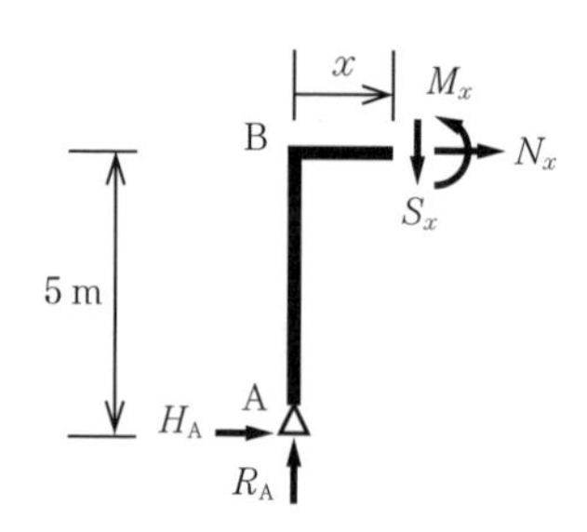

図 4.105　左側の力のつり合い

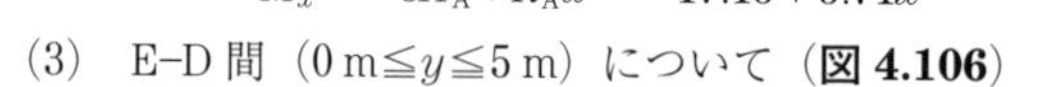
(3) E–D 間（0 m≦y≦5 m）について（**図 4.106**）

① 水平方向の力のつり合い式

$\sum H = -H_E + S_y = 0$

$\therefore S_y = H_E = 3.43\ \text{kN}$

② 鉛直方向の力のつり合い式

$\sum V = R_E + N_y = 0$

$\therefore N_y = -R_E = -14.29\ \text{kN}$

③ 点Eからyだけ離れた位置におけるモーメントのつり合い式

$\sum M = H_E \times y + M_y = 0$

$\therefore M_y = -H_E y = -3.43y$

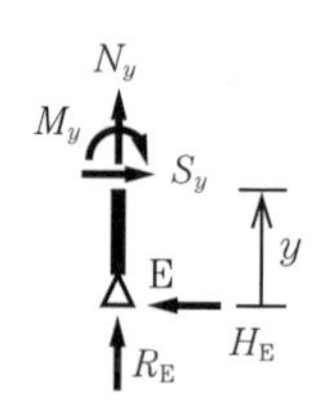

図 4.106　下側の力のつり合い

(4) D–F 間（0 m≦x≦2 m）について（**図 4.107**）

① 水平方向の力のつり合い式

$\sum H = -N_x - H_E = 0$

$\therefore N_x = -H_E = -3.43\ \text{kN}$

② 鉛直方向の力のつり合い式

$\sum V = R_E + S_x = 0$

$\therefore S_x = -R_E = -14.29\ \text{kN}$

③ 点Dからxだけ離れた位置におけるモーメントのつり合い式

$\sum M = M_x + H_E \times 5 - R_E \times x = 0$

$\therefore M_x = -5H_E + R_E x = -17.15 + 14.29x$

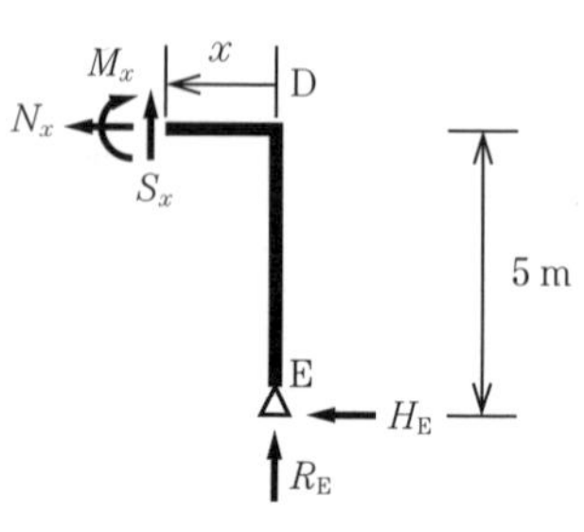

図 4.107　右側の力のつり合い

N図，S図，M図は**図 4.108**となる。

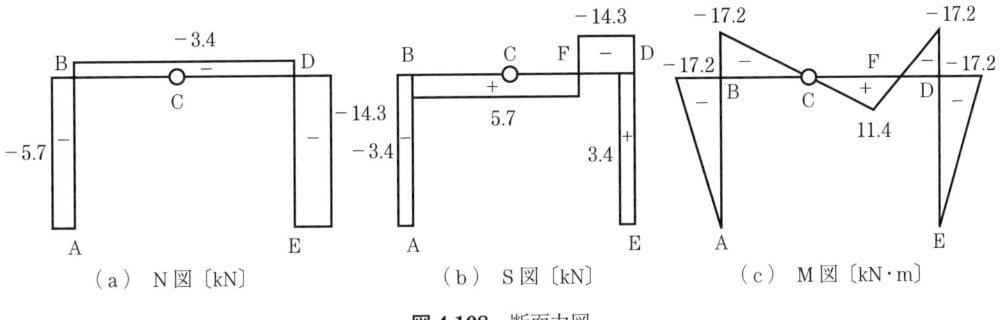

図 4.108　断面力図

基本問題 4-23　**図 4.109** に示すトラスの部材力について格点法を用いて求めよ。

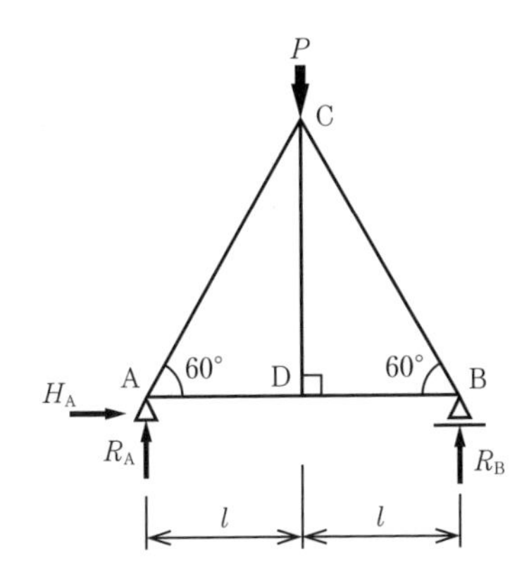

図 4.109　トラス

解答

支点反力：$H_A=0$,　$R_A=P/2$,　$R_B=P/2$　（基本問題 3-24 参照）

格点法を用いて部材力を求める。

(1)　支点 A における力のつり合い（**図 4.110**）

支点 A に集まる部材の部材力 N_{AC} と N_{AD} を引張方向に仮定し，水平方向と鉛直方向の力のつり合い式を立てる。

$$\sum H=H_A+N_{AC}\cos 60°+N_{AD}=0 \tag{4.14}$$

$$\sum V=R_A+N_{AC}\sin 60°=0 \tag{4.15}$$

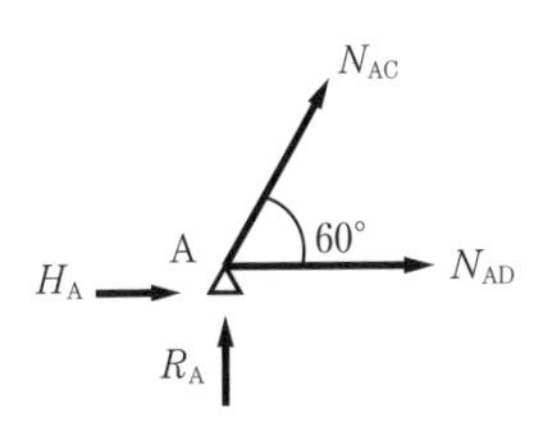

図 4.110　支点 A における力のつり合い

式(4.15)よりつぎのようになる。

$$N_{AC}=-\frac{R_A}{\sin 60°}=-\frac{P}{\sqrt{3}}$$

部材力が負であるので，部材 A–C には圧縮力が作用していることになる。

式(4.14)よりつぎのようになる。

$$N_{AD}=-N_{AC}\cos 60°=\frac{P}{2\sqrt{3}}$$

部材力が正であるので，部材 A–D には引張力が作用していることになる。

(2)　格点Dにおける力のつり合い（**図 4.111**）

格点Dに集まる部材は，水平方向のD–A部材とD–B部材であり，鉛直方向はD–C部材であることと，鉛直方向の力のつり合いから，部材力 N_{DC} は0（ゼロ）であることがわかる。

また，このトラスは左右対称構造であることから

$$N_{BC}=N_{AC}=-\frac{P}{\sqrt{3}}$$

$$N_{BD}=N_{AD}=\frac{P}{2\sqrt{3}}$$

となる。

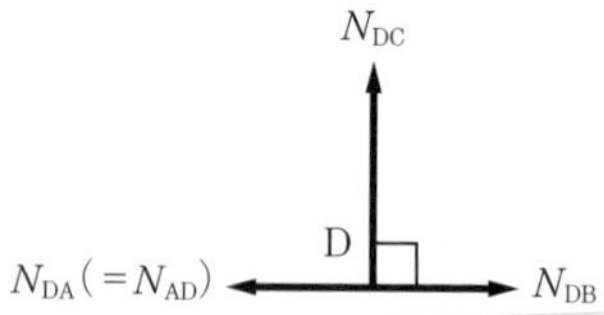

N_{DC}
D
$N_{DA}(=N_{AD})$　N_{DB}

図 4.111　格点Dにおける力のつり合い

基本問題 4–24　**図 4.112** に示すトラスの部材A–E，A–C，E–F，E–C，C–D，C–Fの部材力を求めよ。

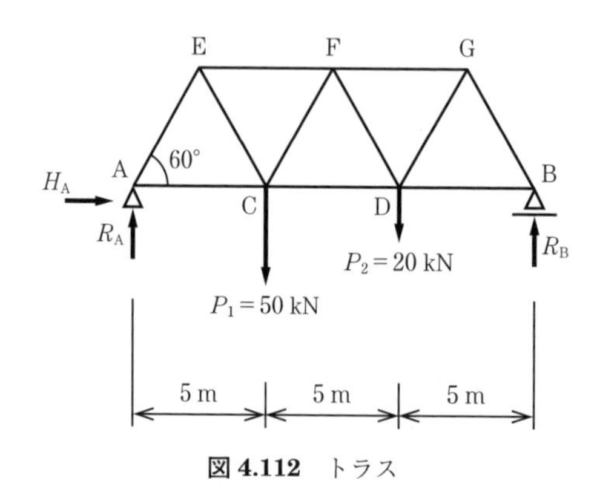

図 4.112　トラス

解答

支点反力：$H_A=0$ kN，　$R_A=40$ kN，　$R_B=30$ kN　（基本問題 3–25 参照）

(1)　格点法

部材A–E，A–C，E–F，E–Cの部材力 N_{AE}，N_{AC}，N_{EF}，N_{EC} を格点法で求めてみる。

①　支点Aにおける力のつり合い（**図 4.113**）

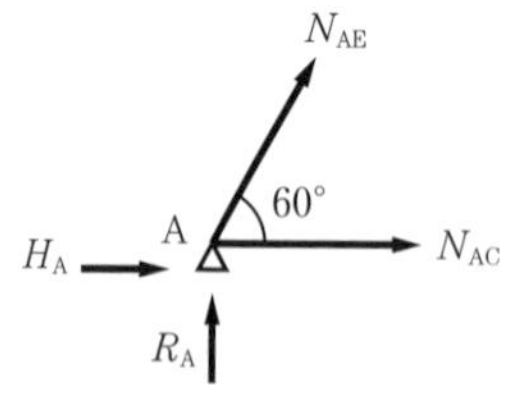

図 4.113　支点Aにおける力のつり合い

> **Point**
> 未知部材力が二つ以下となる格点（節点）回りを切断して，力のつり合い式（$\sum H=0$，$\sum V=0$）を立てる。

支点Aに集まる部材の部材力 N_{AE} と N_{AC} を引張方向に仮定し，つぎのように水平方向と鉛直方向の力のつり合い式を立てる。

$$\sum H=H_A+N_{AE}\cos 60°+N_{AC}=0 \tag{4.16}$$

$$\sum V=R_A+N_{AE}\sin 60°=0 \tag{4.17}$$

式(4.17)より

$$N_{AE} = -\frac{R_A}{\sin 60°} = -\frac{40}{\sin 60°} = -46.2\ \text{kN}$$

式(4.16)より

$$N_{AC} = -H_A - N_{AE}\cos 60° = -(-46.2)\times\cos 60° = 23.1\ \text{kN}$$

となり，部材力が正であるので，部材 A–C には引張力が作用していることになる。

② 格点 E における力のつり合い（**図 4.114**）

同様に，格点 E に集まる部材力 N_{EA}，N_{EC}，N_{EF} を引張方向に仮定し，つぎのように水平方向と鉛直方向の力のつり合い式を立てる。

$$\sum H = -N_{EA}\cos 60° + N_{EF} + N_{EC}\cos 60° = 0 \qquad (4.18)$$

$$\sum V = -N_{EA}\sin 60° - N_{EC}\sin 60° = 0 \qquad (4.19)$$

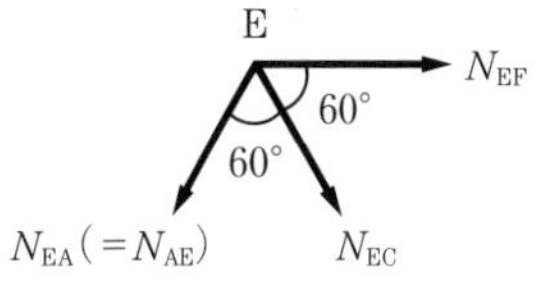

図 4.114 格点 E における力のつり合い

式(4.19)より

$$N_{EC} = -N_{EA} = -N_{AE} = 46.2\ \text{kN}$$

となり，部材力が正であるので，部材 E–C には引張力が作用していることになる。

式(4.18)より

$$N_{EF} = N_{EA}\cos 60° - N_{EC}\cos 60° = -46.2\times\cos 60° - 46.2\times\cos 60° = -46.2\ \text{kN}$$

となり，部材力が負であるので，部材 E–F には圧縮力が作用していることになる。

以降，同様の手順で計算していけば，すべての部材力を求めることができる。

(2) 断面法

部材 E–F，C–F，C–D の部材力 N_{EF}，N_{CF}，N_{CD} を断面法で求めてみる。

部材 E–F，C–F，C–D をまたぐ断面でトラスを切断し，つぎのように左側のトラスに関する力のつり合い式から部材力を計算する。

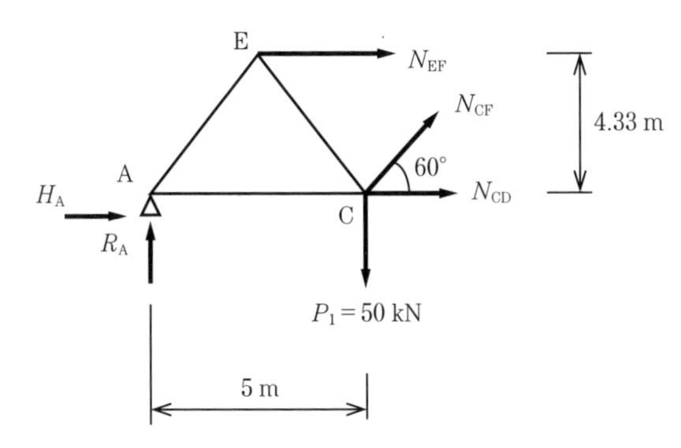

図 4.115 切断面の左側における力のつり合い

> **Point**
>
> **図 4.115** に示すように，未知部材力が三つ以下となる断面を切断して，力のつり合い式（$\sum H=0$，$\sum V=0$，$\sum M=0$）を立てる。

$$\sum H = H_A + N_{EF} + N_{CF}\cos 60° + N_{CD} = 0 \qquad (4.20)$$

$$\sum V = R_A - P_1 + N_{CF}\sin 60° = 0 \qquad (4.21)$$

未知部材力が最小となる格点 C まわりのモーメントのつり合い式：

$$\sum M = R_A \times 5 + N_{EF}\times 4.33 = 0 \qquad (4.22)$$

式(4.21)より

$$N_{CF} = \frac{-R_A + P_1}{\sin 60°} = \frac{-40+50}{\sin 60°} = 11.5\ \text{kN}$$

式(4.22)より

$$N_{\mathrm{EF}} = -\frac{5}{4.33}R_{\mathrm{A}} = -\frac{5}{4.33}\times 40 = -46.2\ \mathrm{kN}$$

式(4.20)より

$$N_{\mathrm{CD}} = -H_{\mathrm{A}} - N_{\mathrm{EF}} - N_{\mathrm{CF}}\cos 60^\circ = 0 - (-46.2) - 11.5\times\cos 60^\circ = 40.5\ \mathrm{kN}$$

となる。

基本問題 4-25　**図 4.116** に示すトラスの部材 C–D，E–F，E–D の部材力について断面法を用いて求めよ。

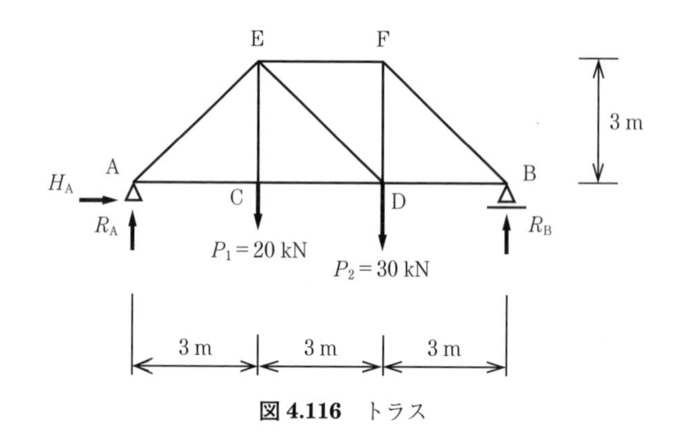

図 4.116　トラス

解答

支点反力：$H_{\mathrm{A}}=$ ☐，　$R_{\mathrm{A}}=$ ☐，　$R_{\mathrm{B}}=$ ☐　（基本問題 3–26 参照）

図 4.117 に示すように，部材 C–D，E–D，E–F をまたぐ断面でトラスを切断し，左側のトラスに関する力のつり合い式から部材力を計算する。

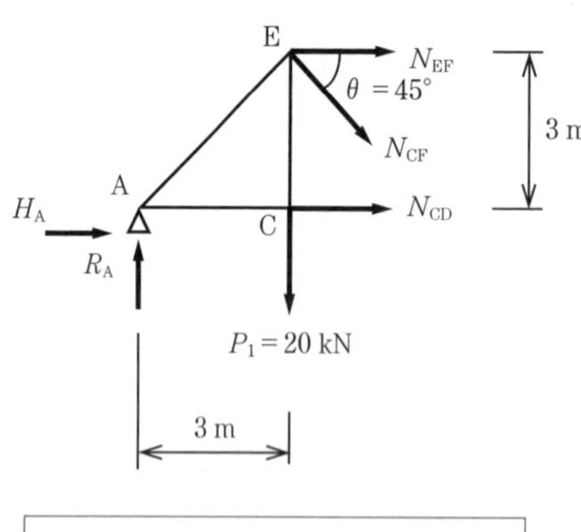

図 4.117　切断面の左側における力のつり合い

$\sum H =$ ☐　(4.23)

$\sum V =$ ☐　(4.24)

格点Eにおけるモーメントのつり合い式：

$$\sum M = \boxed{} \tag{4.25}$$

式(4.25)より

$N_{CD} =$ $\boxed{}$

式(4.24)より

$N_{ED} =$ $\boxed{}$

式(4.23)より

$N_{EF} =$ $\boxed{}$

となる。

■ チャレンジ問題 ■

チャレンジ問題 4–1 **図 4.118** に示す単純ばりの断面力図（S図，M図）を求めよ（支点反力はチャレンジ問題 3–1 参照）。

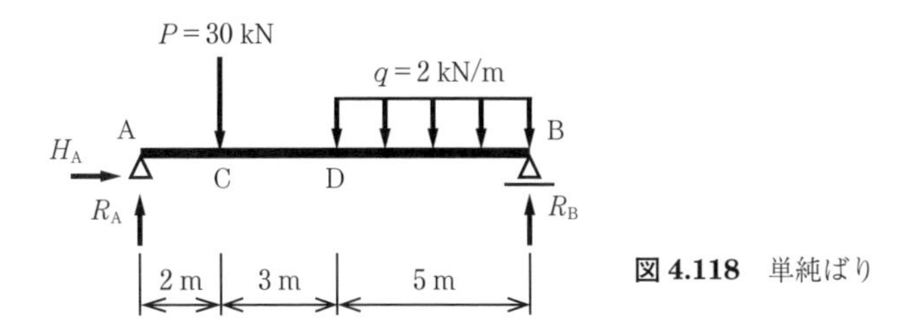

図 4.118 単純ばり

チャレンジ問題 4–2 **図 4.119** に示す単純ばりの断面力図（S図，M図）を求めよ（支点反力はチャレンジ問題 3–2 参照）。

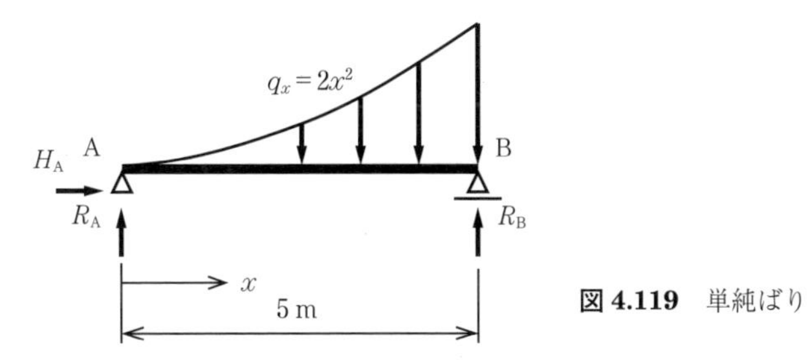

図 4.119 単純ばり

チャレンジ問題 4–3　**図 4.120** に示す単純ばりの断面力図（S 図，M 図）を求めよ（支点反力はチャレンジ問題 3–3 参照）。

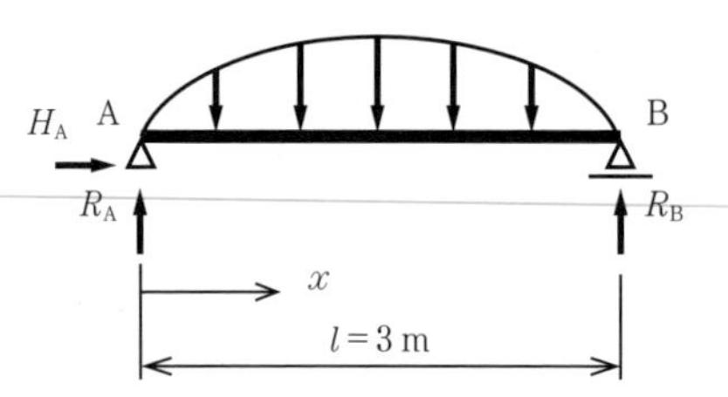

図 4.120　単純ばり

チャレンジ問題 4–4　**図 4.121** に示す張出しばりの断面力図（S 図，M 図）を求めよ（支点反力はチャレンジ問題 3–4 参照）。

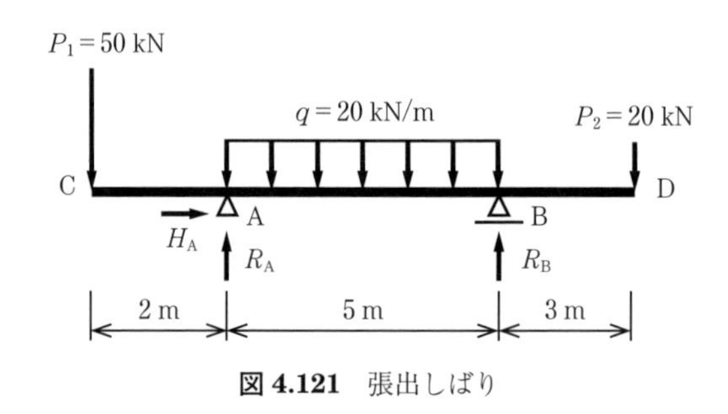

図 4.121　張出しばり

チャレンジ問題 4–5　**図 4.122** に示す片持ちばりの断面力図（S 図，M 図）を求めよ（支点反力はチャレンジ問題 3–5 参照）。

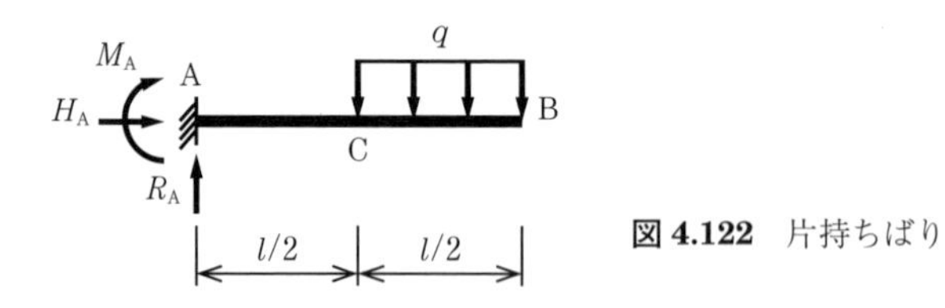

図 4.122　片持ちばり

チャレンジ問題 4–6　**図 4.123** に示す片持ちばりの断面力図（S 図，M 図）を求めよ（支点反力はチャレンジ問題 3–6 参照）。

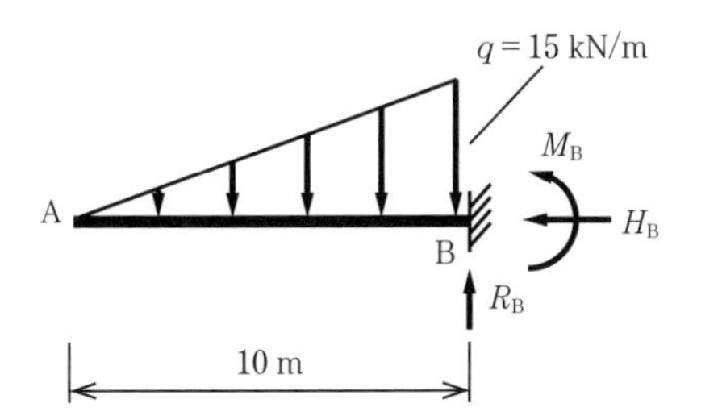

図 4.123　片持ちばり

チャレンジ問題 4–7　**図 4.124** に示すゲルバーばりの断面力図（S 図，M 図）を求めよ（支点反力はチャレンジ問題 3–7 参照）。

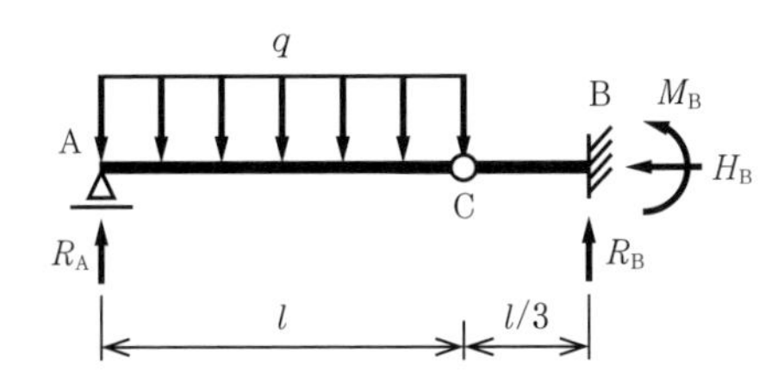

図 4.124　ゲルバーばり

チャレンジ問題 4–8　**図 4.125** に示すゲルバーばりの断面力図（S 図，M 図）を求めよ（支点反力はチャレンジ問題 3–8 参照）。

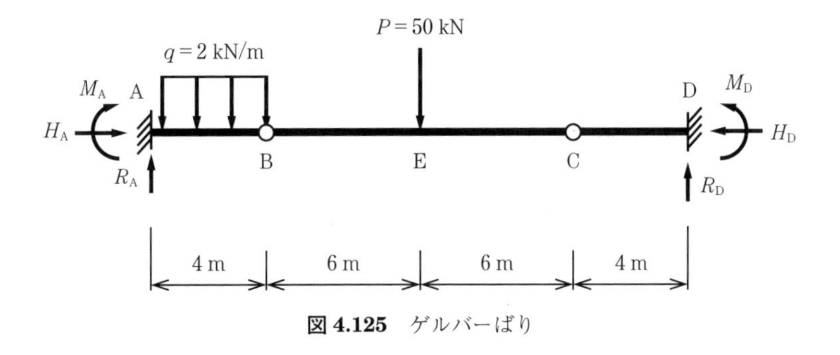

図 4.125　ゲルバーばり

チャレンジ問題 4–9　**図 4.126** に示す間接荷重を受けるはりの断面力図（S 図，M 図）を求めよ（支点反力はチャレンジ問題 3–9 参照）。

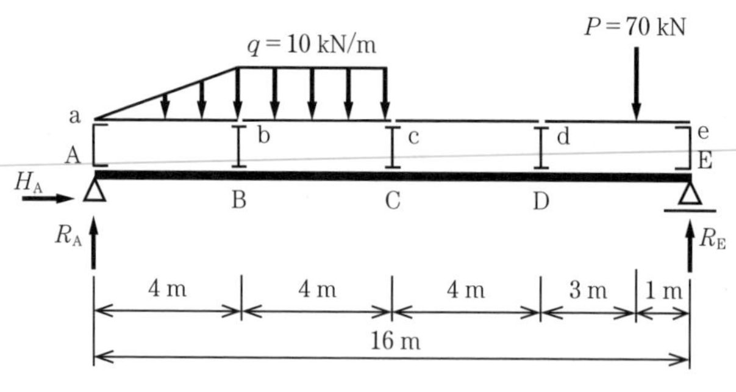

図 4.126　間接荷重を受けるはり

チャレンジ問題 4–10　**図 4.127** に示す折ればりの断面力図（N 図，S 図，M 図）を求めよ（支点反力はチャレンジ問題 3–10 参照）。

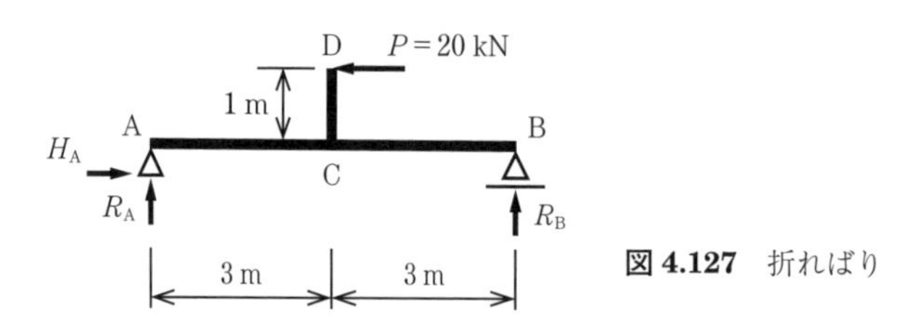

図 4.127　折ればり

チャレンジ問題 4–11　**図 4.128** に示す折ればりの断面力図（N 図，S 図，M 図）を求めよ（支点反力はチャレンジ問題 3–11 参照）。

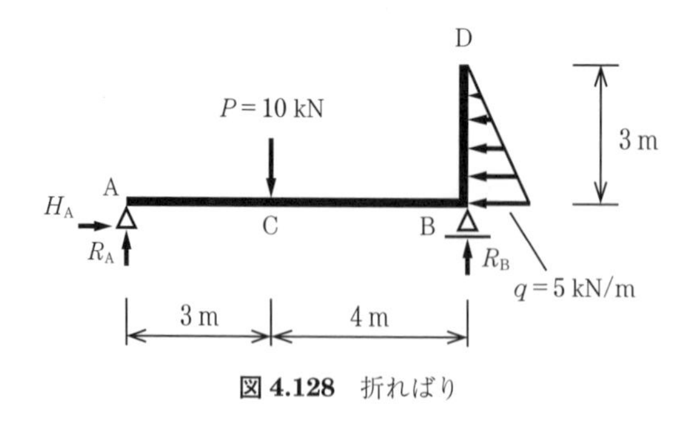

図 4.128　折ればり

チャレンジ問題 4–12　**図 4.129** に示すアーチの断面力図（N 図，S 図，M 図）を求めよ（支点反力はチャレンジ問題 3–12 参照）。

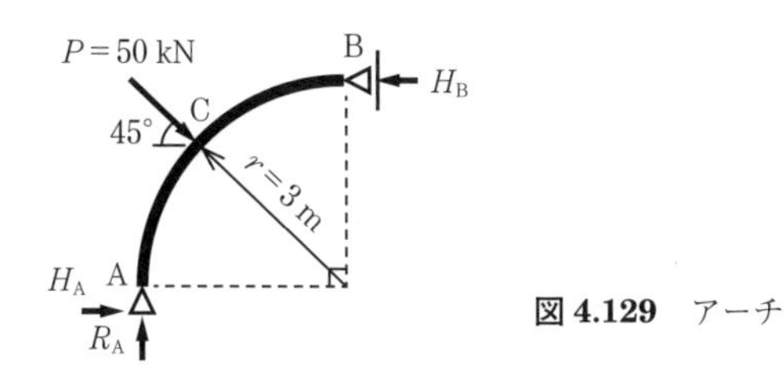

図 4.129　アーチ

チャレンジ問題 4–13　**図 4.130** に示すラーメンの断面力図（N 図，S 図，M 図）を求めよ（支点反力はチャレンジ問題 3–13 参照）。

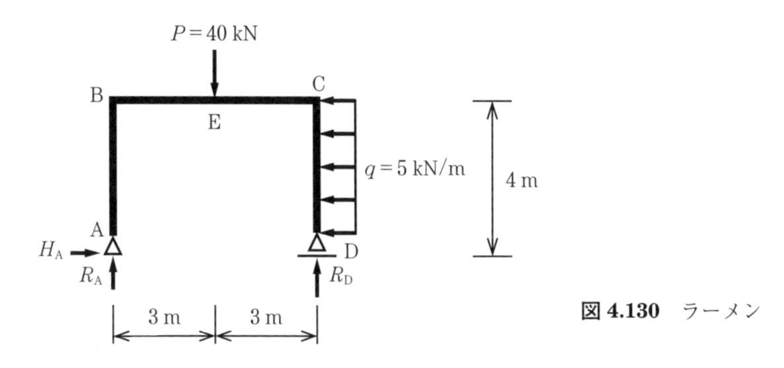

図 4.130　ラーメン

チャレンジ問題 4–14　**図 4.131** に示すラーメンの断面力図（N 図，S 図，M 図）を求めよ（支点反力はチャレンジ問題 3–14 参照）。

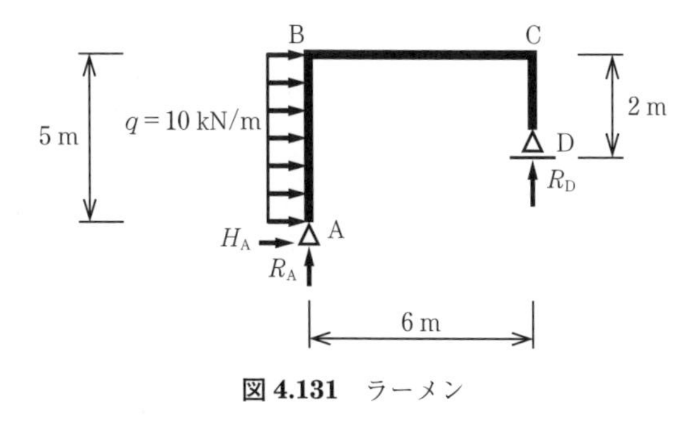

図 4.131　ラーメン

チャレンジ問題 4-15　　**図 4.132** に示すトラスの部材 C–D，C–F，E–F の部材力 N_{CD}，N_{CF}，N_{EF} について断面法を用いて求めよ（支点反力はチャレンジ問題 3-15 参照）。

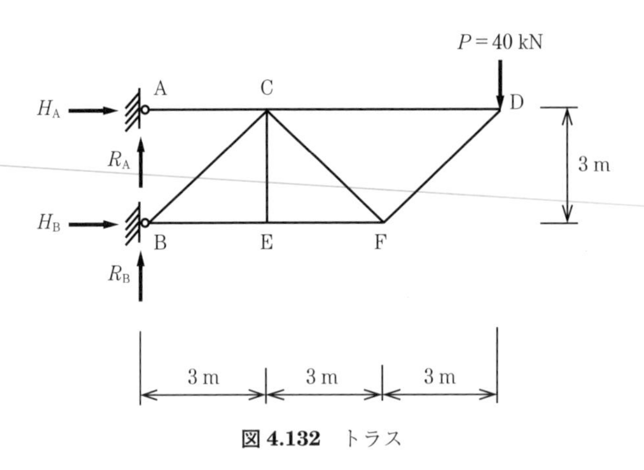

図 4.132　トラス

チャレンジ問題 4-16　　**図 4.133** に示すトラスの部材 C–D，D–F，F–G の部材力について断面法を用いて求めよ（支点反力はチャレンジ問題 3-16 参照）。

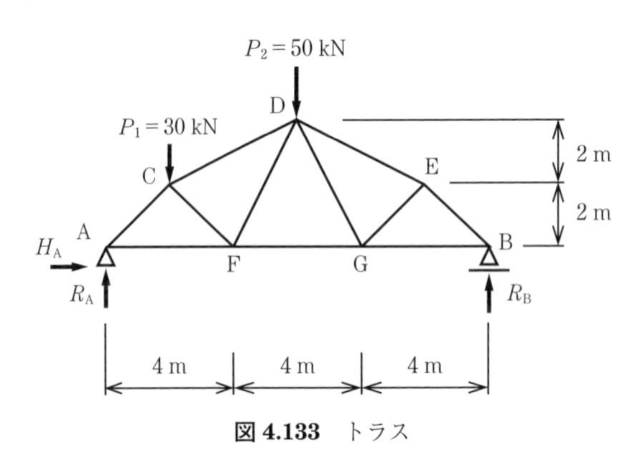

図 4.133　トラス

著者からのメッセージ

構造力学は，構造設計技術者を目指す学生にとって必要となる科目であるが，他の分野であっても構造に対する力学の基本は同じであり，「ものづくり」に携わりたい学生には構造力学をしっかりと学んでもらいたい。また，現在は，コンピュータを使って構造物を設計する時代であるが，入力する値を間違えていれば，コンピュータによる計算結果も間違った出力となる。出力された結果が正しいかどうかを判断できるように，学生の間に力学的なセンスをしっかりと身に付けるのがよいと思う。もちろん，社会人になっても，「仕事」をする時間だけではなく，「勉強」する時間をつくって継続的に力学的センスを磨いてもらいたい。

石川敏之

5章

た わ み

構造物を設計するにあたり，部材に発生する応力度が制限値以下になることを照査する必要があるが，同時に，車両の走行性，乗り心地の確保などの使用性の観点から，構造物に発生する変位・変形（たわみ）が，制限値以下になることを照査する必要がある。

そこで，本章では，同問に対して，(1) たわみの微分方程式，(2) 弾性荷重法，(3) 仮想仕事の原理（単位荷重法），(4) エネルギー法（カスティリアノの第2定理）の四つの考え方でたわみ，たわみ角の求め方を学習する。

■ 基 礎 事 項 ■

5.1 たわみの微分方程式

はりに荷重が作用することにより生じる曲げモーメント M と**たわみ**（deflection）y には，式(5.1)の関係が成立し，これを**たわみの微分方程式**（differential equation of deflection curve）という。ここで，式(5.1b)を用いたほうが，積分計算を行う際に間違いを減らすことができる。しかし，最後の解であるたわみ，**たわみ角**（slope of deflection）を示す際，曲げ剛性（flexural rigidity）EI で除すことを忘れないように注意が必要である。

$$\frac{d^2y}{dx^2}=-\frac{M_x}{EI} \tag{5.1a}$$

$$EI\frac{d^2y}{dx^2}=-M_x \tag{5.1b}$$

ここで，y はたわみ，M_x は曲げモーメント，EI は曲げ剛性である。

また，曲げモーメント M_x とせん断力 S_x には，以下の関係が成立する。

$$\frac{dM_x}{dx}=S_x \tag{5.2}$$

$$\frac{d^2M_x}{dx^2}=-q_x \tag{5.3}$$

ここで，$-q_x$ は下向きを正と仮定した際の等分布荷重の大きさである。

式(5.1)～(5.3)を整理すると，以下の式が得られる。

$$\frac{d^4y}{dx^4}=\frac{q_x}{EI} \tag{5.4a}$$

$$EI\frac{d^4y}{dx^4}=q_x \tag{5.4b}$$

つぎに，微分方程式を用いて，たわみおよびたわみ角を算出する手順を以下に示す。

【解法手順】

① 支点反力を求める。

② 任意点 x における曲げモーメント式 M_x を求める。

③ 求められた曲げモーメント式を，式(5.1)に代入する。

④ 1回，積分する。

$$\frac{dy}{dx}=\theta=-\int\frac{M_x}{EI}dx+C_1 \tag{5.5}$$

⑤ もう1回，積分する。

$$y=-\iint\frac{M_x}{EI}dx\,dx+C_1x+C_2 \tag{5.6}$$

⑥ **表 5.1** に示す境界条件より，積分定数 C_1 および C_2 を求める。

表 5.1　境界条件

支点の種類	支点条件
回転支点	$y=0$
可動支点	$y=0$
固定支点	$y=0$ $\theta=0$

5.2 弾 性 荷 重 法

基礎事項 5.1 に記述したとおり，荷重，せん断力，ならびに曲げモーメントの関係とたわみ曲線の微分方程式の関係を対応させて記述するとつぎのようになる。

$$\frac{d^2M_x}{dx^2}=-q_x \qquad \frac{d^2y}{dx^2}=-\frac{M_x}{EI}$$

$$\frac{dM_x}{dx}=S_x \qquad \frac{dy}{dx}=\theta$$

つまり，曲げモーメント M_x とたわみ y，荷重 q_x と M_x/EI（弾性荷重），せん断力 S_x とたわみ角 θ が対応していることがわかる。

以上より，実際の荷重 q_x の代わりに，曲げモーメントを EI で除した M_x/EI（弾性荷重）を荷重として作用させ，つり合い条件によって曲げモーメントを求めるとたわみ y が得られ，せん断力を求めるとたわみ角 θ が得られる。弾性荷重は，曲げモーメントが正のときは下向き，負のときは上向きに作用させる。

ここで，**弾性荷重法**（method of elastic load）によるたわみ，およびたわみ角の算出手順を以下に示す。

【解法手順】

① 実際のはりで与えられた荷重による曲げモーメント図を描く。

② 曲げモーメントを EI で除した弾性荷重を求める。

③ 共役ばりを作成し，そのはりに弾性荷重を載荷する。

例えば，与えられたはりの固定端では，たわみ y とたわみ角 θ が0（ゼロ）であるから，その点では，それに対応する曲げモーメントとせん断力が0（ゼロ）になるように，共役ばりを作る必要がある。

④ 共役ばりで，曲げモーメントを求めるとたわみ y が，せん断力を求めるとたわみ角 θ がそれぞれ得られる。

実際のはりと共役ばりの一例を，**表 5.2** に示す。

表 5.2　実際のはりと共役ばりの一例

実際のはり		共役ばり	
支点の種類	支点条件	支点条件	支点の種類
回転支点（可動支点）	$y=0$ $\theta\neq0$	$\overline{M}=0$ $\overline{S}\neq0$	回転支点（可動支点）
固定支点	$y=0$ $\theta=0$	$\overline{M}=0$ $\overline{S}=0$	自由端
自由端	$y\neq0$ $\theta\neq0$	$\overline{M}\neq0$ $\overline{S}\neq0$	固定支点
中間支点	$y=0$ θ：連続	$\overline{M}=0$ $\overline{S}$：連続	中間ヒンジ
中間ヒンジ	y：連続 θ：不連続	$\overline{M}$：連続 $\overline{S}$：不連続	中間支点

5.3　仮想仕事の原理

仮想仕事の原理（**単位荷重法**（unit load method））による，たわみおよびたわみ角の算出手順を説明する。いま，**図 5.1**（a）を与えられた荷重系とし，点Cの変位 y_C を求めたい場合，図（b）に示すように，同一の構造の点Cに仮想荷重 $\overline{P}=1$ が作用する状態を考えて，式(5.7)より求めることができる。

$$1 \cdot y_{\mathrm{C}} = \int \frac{M\overline{M}}{EI} dx + \int \frac{N\overline{N}}{EA} dx \tag{5.7}$$

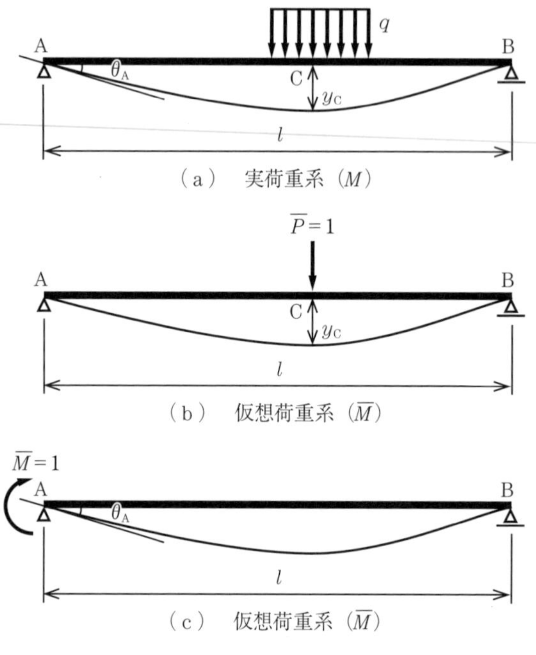

図 5.1　仮想仕事の原理によるはりの変形計算

一方，点Aのたわみ角 θ_{A} を求めたい場合は，図(c)に示すとおり，点Aに $\overline{M}=1$ が作用する状態を考えて，式(5.8)より求めることができる。

$$1 \cdot \theta_{\mathrm{A}} = \int \frac{M\overline{M}}{EI} dx + \int \frac{N\overline{N}}{EA} dx \tag{5.8}$$

実際に作用する荷重による断面力とたわみを算出する場合は，たわみを求めたい箇所に仮想荷重 $\overline{P}=1$，たわみ角を算出する場合は，たわみ角を求めたい箇所に $\overline{M}=1$ を作用させた断面力を求めれば，式(5.7)と式(5.8)より実際の変位（たわみ，たわみ角）を求めることができる。

トラスのたわみを求めたい場合は，部材力は部材全長にわたり一定であるので，n 本の部材からなるトラスに対して，式(5.9)より求めることができる。

$$1 \cdot y = \sum_{m=1}^{n} \frac{N_m \overline{N_m}}{EA_m} l_m \tag{5.9}$$

ここで，N_m は実際に作用する荷重による各部材の部材力，$\overline{N_m}$ はたわみを求めたい格点（節点）に仮想荷重 $\overline{P}=1$ を作用させたときの各部材の仮想部材力，l_m は各部材の部材長，E はヤング係数，A_m は各部材の断面積である。

5.4 エネルギー法

エネルギー法（**カスティリアノの第2定理**（Castigliano's second theorem））によるたわみ，およびたわみ角の算出手順を説明する。

ひずみエネルギーの一般式は，式(5.10)のように表すことができる。

$$U=\int\frac{{M_x}^2}{2EI}dx+\int\frac{{N_x}^2}{2EA}dx \tag{5.10}$$

ひずみエネルギーUを荷重Pで偏微分すると，荷重載荷位置のたわみを，モーメント荷重Mで偏微分すると，その位置のたわみ角を算出することができる。

$$\text{たわみ：}y=\frac{\partial U}{\partial P} \tag{5.11}$$

$$\text{たわみ角：}\theta=\frac{\partial U}{\partial M} \tag{5.12}$$

荷重Pおよびモーメント荷重Mによる偏微分の計算は，ひずみエネルギーがxで積分されることより，独立に行うことができるので，式(5.11)と式(5.12)はそれぞれ式(5.13)と式(5.14)のように表すことができる。

$$\text{たわみ：}y=\frac{\partial U}{\partial P}=\int\frac{M_x}{EI}\cdot\frac{\partial M_x}{\partial P}dx \tag{5.13}$$

$$\text{たわみ角：}\theta=\frac{\partial U}{\partial M}=\int\frac{M_x}{EI}\cdot\frac{\partial M_x}{\partial M}dx \tag{5.14}$$

最後に，問題の解法を示す前に，たわみおよびたわみ角の符号の定義を以下に示す（**図5.2**参照）。

・たわみ（＝変位）は，y軸方向に向かうものを正とする。

・たわみ角は，x軸からy軸に時計回りに回転するものを正とする。

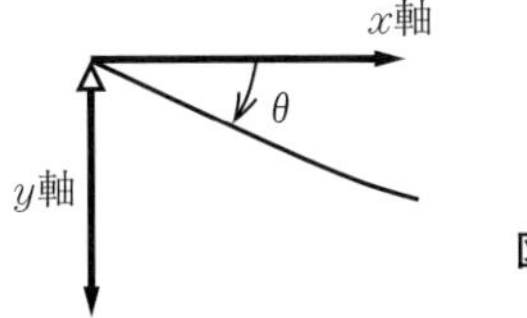

図5.2　座標系

■ 基 本 問 題 ■

基本問題 5–1　**図 5.3** に示す点 C に集中荷重 P が作用する単純ばりの点 A および点 B のたわみ角と点 C のたわみを求めよ。ただし，曲げ剛性 EI は一定とする。

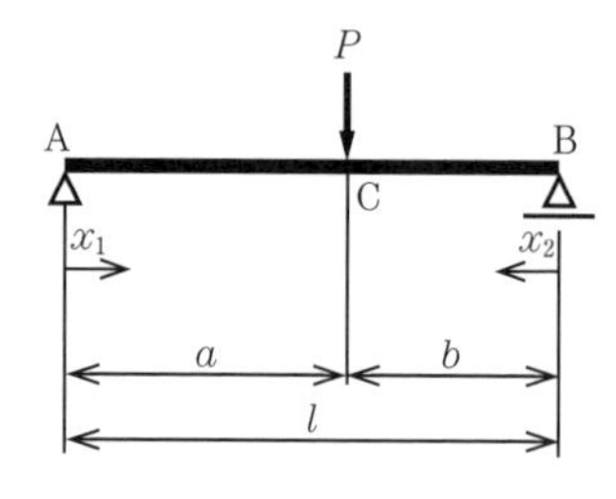

図 5.3　集中荷重が作用する単純ばり

解答

支点反力：$H_A=0$,　$R_A=\dfrac{b}{l}P$,　$R_B=\dfrac{a}{l}P$　（基本問題 3–1 参照）

曲げモーメント（基礎事項 4.2 参照）

・A–C 間（$0\leqq x_1\leqq a$）

$$M_{x_1}=\frac{b}{l}Px_1$$

・B–C 間（$0\leqq x_2\leqq b$）

$$M_{x_2}=\frac{a}{l}Px_2$$

(1)　たわみの微分方程式

A–C 間のたわみの微分方程式は，基礎事項 5.1 の式(5.1)より，次式のように得られる。

$$\frac{d^2y_1}{dx_1{}^2}=-\frac{M_{x_1}}{EI}=-\frac{Pb}{EIl}x_1$$

$$\frac{dy_1}{dx_1}=\theta_1=-\frac{Pb}{2EIl}x_1{}^2+C_1$$

$$y_1=-\frac{Pb}{6EIl}x_1{}^3+C_1x_1+C_2\quad（C_1,\ C_2：積分定数）$$

同様に，B–C 間のたわみの微分方程式は，次式のように得られる。

$$\frac{d^2y_2}{dx_2{}^2}=-\frac{M_{x_2}}{EI}=-\frac{Pa}{EIl}x_2$$

$$\frac{dy_2}{dx_2}=\theta_2=-\frac{Pa}{2EIl}x_2{}^2+C_3$$

$$y_2=-\frac{Pa}{6EIl}x_2{}^3+C_3x_2+C_4\quad（C_3,\ C_4：積分定数）$$

積分定数を求めるために，本問では，境界条件（支点条件）のほかに，点 C における連続条件が必要になる。

<境界条件>

支点A：$x_1=0$ のとき　$y_1=0$ より，$C_2=0$

支点B：$x_2=0$ のとき　$y_2=0$ より，$C_4=0$

<連続条件>

点C：$(y_1)_{x_1=a}=(y_2)_{x_2=b}$

$$-\frac{Pb}{6EIl}a^3+C_1a=-\frac{Pa}{6EIl}b^3+C_3b$$

点C：$(\theta_1)_{x_1=a}=-(\theta_2)_{x_2=b}$

$$-\frac{Pb}{2EIl}a^2+C_1=\frac{Pa}{2EIl}b^2+C_3$$

以上より

$$C_1=\frac{Pab}{6EIl}(a+2b),\quad C_3=\frac{Pab}{6EIl}(2a+b)$$

よって，点Aおよび点Bのたわみ角は

$$\theta_A=\frac{Pab}{6EIl}(a+2b),\quad \theta_B=-\frac{Pab}{6EIl}(2a+b)$$

となる。また，点Cのたわみはつぎのようになる。

$$y_C=\frac{Pa^2b^2}{3EIl}$$

Point

点A→点Bを考えた場合，たわみ角は時計回りを正とする。一方，点B→点Cを考えた場合は反時計回りを正とする。したがって，連続する点Cにおいて，B–C間のたわみ角は，符号を反転させる必要がある。

(2)　弾性荷重法

図5.4(a)の曲げモーメント図より，図(b)に示す弾性荷重と共役ばりを考え，その支点反力を求める。

$$\sum V=\overline{R_A}+\overline{R_B}-\frac{Pa^2b}{2EIl}-\frac{Pab^2}{2EIl}=0$$

$$\sum M=\frac{Pa^2b}{2EIl}\times\frac{2}{3}a+\frac{Pab^2}{2EIl}\left(a+\frac{b}{3}\right)-\overline{R_B}\times l=0$$

$$\overline{R_A}=\frac{Pab}{6EIl}(a+2b),\quad \overline{R_B}=\frac{Pab}{6EIl}(2a+b)$$

以上より，点Aおよび点Bのたわみ角は，同点のせん断力を求めることで得られる。

$$\theta_A=\overline{S_A}=\overline{R_A}=\frac{Pab}{6EIl}(a+2b)$$

$$\theta_B=\overline{S_B}=-R_B=-\frac{Pab}{6EIl}(2a+b)$$

一方，点Cのたわみは，同点の曲げモーメントを求めることで得られる。

$$y_C=\overline{M_C}=-\frac{Pa^2b}{2EIl}\times\frac{a}{3}+\frac{Pab}{6EIl}(a+2b)\times a=\frac{Pa^2b^2}{3EIl}$$

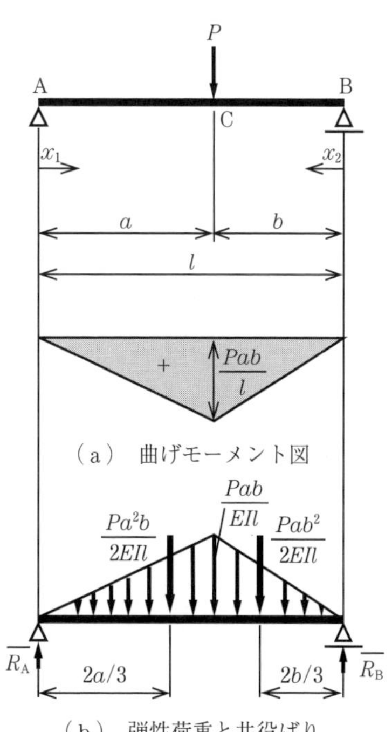

図5.4　弾性荷重法

(3)　仮想仕事の原理（単位荷重法）

点Cのたわみを求める場合，**図 5.5** に示すとおり，点Cに $\overline{P}=1$ を作用させる。

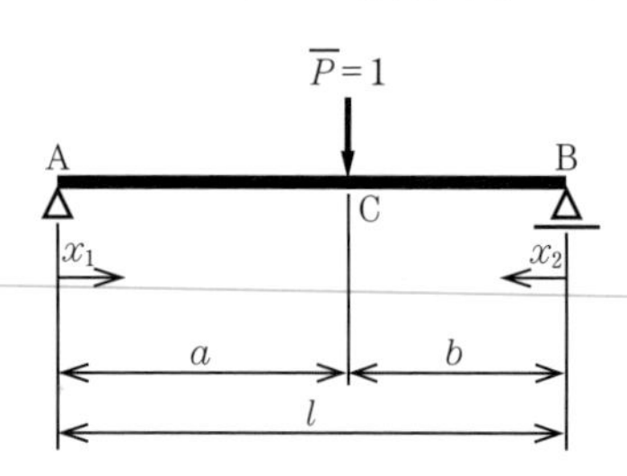

図 5.5　仮想荷重を作用させた単純ばり

> **Point**
> 実荷重系と仮想荷重系の x_1 と x_2 の原点と方向は一致させる。

・A–C 間（$0\leqq x_1\leqq a$）

$$\overline{M_{x_1}}=\frac{b}{l}x_1$$

・B–C 間（$0\leqq x_2\leqq b$）

$$\overline{M_{x_2}}=\frac{a}{l}x_2$$

点Cのたわみは基礎事項5.3の式(5.7)より，次式のように求めることができる。

$$y_{\mathrm{C}}=\int\frac{M\overline{M}}{EI}dx=\int_0^a\frac{M_{x_1}\overline{M_{x_1}}}{EI}dx_1+\int_0^b\frac{M_{x_2}\overline{M_{x_2}}}{EI}dx_2$$

$$=\frac{P}{EI}\int_0^a\frac{b^2}{l^2}{x_1}^2dx_1+\frac{P}{EI}\int_0^b\frac{a^2}{l^2}{x_2}^2dx_2=\frac{P}{EI}\left[\frac{b^2}{3l^2}{x_1}^3\right]_0^a+\frac{P}{EI}\left[\frac{a^2}{3l^2}{x_2}^3\right]_0^b$$

$$=\frac{Pa^3b^2}{3EIl^2}+\frac{Pa^2b^3}{3EIl^2}=\frac{Pa^2b^2}{3EIl}$$

点Aのたわみ角を求める場合，**図 5.6** に示すとおり，点Aに $\overline{M}=1$ を作用させる。

・A–C 間（$0\leqq x_1\leqq a$）

$$\overline{M_{x_1}}=1-\frac{x_1}{l}$$

・B–C 間（$0\leqq x_2\leqq b$）

$$\overline{M_{x_2}}=\frac{x_2}{l}$$

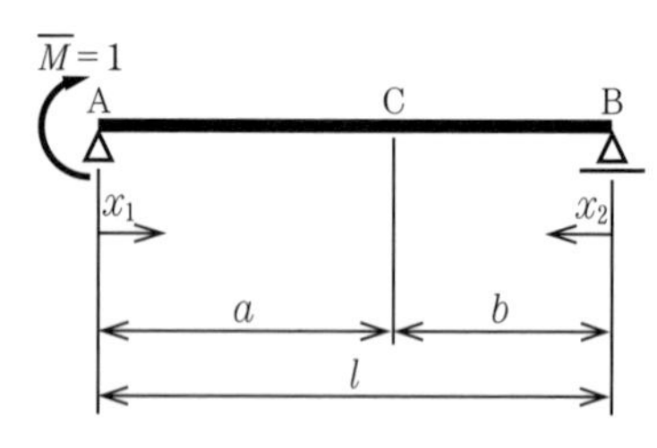

図 5.6　仮想モーメントを作用させた単純ばり

点Aのたわみ角は基礎事項5.3の式(5.8)より，次式のように求めることができる。

$$\theta_{\mathrm{A}}=\int\frac{M\overline{M}}{EI}dx=\int_0^a\frac{M_{x_1}\overline{M_{x_1}}}{EI}dx_1+\int_0^b\frac{M_{x_2}\overline{M_{x_2}}}{EI}dx_2$$

$$=\frac{P}{EI}\int_0^a\frac{b}{l}x_1\left(1-\frac{x_1}{l}\right)dx_1+\frac{P}{EI}\int_0^b\frac{a}{l}x_2\cdot\frac{x_2}{l}dx_2$$

$$=\frac{P}{EI}\left[\frac{b}{2l}{x_1}^2-\frac{b}{3l^2}{x_1}^3\right]_0^a+\frac{P}{EI}\left[\frac{a}{3l^2}{x_2}^3\right]_0^b=\frac{Pab}{6EIl}(a+2b)$$

点Bのたわみ角を求める場合，**図 5.7** に示すとおり，点Bに $\overline{M}=1$ を作用させる。

・A–C 間 $(0 \leqq x_1 \leqq a)$

$$\overline{M_{x_1}} = -\frac{x_1}{l}$$

・B–C 間 $(0 \leqq x_2 \leqq b)$

$$\overline{M_{x_2}} = \frac{x_2}{l} - 1$$

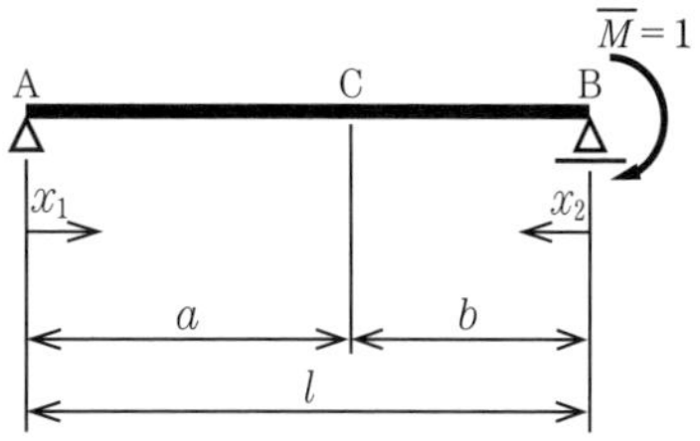

$$\theta_B = \int \frac{M\overline{M}}{EI} dx = \int_0^a \frac{M_{x_1}\overline{M_{x_1}}}{EI} dx_1 + \int_0^b \frac{M_{x_2}\overline{M_{x_2}}}{EI} dx_2$$

$$= \frac{P}{EI}\int_0^a \frac{b}{l} x_1 \cdot \left(-\frac{x_1}{l}\right) dx_1 + \frac{P}{EI}\int_0^b \frac{a}{l} x_2 \cdot \left(\frac{x_2}{l} - 1\right) dx_2$$

$$= \frac{P}{EI}\left[-\frac{b}{3l^2} {x_1}^3\right]_0^a + \frac{P}{EI}\left[\frac{a}{3l^2} {x_2}^3 - \frac{a}{2l} {x_2}^2\right]_0^b = -\frac{Pab}{6EIl}(2a+b)$$

図 5.7　仮想モーメントを作用させた単純ばり

(4)　エネルギー法

点Cのたわみは，基礎事項 5.4 の式(5.13)より，次式のように求めることができる。

$$y_C = \int \frac{M_x}{EI} \cdot \frac{\partial M_x}{\partial P} dx = \frac{1}{EI}\int_0^a \frac{b}{l} P x_1 \cdot \frac{b}{l} x_1 dx_1 + \frac{1}{EI}\int_0^b \frac{a}{l} P x_2 \cdot \frac{a}{l} x_2 dx_2 = \frac{Pa^2b^2}{3EIl}$$

Point

集中荷重が作用している箇所のたわみを求めるには，エネルギー法を用いるのが一番簡単である。

点Aのたわみ角を求める場合，**図 5.8** に示すとおり，点Aに M_A を作用させ

$$\theta_A = \int \frac{M_x}{EI} \cdot \frac{\partial M_x}{\partial M_A} dx$$

を計算する。その後，$M_A = 0$ とする。

・A–C 間 $(0 \leqq x_1 \leqq a)$

$$M_{x_1} = M_A - \frac{M_A}{l} x_1 + \frac{b}{l} P x_1$$

・B–C 間 $(0 \leqq x_2 \leqq b)$

$$M_{x_2} = \frac{M_A}{l} x_2 + \frac{a}{l} P x_2$$

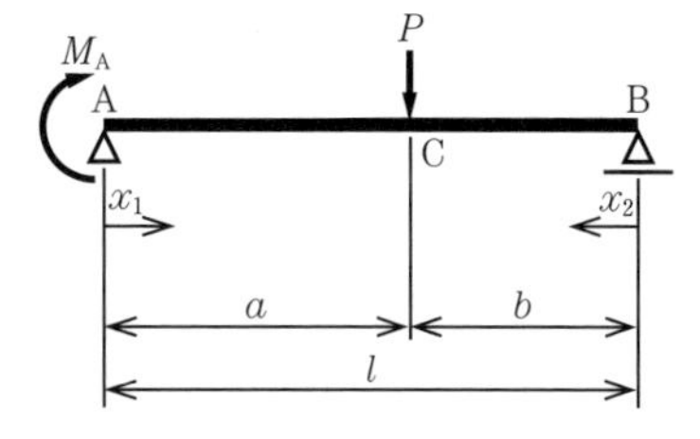

図 5.8　点Aに M_A を作用させた単純ばり

点Aのたわみ角は基礎事項 5.4 の式(5.14)より，次式のように求めることができる。

$$\theta_A = \int \frac{M_x}{EI} \cdot \frac{\partial M_x}{\partial M_A} dx$$

$$= \frac{1}{EI}\int_0^a \left(M_A - \frac{M_A}{l} x_1 + \frac{b}{l} P x_1\right)\left(1 - \frac{x_1}{l}\right) dx_1 + \frac{1}{EI}\int_0^b \left(\frac{M_A}{l} x_2 + \frac{a}{l} P x_2\right)\frac{x_2}{l} dx_2$$

$$= \frac{1}{EI}\left(M_A a - \frac{M_A}{l} a^2 + \frac{Pa^2b}{2l} + \frac{M_A a^3}{3l^2} - \frac{Pa^3b}{3l^2} + \frac{M_A b^3}{3l^2} + \frac{Pab^3}{3l^2}\right)$$

$M_A = 0$ より

$$\theta_A = \frac{Pab}{6EIl}(a+2b)$$

点Bのたわみ角を求める場合，**図 5.9** に示すとおり，点Bに M_{B} を作用させ

$$\theta_{\mathrm{B}}=\int \frac{M_x}{EI}\cdot\frac{\partial M_x}{\partial M_{\mathrm{B}}}\,dx$$

を計算する。その後，$M_{\mathrm{B}}=0$ とする。

・A–C 間（$0\leqq x_1\leqq a$）

$$M_{x_1}=-\frac{M_{\mathrm{B}}}{l}x_1+\frac{b}{l}Px_1$$

・B–C 間（$0\leqq x_2\leqq b$）

$$M_{x_2}=\frac{M_{\mathrm{B}}}{l}x_2-M_{\mathrm{B}}+\frac{a}{l}Px_2$$

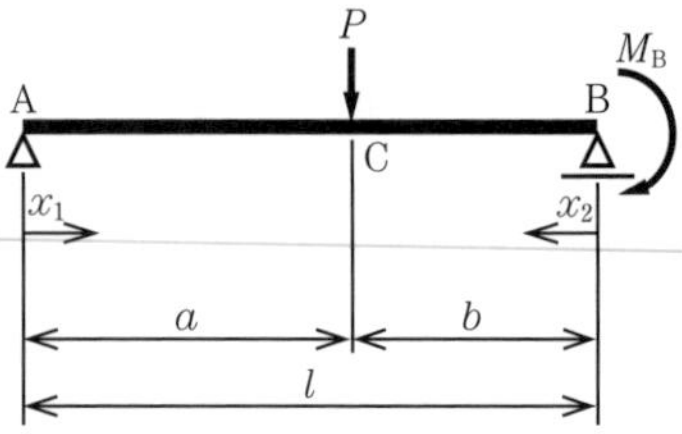

図 5.9　点Bに M_{B} を作用させた単純ばり

$$\theta_{\mathrm{B}}=\int \frac{M_x}{EI}\cdot\frac{\partial M_x}{\partial M_{\mathrm{B}}}\,dx$$

$$=\frac{1}{EI}\int_0^a\left(-\frac{M_{\mathrm{B}}}{l}x_1+\frac{b}{l}Px_1\right)\left(-\frac{x_1}{l}\right)dx_1+\frac{1}{EI}\int_0^b\left(\frac{M_{\mathrm{B}}}{l}x_2-M_{\mathrm{B}}+\frac{a}{l}Px_2\right)\left(\frac{x_2}{l}-1\right)dx_2$$

$$=\frac{1}{EI}\left(\frac{M_{\mathrm{B}}a^3}{3l^2}-\frac{Pa^3b}{3l^2}+M_{\mathrm{B}}b-\frac{M_{\mathrm{B}}}{l}b^2-\frac{Pab^2}{2l}+\frac{M_{\mathrm{B}}b^3}{3l^2}+\frac{Pab^3}{3l^2}\right)$$

$M_{\mathrm{B}}=0$ より

$$\theta_{\mathrm{B}}=-\frac{Pab}{6EIl}(2a+b)$$

最後に，$a=b=l/2$ の場合，点A，点Bのたわみ角および点Cのたわみは，以下のように表される。

$$\theta_{\mathrm{A}}=\frac{Pl^2}{16EI},\quad \theta_{\mathrm{B}}=\frac{Pl^2}{16EI}$$

$$y_{\mathrm{C}}=\frac{Pl^3}{48EI}$$

基本問題 5–2　**図 5.10** に示す等分布荷重 q が作用する単純ばりの点Aのたわみ角と点C（支間中央）のたわみを求めよ。ただし，曲げ剛性 EI は一定とする。

解答

支点反力：

$H_{\mathrm{A}}=$ ［　　］，　$R_{\mathrm{A}}=$ ［　　］，　$R_{\mathrm{B}}=$ ［　　］

（基本問題 3–2 参照）

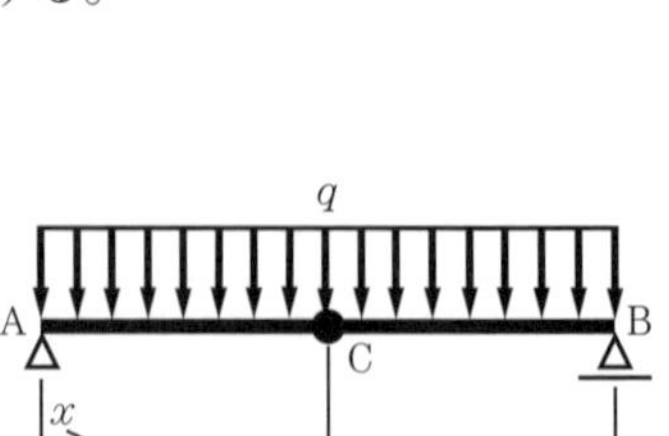

図 5.10　等分布荷重が作用する単純ばり

曲げモーメント：

$M_x=$ ［　　　　　　］

（基本問題 4–1 参照）

(1)　たわみの微分方程式

たわみの微分方程式は，次式のように得られる。

$$\frac{d^2y}{dx^2} = -\frac{M_x}{EI} = \boxed{}$$

$$\frac{dy}{dx} = \theta = \boxed{}$$

$$y = \boxed{}$$　（C_1，C_2：積分定数）

境界条件は，$\boxed{}$ よりつぎのように得られる。

$$C_1 = \boxed{}, \quad C_2 = \boxed{}$$

以上より，点Aのたわみ角と点C（支間中央）のたわみは，それぞれ次式のように求められる。

$$\theta_A = \boxed{}, \quad y_C = \boxed{}$$

(2)　弾性荷重法

図 5.11（a）の曲げモーメント図より，図（b）に示す弾性荷重と共役ばりを考え，まず，弾性荷重の合力 R を求める。

$$R = \int_0^l \frac{M_x}{EI} dx = \int_0^l \frac{ql}{2EI} x - \frac{q}{2EI} x^2 dx$$

$$= \left[\frac{ql}{4EI} x^2 - \frac{q}{6EI} x^3 \right]_0^l$$

$$= \frac{ql^3}{12EI}$$

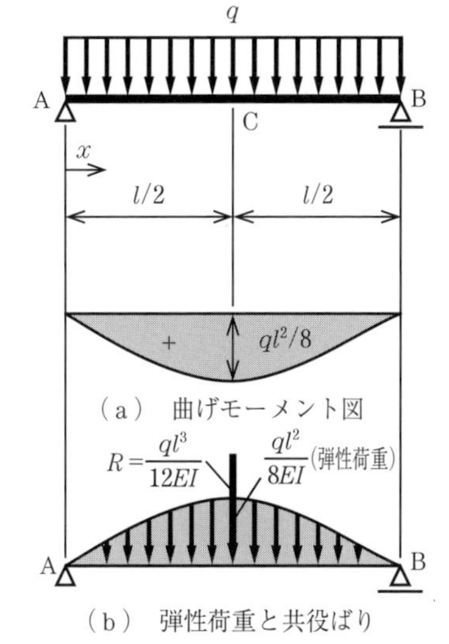

図 5.11　弾性荷重法

つぎに，共役ばりの支点反力を求める。

$$\overline{R_A} = \overline{R_B} = \boxed{}$$

点Aのたわみ角は，同点のせん断力を求めることで得られる。

$$\theta_A = \boxed{}$$

点Cのたわみ y_C は，同点の曲げモーメントを求めることで得られる。

$y_C =$

Point

曲げモーメント図が2次式以上の高次になる場合，弾性荷重法による計算は煩雑になるため，微分方程式や仮想仕事の原理（単位荷重法），エネルギー法が有利である。

(3)　仮想仕事の原理（単位荷重法）

点Cのたわみを求める場合，**図 5.12** に示すとおり，点Cに $\overline{P}=1$ を作用させる。

・A–C 間（$0 \leqq x_1 \leqq l/2$）

$\overline{M_{x_1}} =$

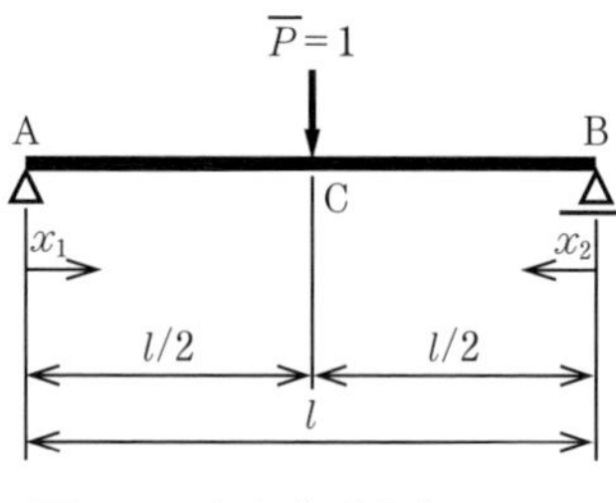

図 5.12　仮想荷重を作用させた単純ばり

・B–C 間（$0 \leqq x_2 \leqq l/2$）

$\overline{M_{x_2}} =$

曲げモーメントは，点Cに関して左右対称なので，点Cにおけるたわみ y_C は，A–C 間の積分値を2倍すればよい。

$y_C =$

点Aのたわみ角を求める場合，**図 5.13** に示すとおり，点Aに $\overline{M}=1$ を作用させる。

$\overline{M_x} =$

$\theta_A =$

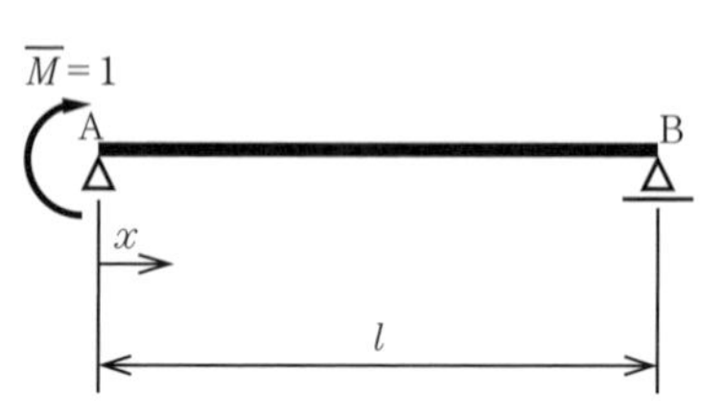

図 5.13　仮想モーメントを作用させた単純ばり

(4)　エネルギー法

点Cのたわみを求める場合，**図 5.14** に示すとおり，点Cに仮想の集中荷重であるXを作用させ

$$y_C=\int\frac{M_x}{EI}\cdot\frac{\partial M_x}{\partial X}dx$$

を計算する。その後，$X=0$ とする。

・A–C 間（$0\leqq x\leqq l/2$）

$M_x=$

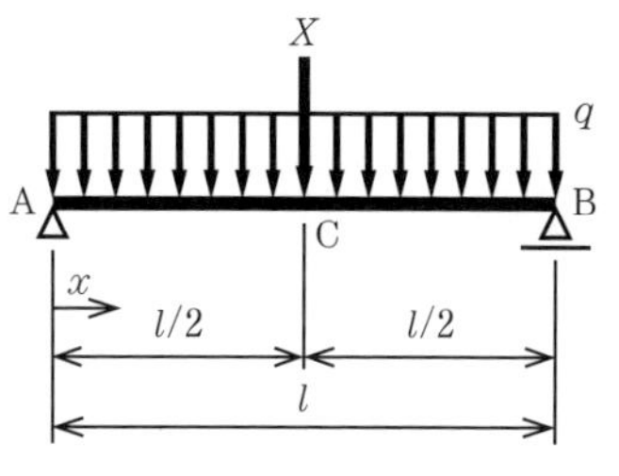

図 5.14　点CにXを作用させた単純ばり

曲げモーメントは，点Cに関して左右対称なので，点Cにおけるたわみ y_C は，A–C 間の積分値を 2 倍すればよい。

$y_C=$

$X=0$ よりつぎのようになる。

$y_C=$

点Aのたわみを求める場合，**図 5.15** に示すとおり，点Aに M_A を作用させ

$$\theta_A=\int\frac{M_x}{EI}\cdot\frac{\partial M_x}{\partial M_A}dx$$

を計算する。その後，$M_A=0$ とする。

・A–B 間（$0\leqq x\leqq l$）

$M_x=$

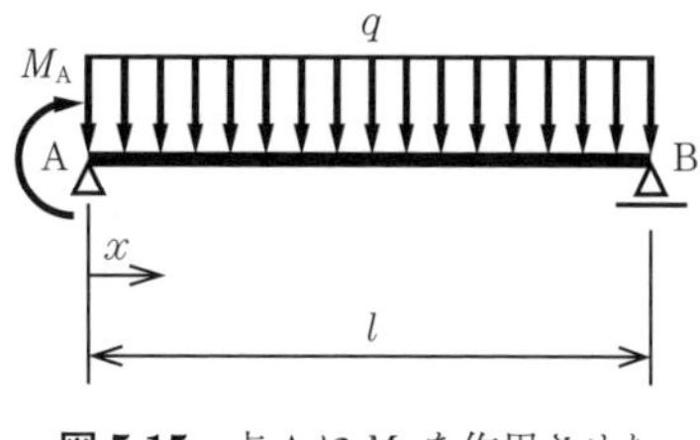

図 5.15　点Aに M_A を作用させた単純ばり

$\theta_A=$

$M_A=0$ よりつぎのようになる。

$$\theta_A = \boxed{}$$

基本問題 5-3　**図 5.16** に示すとおり，点Bに集中荷重 P が作用する片持ちばりの点Bのたわみとたわみ角を求めよ。ただし，曲げ剛性 EI は，一定とする。

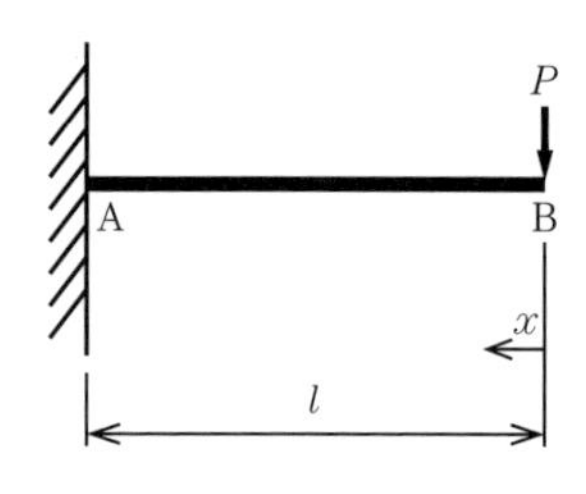

図 5.16　集中荷重が作用した片持ちばり

解答

支点反力：

$H_A=0$,　$R_A=P$,　$M_A=-Pl$　（基本問題 3-10 参照）

曲げモーメント：B–A 間（$0 \leqq x \leqq l$）

$M_x=-Px$　（基本問題 4-9 参照）

(1)　たわみの微分方程式

たわみの微分方程式は，次式のように得られる。

$$\frac{d^2y}{dx^2}=-\frac{M_x}{EI}=\frac{P}{EI}x$$

$$\frac{dy}{dx}=\theta=\frac{P}{2EI}x^2+C_1$$

$$y=\frac{P}{6EI}x^3+C_1x+C_2 \quad (C_1,\ C_2：積分定数)$$

境界条件は，$x=l$ のとき，$y=0$，$\theta=0$ より

$$C_1=-\frac{Pl^2}{2EI},$$

$$C_2=\frac{Pl^3}{3EI}$$

以上より，点Bのたわみとたわみ角は，つぎのように求められる。

$$y_B=\frac{Pl^3}{3EI},$$

$$\theta_B=\frac{Pl^2}{2EI}$$

Point

x の方向が，図 5.2 の座標系と逆であるため，同図の基準に合わせ，たわみ角の解は＋としている。

(2)　弾性荷重法

図 5.17（a）より，図（b）に示す弾性荷重と共役ばりを考え，その支点反力を求める。

$$\sum V=\overline{R_{\mathrm{B}}}+\frac{Pl^2}{2EI}=0,\quad \overline{R_{\mathrm{B}}}=-\frac{Pl^2}{2EI}$$

$$\sum M=-\overline{M_{\mathrm{B}}}+\frac{Pl^2}{2EI}\times\frac{2}{3}l=0,\quad \overline{M_{\mathrm{B}}}=\frac{Pl^3}{3EI}$$

以上より，点 B のたわみ y_{B} は，同点の曲げモーメント，点 B のたわみ角 θ_{B} は，同点のせん断力を求めることで得られる。

$$y_{\mathrm{B}}=\overline{M_{\mathrm{B}}}=\frac{Pl^3}{3EI},\quad \theta_{\mathrm{B}}=\overline{S_{\mathrm{B}}}=-R_{\mathrm{B}}=\frac{Pl^2}{2EI}$$

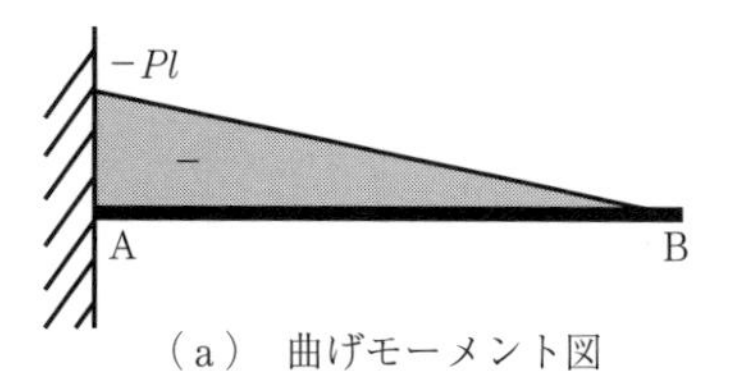

（a）　曲げモーメント図

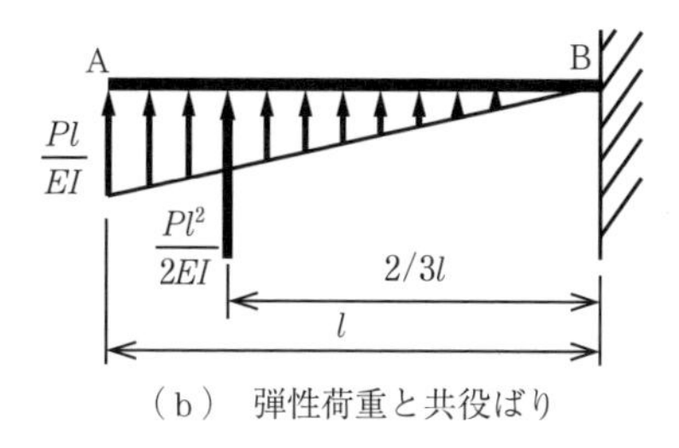

（b）　弾性荷重と共役ばり

図 5.17　弾性荷重法

(3)　仮想仕事の原理（単位荷重法）

点 B のたわみを求める場合，**図 5.18** に示すとおり，点 B に $\overline{P}=1$ を作用させる。

・B–A 間（$0\leqq x\leqq l$）

$$\overline{M_x}=-x$$

$$y_{\mathrm{B}}=\int\frac{M\overline{M}}{EI}dx=\int_0^l\frac{M_x\overline{M_x}}{EI}dx=\frac{P}{EI}\int_0^l x^2dx=\left[\frac{Px^3}{3EI}\right]_0^l=\frac{Pl^3}{3EI}$$

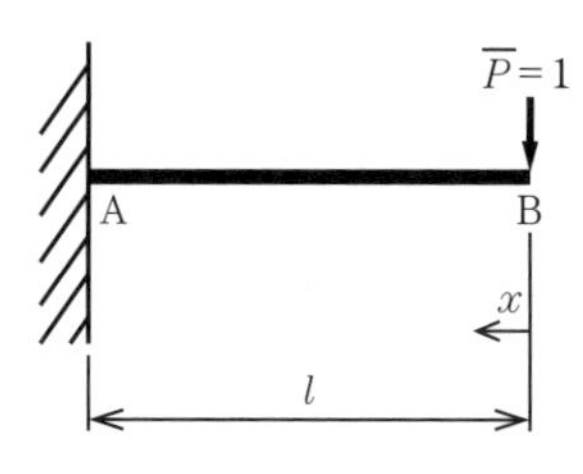

図 5.18　仮想荷重を作用させた片持ちばり

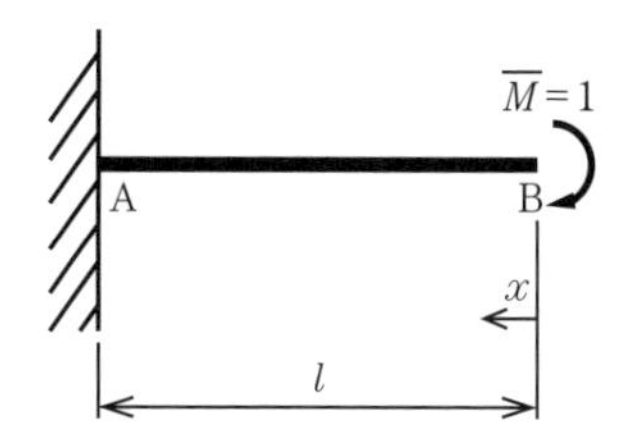

図 5.19　仮想モーメントを作用させた片持ちばり

点 B のたわみ角を求める場合，**図 5.19** に示すとおり，点 B に $\overline{M}=1$ を作用させる。

・B–A 間（$0\leqq x\leqq l$）

$$\overline{M_x}=-1$$

$$\theta_{\mathrm{B}}=\int\frac{M\overline{M}}{EI}dx=\int_0^l\frac{M_x\overline{M_x}}{EI}dx=\frac{P}{EI}\int_0^l xdx=\left[\frac{Px^2}{2EI}\right]_0^l=\frac{Pl^2}{2EI}$$

(4)　エネルギー法

点 B のたわみは，次式より求めることができる。

$$y_{\mathrm{C}}=\int\frac{M_x}{EI}\cdot\frac{\partial M_x}{\partial P}dx=\frac{1}{EI}\int_0^l(-Px)(-x)dx=\frac{1}{EI}\left[\frac{P}{3}x^3\right]_0^l=\frac{Pl^3}{3EI}$$

点 B のたわみ角を求める場合，**図 5.20** に示すとおり，点 B に M_{B} を作用させ

$$\theta_{\mathrm{B}}=\int\frac{M_x}{EI}\cdot\frac{\partial M_x}{\partial M_{\mathrm{B}}}dx$$

を計算する。その後，$M_{\mathrm{B}}=0$ とする。

・B–A 間（$0 \leqq x \leqq l$）

$$M_x = -Px - M_B$$

$$\theta_B = \int \frac{M_x}{EI} \cdot \frac{\partial M_x}{\partial M_B} dx = \frac{1}{EI}\int_0^l (-Px - M_B)(-1)dx$$

$$= \frac{1}{EI}\left[\frac{P}{2}x^2 + M_B x\right]_0^l = \frac{Pl^2}{2EI} + \frac{M_B l}{EI}$$

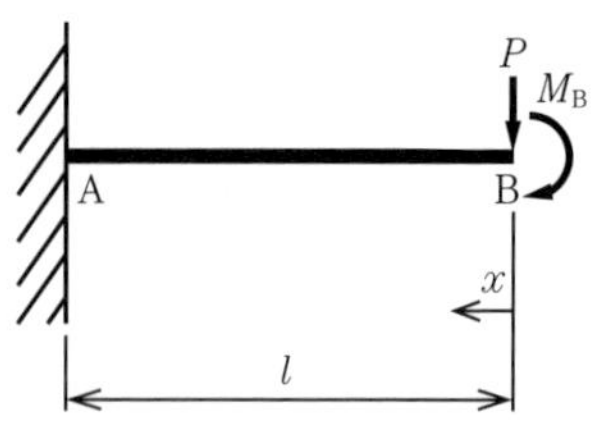

図 5.20　点 B に M_B を作用させた片持ちばり

$M_B = 0$ よりつぎのようになる。

$$\theta_B = \frac{Pl^2}{2EI}$$

基本問題 5–4　**図 5.21** に示す等分布荷重 q が作用する片持ちばりの点 B のたわみとたわみ角を求めよ。ただし，曲げ剛性 EI は一定とする。

解答

支点反力：

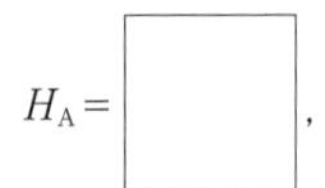

$H_A =$ □，$R_A =$ □，$M_A =$ □

（基本問題 3–12 参照）

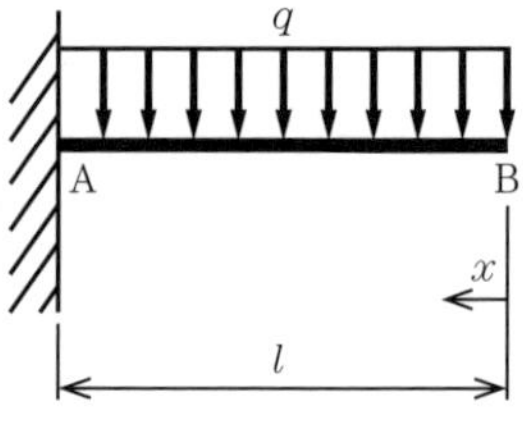

図 5.21　等分布荷重が作用する片持ちばり

曲げモーメント：B–A 間（$0 \leqq x \leqq l$）

$M_x =$ □　（基本問題 4–11 参照）

(1)　たわみの微分方程式

たわみの微分方程式は，次式のように得られる。

$$\frac{d^2y}{dx^2} = -\frac{M_x}{EI} = \square$$

$$\frac{dy}{dx} = \theta = \square$$

$$y = \square$$　（C_1，C_2：積分定数）

境界条件は，□ より

$C_1 =$ □，$C_2 =$ □

以上より，点 B のたわみとたわみ角は，以下のとおり求められる。

$y_B =$ □，$\theta_B =$ □

(2)　仮想仕事の原理（単位荷重法）

点 B のたわみを求める場合，**図 5.22** に示すとおり，点 B に $\overline{P}=1$ を作用させる。

・B–A 間（$0 \leqq x \leqq l$）

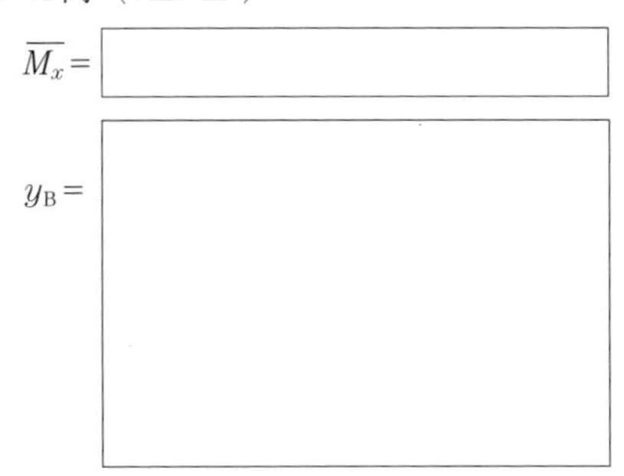

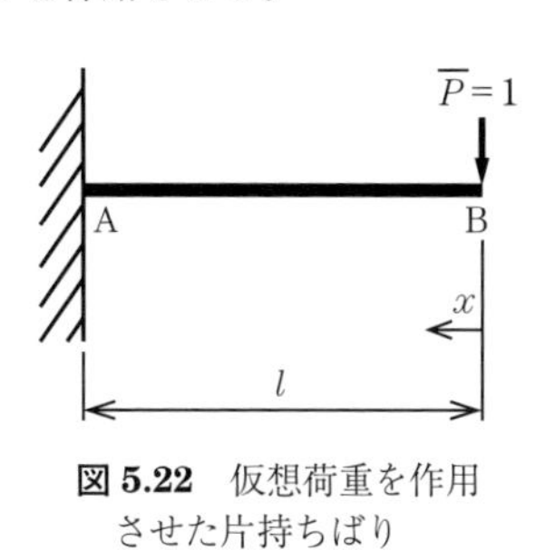

図 5.22　仮想荷重を作用させた片持ちばり

点 B のたわみ角を求める場合，**図 5.23** に示すとおり，点 B に $\overline{M}=1$ を作用させる。

・B–A 間（$0 \leqq x \leqq l$）

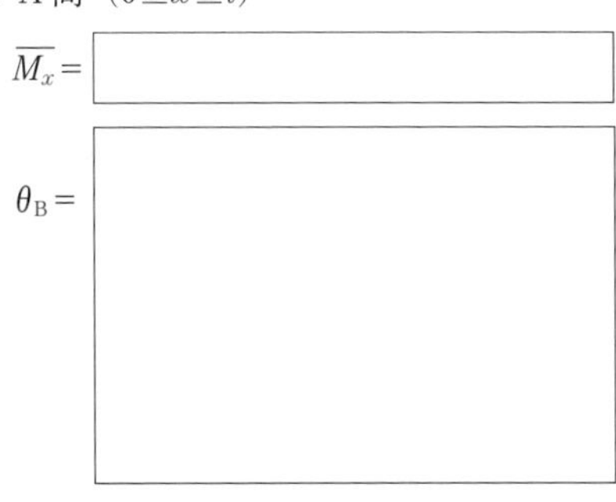

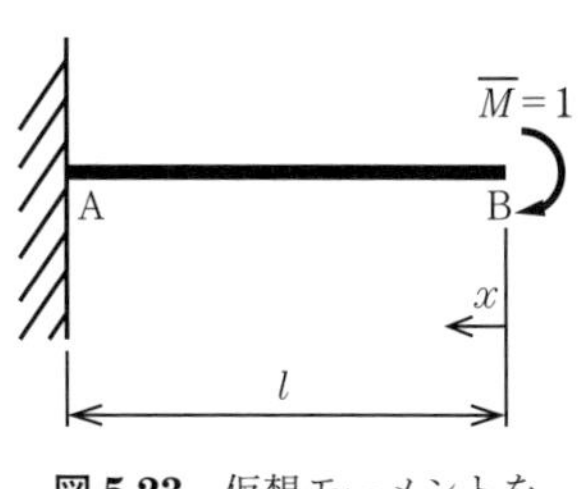

図 5.23　仮想モーメントを作用させた片持ちばり

(3)　エネルギー法

点 B のたわみを求める場合，**図 5.24** に示すとおり，点 B に X を作用させ

$$y_B = \int \frac{M_x}{EI} \cdot \frac{\partial M_x}{\partial X}\, dx$$

を計算する。その後，$X=0$ とする。

曲げモーメント：B–A 間（$0 \leqq x \leqq l$）

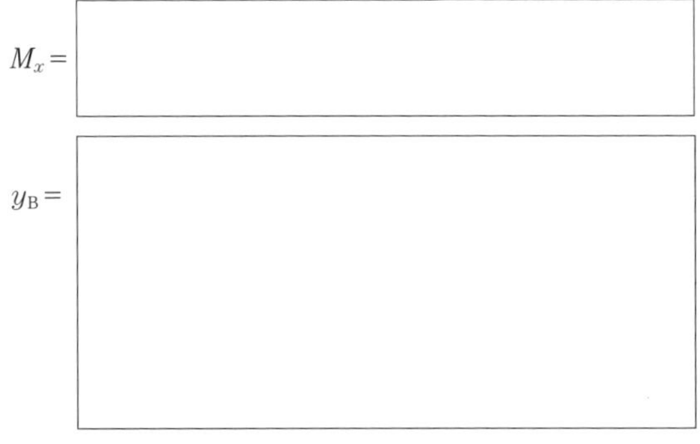

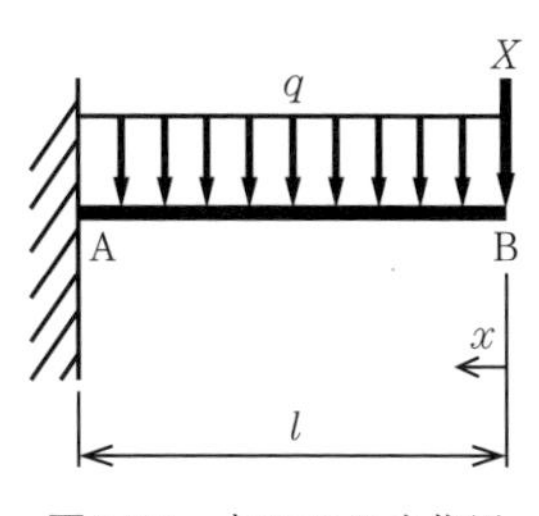

図 5.24　点 B に X を作用させた片持ちばり

$X=0$ よりつぎのようになる。

y_B =

点Bのたわみ角を求める場合，**図 5.25** に示すとおり，点Bに M_B を作用させ

$$\theta_B = \int \frac{M_x}{EI} \cdot \frac{\partial M_x}{\partial M_B}\, dx$$

を計算する。その後，$M_B = 0$ とする。

・B–A 間（$0 \leqq x \leqq l$）

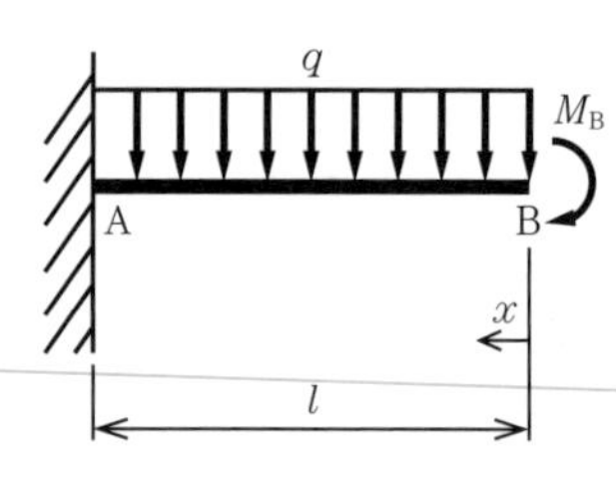

図 5.25　点Bに M_B を作用させた片持ちばり

$M_x =$

$y_B =$

$M_B = 0$ よりつぎのようになる。

$\theta_B =$

基本問題 5–5　**図 5.26** に示すトラスの点Cにおけるたわみを求めよ。なお，伸び剛性は EA（一定）とする。

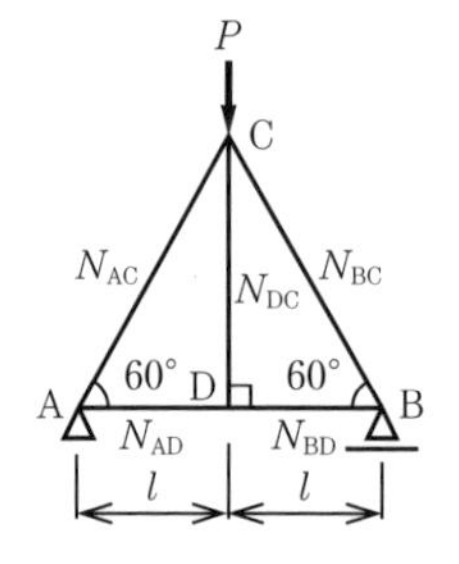

図 5.26　トラス

解答

支点反力：$H_A = 0,\quad R_A = \dfrac{P}{2},\quad R_B = \dfrac{P}{2}$　（基本問題 3–24 参照）

部材力計算：

$$N_{AC} = N_{BC} = -\frac{P}{\sqrt{3}} = -\frac{\sqrt{3}}{3}P,\quad N_{AD} = N_{BD} = \frac{P}{2\sqrt{3}} = \frac{\sqrt{3}}{6}P,\quad N_{DC} = 0$$（基本問題 4–23 参照）

（符号は，－：圧縮力，＋：引張力を示す）

(1)　仮想仕事の原理（単位荷重法）

点Cのたわみを求めるために，点Cに仮想荷重 $\overline{P} = 1$ を作用させたときの部材力を求める。

$$\overline{N_{AC}} = \overline{N_{BC}} = -\frac{\sqrt{3}}{3},\quad \overline{N_{AD}} = \overline{N_{BD}} = \frac{\sqrt{3}}{6},\quad \overline{N_{DC}} = 0$$

基礎事項 5.3 の式(5.9)よりつぎのようになる。

$$y_{\mathrm{C}}=\sum_{m=1}^{5}\frac{N_m\overline{N_m}}{EA_m}l_m=\frac{2}{EA}\Sigma\left(-\frac{\sqrt{3}}{3}P\right)\cdot\left(-\frac{\sqrt{3}}{3}\right)\cdot 2l+\frac{2}{EA}\Sigma\left(\frac{\sqrt{3}}{6}P\right)\cdot\left(\frac{\sqrt{3}}{6}\right)\cdot l=\frac{3Pl}{2EA}$$

ここで，N_m は，トラスの m 番目（軸方向剛性 EA_m，部材長 l_m）の部材の実荷重による軸力，$\overline{N_m}$ は，変位を求める節点に単位荷重を与えた際の同じ部材の仮想軸力を示している。

(2)　エネルギー法

$$y_{\mathrm{C}}=\sum_{m=1}^{5}\frac{N_m}{EA_m}\cdot\frac{\partial N_m}{\partial P}\cdot l_m=\frac{2}{EA}\Sigma\left(-\frac{\sqrt{3}}{3}P\right)\cdot\left(-\frac{\sqrt{3}}{3}\right)\cdot 2l+\frac{2}{EA}\Sigma\left(\frac{\sqrt{3}}{6}P\right)\cdot\left(\frac{\sqrt{3}}{6}\right)\cdot l$$

$$=\frac{3Pl}{2EA}$$

基本問題 5–6　**図 5.27** に示す折ればりの点 C における鉛直変位 $y_{\mathrm{C}v}$ を求めよ。なお，曲げ剛性 EI，伸び剛性 EA はそれぞれ一定とする。

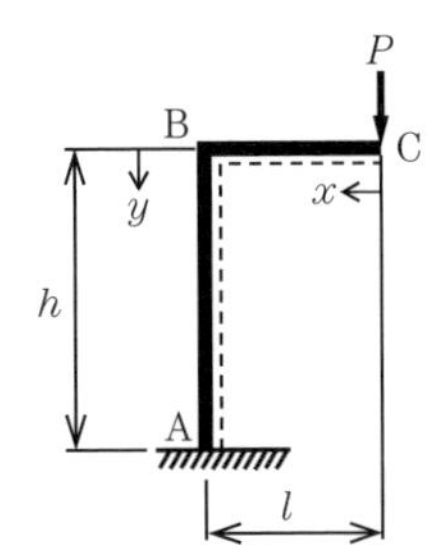

図 5.27　点 C に集中荷重が作用する折ればり

解答

支点反力：

$H_{\mathrm{A}}=0$，　$R_{\mathrm{A}}=P$，　$M_{\mathrm{A}}=-Pl$　（基本問題 3–17 参照）

C–B 間および B–A 間の断面力は，以下のとおりである。

・C–B 間（$0\leqq x\leqq l$）

$M_x=-Px$，　$N_x=0$

・B–A 間（$0\leqq y\leqq h$）

$M_y=-Pl$，　$N_y=-P$　（基本問題 4–16 参照）

(1)　仮想仕事の原理（単位荷重法）

点 C のたわみを求めるために，点 C に仮想荷重 $\overline{P}=1$ を作用させる。

・C–B 間（$0\leqq x\leqq l$）

$\overline{M_x}=-x$，　$\overline{N_x}=0$

・B–A 間（$0\leqq y\leqq h$）

$\overline{M_y}=-l$，　$\overline{N_y}=-1$

$$y_{\mathrm{A}v}=\int_0^l\frac{M_x\overline{M_x}}{EI}dx+\int_0^h\frac{M_y\overline{M_y}}{EI}dy+\int_0^l\frac{N_x\overline{N_x}}{EA}dx+\int_0^h\frac{N_y\overline{N_y}}{EA}dy$$

$$=\frac{1}{EI}\int_0^l(-Px)(-x)dx+\frac{1}{EI}\int_0^h(-Pl)(-l)dy+\frac{1}{EA}\int_0^h(-P)(-1)dy$$

$$=\frac{1}{EI}\left[\frac{P}{3}x^3\right]_0^l+\frac{1}{EI}[Pl^2y]_0^h+\frac{1}{EA}[Py]_0^h=\frac{Pl^3}{3EI}+\frac{Pl^2h}{EI}+\frac{Ph}{EA}$$

(2)　エネルギー法

$$y_{\mathrm{Av}}=\int_0^l \frac{M_x}{EI}\cdot\frac{\partial M_x}{\partial P}dx+\int_0^h \frac{M_y}{EI}\cdot\frac{\partial M_y}{\partial P}dy+\int_0^l \frac{N_x}{EA}\cdot\frac{\partial N_x}{\partial P}dx+\int_0^h \frac{N_y}{EA}\cdot\frac{\partial N_y}{\partial P}dy$$

$$=\frac{1}{EI}\int_0^l(-Px)(-x)dx+\frac{1}{EI}\int_0^h(-Pl)(-l)dy+\frac{1}{EA}\int_0^h(-P)(-1)dy$$

$$=\frac{1}{EI}\left[\frac{P}{3}x^3\right]_0^l+\frac{1}{EI}\left[Pl^2y\right]_0^h+\frac{1}{EA}\left[Py\right]_0^h=\frac{Pl^3}{3EI}+\frac{Pl^2h}{EI}+\frac{Ph}{EA}$$

■ チャレンジ問題 ■

チャレンジ問題 5–1　**図 5.28** に示す等変分布荷重 q が作用する片持ちばりの点 A のたわみ（y_{A}）とたわみ角（θ_{A}）を求めよ。ただし，曲げ剛性 EI は一定とする（チャレンジ問題 4–6 参照）。

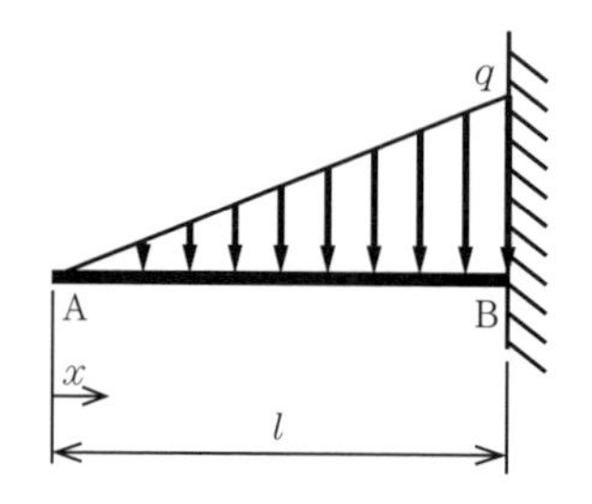

図 5.28　等変分布荷重が作用する片持ちばり

チャレンジ問題 5–2　**図 5.29** に示す点 C と点 E に集中荷重 P が作用する単純ばりの点 A のたわみ角と点 C および点 D のたわみを求めよ。ただし，点 A と点 C 間，点 E と点 B 間の曲げ剛性は EI，点 C と点 E 間の曲げ剛性は $2EI$ とする（基本問題 4–5 参照）。

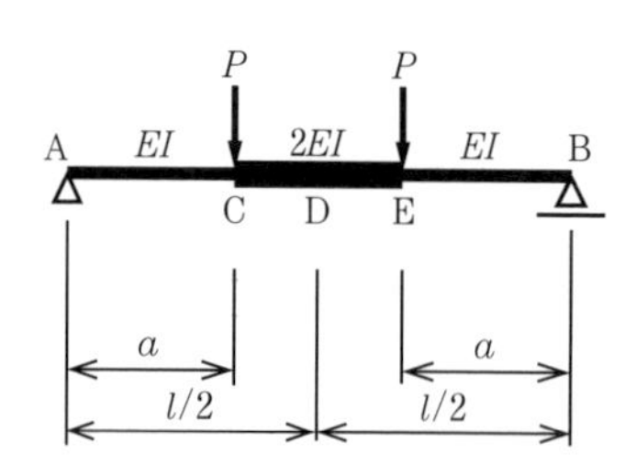

図 5.29　変断面の 2 点に集中荷重が作用する単純ばり

チャレンジ問題 5–3　**図 5.30** に示す A–C 間に等分布荷重 q が作用するゲルバーばりの点 A のたわみ角と点 C のたわみを求めよ。ただし，曲げ剛性 EI は一定とする（チャレンジ問題 4–7 参照）。

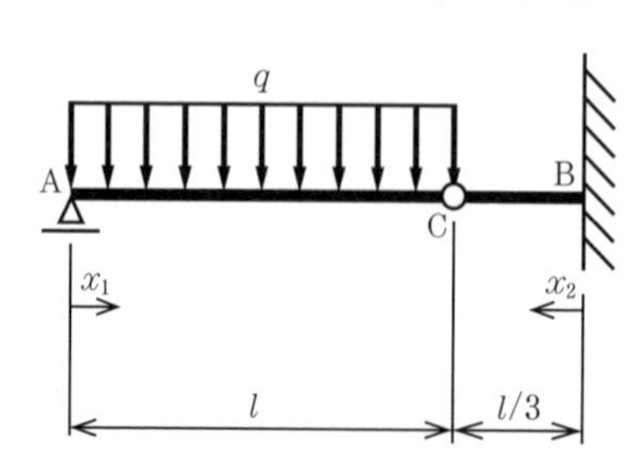

図 5.30　A–C 間に等分布荷重が作用するゲルバーばり

チャレンジ問題 5–4　**図 5.31** に示すトラスの点 D におけるたわみを求めよ。なお，伸び剛性は，EA（一定）とする（チャレンジ問題 4–15 参照）。

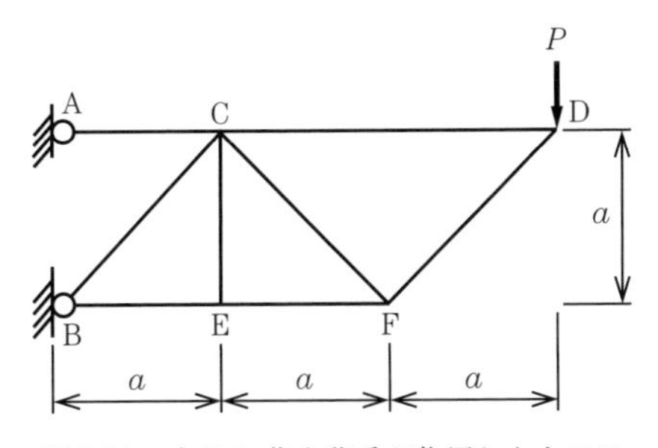

図 5.31　点 D に集中荷重が作用したトラス

チャレンジ問題 5–5　**図 5.32** に示す折ればりの点 C における水平変位 y_{Ch} を求めよ。なお，曲げ剛性，伸び剛性は，それぞれ，EA（一定），EI（一定）とする（基本問題 4–16，5–6 参照）。

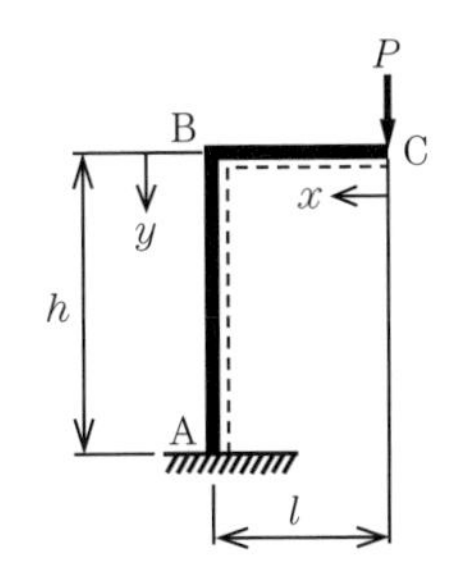

図 5.32　点 C に集中荷重が作用する折ればり

ヒント

仮想仕事の原理（単位荷重法）により，点 C の水平変位を求める場合，**図**のように単位荷重（$\overline{P}=1$）を水平方向に作用させる。

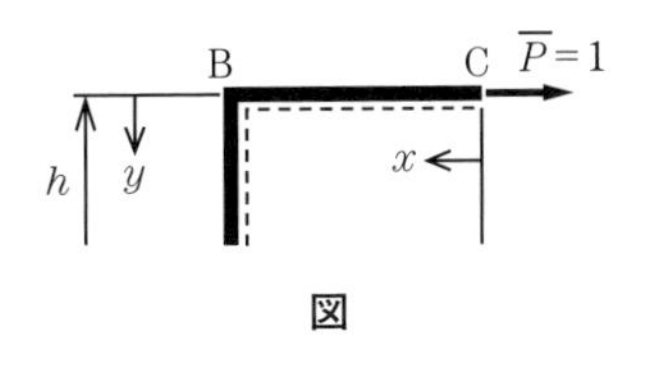

図

著者からのメッセージ

私の恩師，栗田章光先生は，構造力学に関してこのような話をされている。

「構造力学で皆さんが最初に勉強するのは，$\sum H=0$，$\sum V=0$，$\sum M=0$，いわゆる，力のつり合い条件式です。この式，じつは，人生にも当てはまるのです。まず，水平方向のつり合い（$\sum H=0$）は，友人や同僚との関係です。同じ世代の仲間の関係がよくないと，何事も上手く進みません。つぎに，鉛直方向のつり合い（$\sum V=0$）は，先輩，後輩（企業では，上司と部下）との関係です。例えば，何かのプロジェクトで，先輩（上司），後輩（部下）が意気投合することで，よい成果を得ることができます。最後に，モーメントのつり合い（$\sum M=0$）は社会的要因です。人生のなかで，急激な景気後退や自然災害（今回の新型コロナウイルスも…）に対して打ち勝つことができれば，いずれ，これまでの生活が戻ってきます」

このように，構造力学では力のつり合い条件式が大切だが，皆さんの理想とする人生は，バランスのとれた生活を過ごすことで実現することができる。

大山　理

6章

応力とひずみ

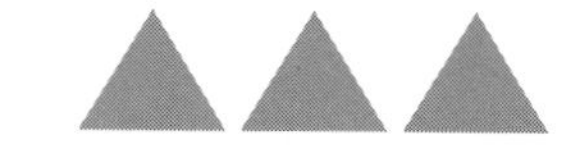

本章では，部材に生じる応力やひずみの計算方法を学ぶ。構造力学では，はりやトラスを線分で示し，断面力を計算してきたが，実構造物はさまざまな断面で構成されており，断面内で連続的に分布している力が応力（応力度ともいう）である。断面力から部材に生じる軸応力，曲げ応力，せん断応力の算出方法を学習し，任意断面の応力の計算や主応力の計算方法を学ぶ。断面力から応力を計算することは実際の設計でも行われているため，2章の断面の性質と併せて理解する必要がある。

■ 基　礎　事　項 ■

6.1　直応力と直ひずみ

図 6.1 に示すように，はり部材や棒部材のある断面に生じる軸力を N とすると，その断面に生じる**垂直応力**（**直応力**（normal stress）ともいう）σ は式(6.1)で表される。

$$\sigma = \frac{N}{A} \tag{6.1}$$

ここで，A は部材の断面積である。

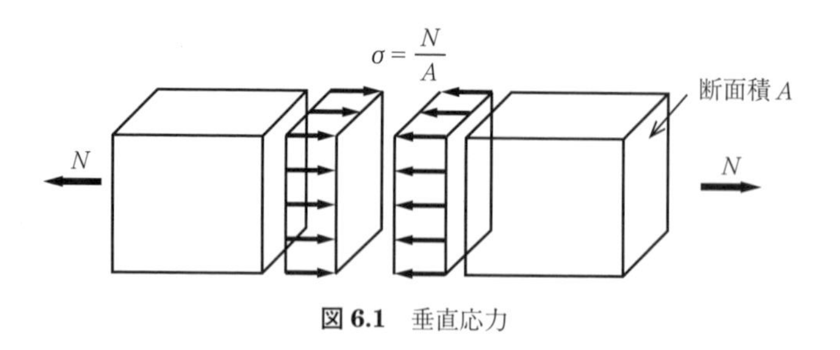

図 6.1　垂直応力

垂直応力は部材の軸方向に生じる応力なので，**軸応力**（axial stress）ともいう。

断面を引張方向に生じる場合を**引張応力**（tensile stress），断面を圧縮する方向に生じる場合を**圧縮応力**（compressive stress）という。一般に，引張応力は正（+），圧縮応力は負（−）で表す。ただし，7章の座屈計算やコンクリート構造，土構造の場合，圧縮応力が主であるため，圧縮応力が正（+）となる場合があるので注意が必要である。

図 6.2 のように，長さ l の部材に軸力 N が作用して，部材が Δl だけ伸びたとすると，**直ひず**

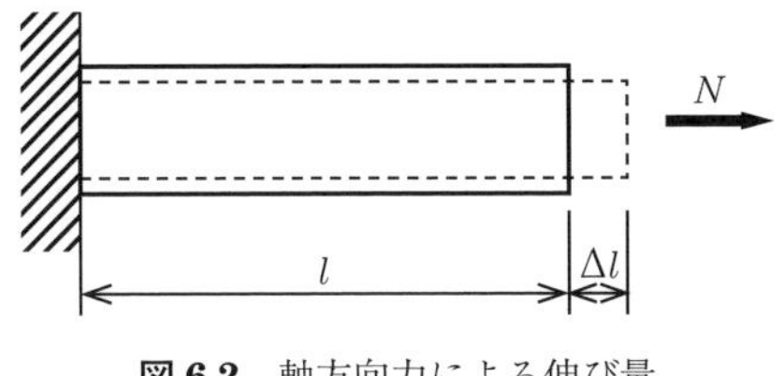

図 6.2　軸方向力による伸び量

み（strain）ε は式(6.2)で表される。

$$\varepsilon = \frac{\Delta l}{l} \tag{6.2}$$

直応力 σ と直ひずみ ε との間には，式(6.3)に示す**フックの法則**（Hooke's law）が成り立つ。

$$\sigma = E \cdot \varepsilon \tag{6.3}$$

ここで，比例定数 E は**ヤング係数**（Young's modulus）（**弾性係数**（modulus of elasticity）ともいう）である。

6.2　曲げ応力と曲げひずみ

図 6.3 に示すように，はり部材のある断面に生じる曲げモーメントを M とすると，その断面に生じる**曲げ応力**（bending stress）σ は式(6.4)で表される。

$$\sigma = \frac{M}{I} y \tag{6.4}$$

ここで，I は中立軸に関する断面 2 次モーメントであり，y は下向きを正とした中立軸からの距離である。

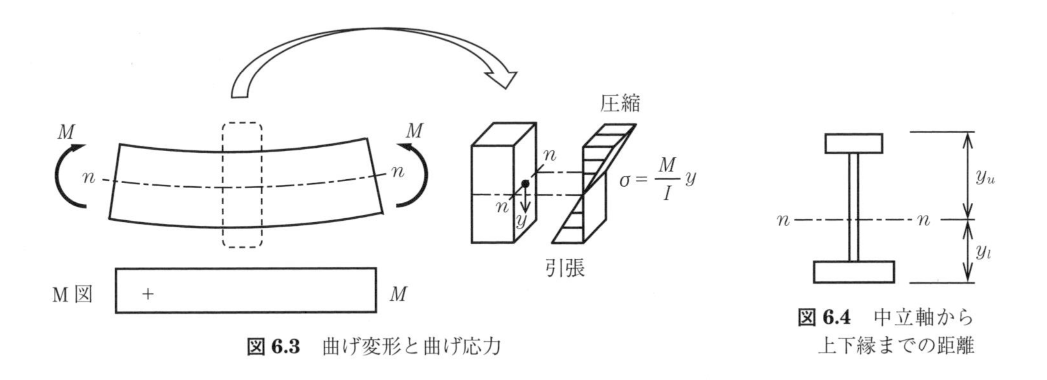

図 6.3　曲げ変形と曲げ応力

図 6.4　中立軸から上下縁までの距離

図 6.3 からわかるように，曲げモーメントを受けた部材に生じる応力は，中立軸から最も遠い位置（上縁あるいは下縁）で，その絶対値が最大になる。このような部材の圧縮側および引張側の縁に生じる応力を一般に縁端応力（縁応力）という。縁端応力を求める際は，式(6.4)の右辺を式(6.5)のような簡単な式に置き換えることができる。

$$\sigma = \frac{M}{W} \quad \left(部材の上側\ W_u = \frac{I}{y_u},\ 部材の下側\ W_l = \frac{I}{y_l}\right) \tag{6.5}$$

W は**断面係数**（modulus of section）といい，**図 6.4** に示す中立軸から上縁端あるいは下縁端までの距離で断面2次モーメントを除した値になる。式(6.5)からわかるように，断面係数 W が大きくなると，縁端応力が小さくなるため，曲げモーメントが一定の値の場合，断面係数の大小で断面に生じる縁端応力の大小が判断できる。

6.3　せん断応力とせん断ひずみ

図 6.5 に示すように，はり部材のある断面に生じるせん断力を S とすると，中立軸から y だけ離れた位置に生じる**せん断応力**（shear stress）τ は式(6.6)で表される。

$$\tau = \frac{SG_1}{Ib} \tag{6.6}$$

ここで，I は中立軸に関する断面2次モーメント，G_1 は**図 6.6** に示すせん断応力 τ を求めようとする位置 y より外側の断面の中立軸に関する断面1次モーメント，b はせん断応力 τ を求める位置の断面の幅である。

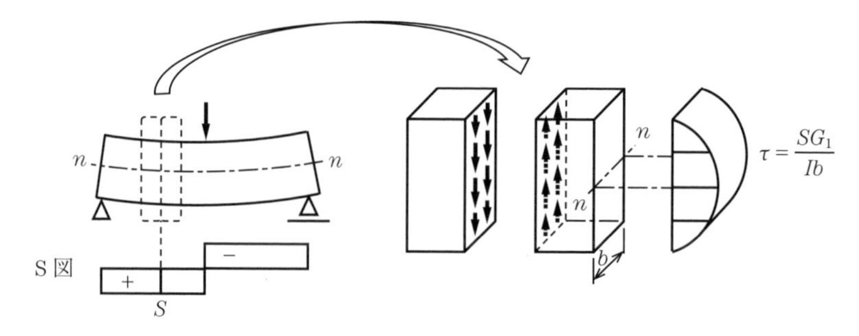

図 6.5　せん断応力分布

せん断応力 τ とせん断ひずみ γ との間には，式(6.7)に示すフックの法則が成り立つ。

$$\tau = G\gamma \tag{6.7}$$

$$G = \frac{E}{2(1+\nu)} \tag{6.8}$$

ここで，G は式(6.8)より得られる**せん断弾性係数**（shear modulus of elasticity），ν は**ポアソン比**（Poisson's ratio）である。ヤング係数 E とポアソン比 ν（＝－横ひずみ／縦ひずみ）は材料の種類によって決まる値である。

せん断ひずみ（shear strain）γ は，**図 6.7** のように，部材がせん断変形した際の角度であり，式(6.9)で表される。

$$\gamma = \frac{\Delta b}{h} \tag{6.9}$$

ここで，構造力学では微小な変形を取り扱っているので，$\tan(\gamma) \cong \gamma$ としている。

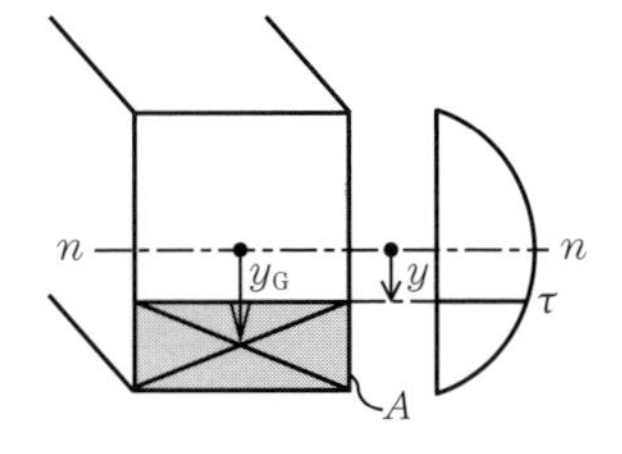

図 6.6　断面１次モーメント
$G_1 = A \times y_G$

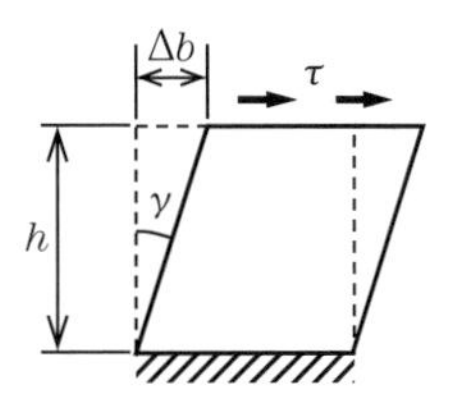

図 6.7　せん断ひずみ

6.4　任意面上の応力

薄い板（厚み方向に拘束がない状態）に対して，**図 6.8** のように直交座標系 x–y に関する応力成分 σ_x，σ_y，τ_{xy} が与えられると，任意面上の直応力 σ_θ とせん断応力 τ_θ は，それぞれ式(6.10)と式(6.11)で表される。

$$\sigma_\theta = \frac{\sigma_x + \sigma_y}{2} + \frac{\sigma_x - \sigma_y}{2}\cos 2\theta + \tau_{xy}\sin 2\theta \tag{6.10}$$

$$\tau_\theta = \frac{\sigma_x - \sigma_y}{2}\sin 2\theta - \tau_{xy}\cos 2\theta \tag{6.11}$$

応力成分 σ_x, σ_y, τ_{xy} が作用した際の任意面上の直応力 σ_θ とせん断応力 τ_θ は，横軸を直応力，縦軸をせん断応力とした**図 6.9** に示す**モールの応力円**（Mohr's stress circle）で表すことができる。この図から，任意面上の直応力 σ_θ とせん断応力 τ_θ は，応力成分 σ_x, σ_y, τ_{xy} によって与えられる軸 AB に対して，反時計回りに 2θ だけ回転した位置の円座標上にあることがわかる。

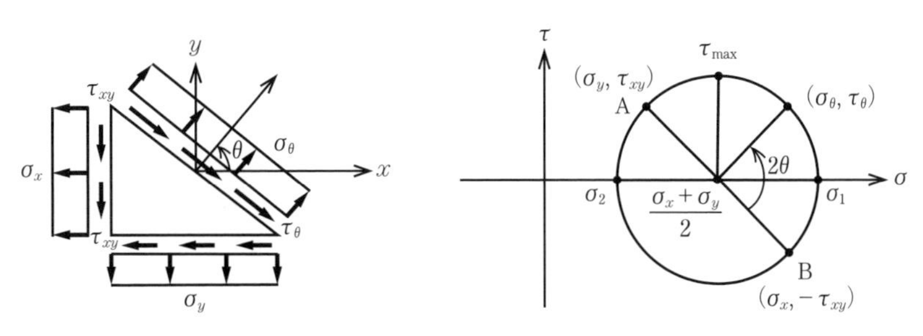

図 6.8　任意面上の応力

図 6.9　モールの応力円

6.5　主　　応　　力

薄い板（厚み方向に拘束がない状態）に対して，**図 6.10** のように直交座標系 x–y に関する応力成分 σ_x，σ_y，τ_{xy} が与えられると，直応力の最大値 σ_1（**最大主応力**（maximum principal stress））と最小値 σ_2（**最小主応力**（minimum principal stress））はそれぞれ式(6.12)と式(6.13)で表される。

$$\sigma_1 = \frac{1}{2}(\sigma_x + \sigma_y) + \sqrt{\left(\frac{\sigma_x - \sigma_y}{2}\right)^2 + {\tau_{xy}}^2} \tag{6.12}$$

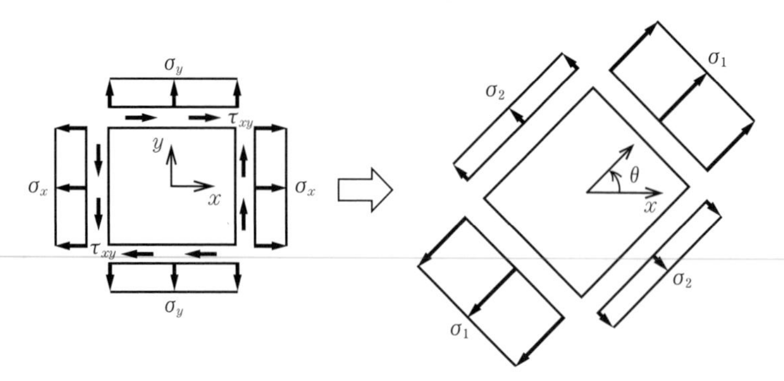

図 6.10　主応力

$$\sigma_2=\frac{1}{2}(\sigma_x+\sigma_y)-\sqrt{\left(\frac{\sigma_x-\sigma_y}{2}\right)^2+\tau_{xy}{}^2} \tag{6.13}$$

また，図 6.10 で表される x 軸からの最大主応力の角度 θ（θ，$\theta+90°$ を**主応力方向**（principal directions））は式(6.14)で表される。

$$\theta=\frac{1}{2}\tan^{-1}\frac{\tau_{xy}}{\sigma_x-\sigma_y} \tag{6.14}$$

さらに，**最大せん断応力**（maximum shear stress）は主応力方向から 45° だけ回転した方向の面に作用し，その大きさは式(6.15)で表される。

$$\tau_{\max}=\frac{1}{2}(\sigma_1-\sigma_2)=\sqrt{\left(\frac{\sigma_x-\sigma_y}{2}\right)^2+\tau_{xy}{}^2} \tag{6.15}$$

図 6.9 のモールの応力円から，最大主応力 σ_1，最小主応力 σ_2 はせん断応力が 0（ゼロ）の x 軸上となること，最大せん断応力 $\tau_{\max}$ がモールの応力円の半径になること，主応力方向 θ の 2 倍が軸 AB から x 軸までの角度になることがわかる。

6.6　温度変化によって生じるひずみ

部材の温度が一様に T_1 から T_2 に変化した場合（$\Delta T=T_2-T_1$），部材の**線膨張係数**（coefficient of linear thermal expansion）α〔1/℃〕を用いて，部材に生じるひずみは式(6.16)で与えられる。

$$\varepsilon=\alpha\Delta T \tag{6.16}$$

温度が一様に変化した場合，式(6.16)のひずみ ε を式(6.2)へ代入することで，温度変化による伸縮量 Δl が計算できる。静定状態の部材が温度変化を受けても，部材が自由に伸縮するだけで，部材の内部には応力は発生しない。しかし，温度による部材の伸縮量が何らかの条件で拘束された場合，内部に応力が生じることになる。

■ 基 本 問 題 ■

基本問題 6–1　**図 6.11**(a)に示すトラス（基本問題 4–24 参照）が図(b)の断面を有する場合，部材 CD および部材 EF に生じる直応力を求めよ。また，それぞれの部材の伸縮量を求めよ。

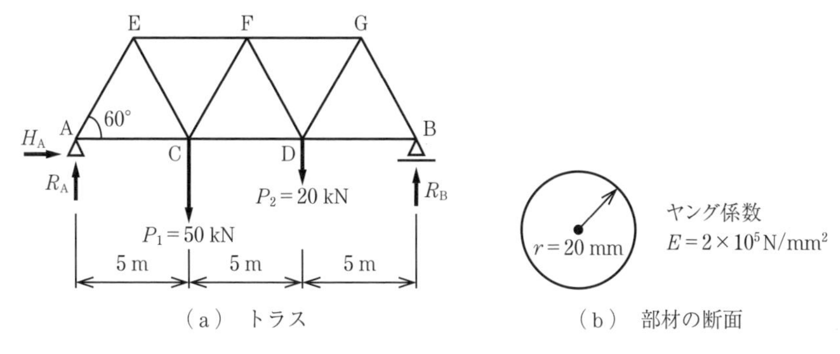

(a)　トラス　　(b)　部材の断面

図 6.11　トラスと部材の断面

解答

トラスの部材の断面積は $A=\pi\times20^2=1\,256$ mm² になる。基本問題 4–24 より，トラスの部材 CD と部材 EF に生じる軸力は，それぞれ $N_{CD}=40.5$ kN，$N_{EF}=-46.2$ kN なので，部材 CD と部材 EF に生じる直応力はそれぞれ $\sigma_{CD}=\dfrac{N_{CD}}{A}=\dfrac{40.5\times10^3}{1\,256}=32.2$ N/mm²，$\sigma_{EF}=\dfrac{N_{EF}}{A}=\dfrac{-46.2\times10^3}{1\,256}=-36.8$ N/mm² になる。

部材 CD と部材 EF に生じるひずみは，それぞれ $\varepsilon_{CD}=\dfrac{\sigma_{CD}}{E}=\dfrac{32.2}{2.0\times10^5}=161\times10^{-6}$，$\varepsilon_{EF}=\dfrac{\sigma_{EF}}{A}=\dfrac{-36.8}{2.0\times10^5}=-184\times10^{-6}$ であるので，部材 CD と部材 EF の伸縮量は，それぞれ $\Delta l_{CD}=\varepsilon_{CD}\times l_{CD}=161\times10^{-6}\times5\,000=0.81$ mm，$\Delta l_{EF}=\varepsilon_{EF}\times l_{EF}=-184\times10^{-6}\times5\,000=-0.92$ mm となる。

基本問題 6–2　**図 6.12** に示す 2 種類の材料で構成されている部材が引張力 P を受けた場合，材料 I と材料 II に生じる直応力と，そのときの点 A および点 B の伸び量を求めよ。

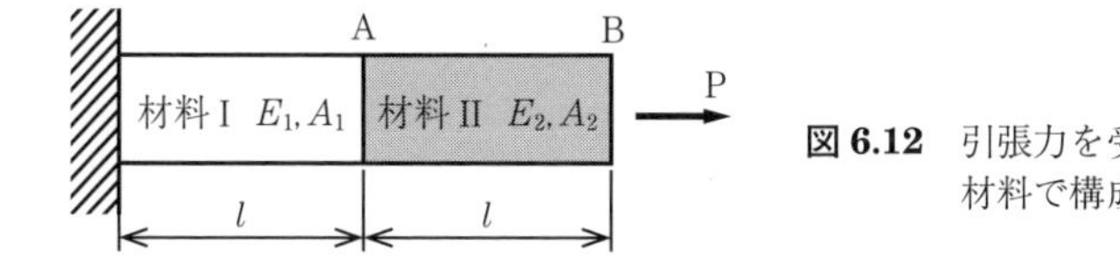

図 6.12　引張力を受ける 2 種類の材料で構成された部材

解答

材料 I と材料 II ともに軸力は $N=P$ となるので，材料 I および材料 II に生じる直応力はそれぞれ，軸力をそれぞれの断面積で除して，$\sigma_I=\dfrac{P}{A_1}$，$\sigma_{II}=\dfrac{P}{A_2}$ となる。点 A の伸び量 Δl_A は，材料 I のみの伸び量 Δl_I なので，基礎事項 6.1 の伸びと，応力とひずみの関係から，$\Delta l_A=\Delta l_I=\dfrac{Pl}{E_1A_1}$ となる。点 B の伸び量

Δl_B は，材料 I と材料 II の両方の伸び量の合計なので，$\Delta l_B = \Delta l_I + \Delta l_{II} = \dfrac{Pl}{E_1A_1} + \dfrac{Pl}{E_2A_2}$ となる。

基本問題 6-3　**図 6.13** に示す材料が異なる 2 種類の部材の端部に剛な板を設け，両部材の伸びが等しくなるように引張力 P が作用した場合，各材料に生じる軸力と伸び量を求めよ。

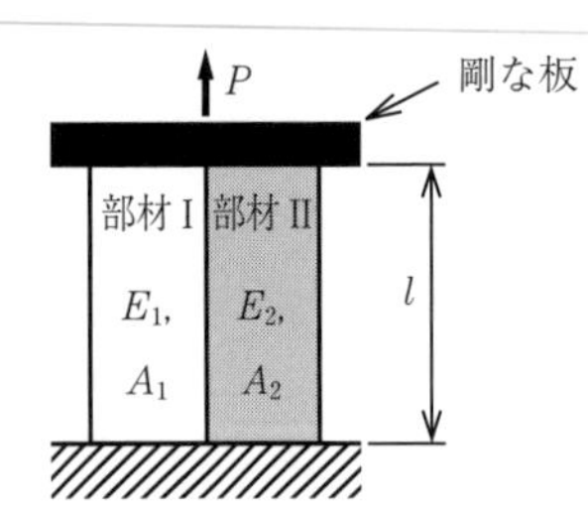

図 6.13　引張力を受ける 2 種類の材料が用いられた部材

解答

部材 I と部材 II に生じる軸力をそれぞれ N_1，N_2 とすると，部材 I と部材 II の伸び量 Δl_I，Δl_{II} はそれぞれつぎのようになる。

$$\Delta l_I = \varepsilon_1 \times l = \frac{N_1}{E_1A_1} \times l = \frac{N_1 l}{E_1A_1}, \quad \Delta l_{II} = \frac{N_2 l}{E_2A_2}$$

部材 I と部材 II の伸び量が等しいため，N_1 と N_2 の関係は，$\dfrac{N_1}{E_1A_1} = \dfrac{N_2}{E_2A_2}$ となる。

また，力のつり合いは $P = N_1 + N_2$ なので，部材 I と部材 II に生じる軸力 N_1，N_2 はそれぞれ $N_1 = \dfrac{E_1A_1}{E_1A_1 + E_2A_2}P$，$N_2 = \dfrac{E_2A_2}{E_1A_1 + E_2A_2}P$ となる。

部材 I と部材 II に生じるひずみと伸び量は $\varepsilon = \dfrac{P}{E_1A_1 + E_2A_2}$ と $\Delta l = \dfrac{Pl}{E_1A_1 + E_2A_2}$ になる。

> **Point**
> 部材 I，部材 II の伸び量が等しいので，ひずみも等しくなる。

基本問題 6-4　曲げモーメント M，せん断力 S が作用している**図 6.14** の長方形断面の曲げ応力分布とせん断応力分布を描け。

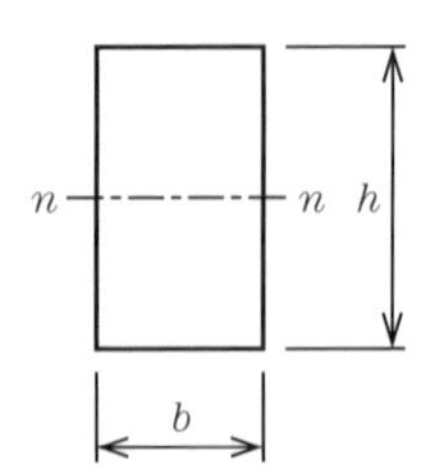

図 6.14　長方形断面

解答

長方形断面なので，中立軸 n–n は断面の下面から $h/2$ になる。また，断面積は $A = bh$，中立軸に関する断面2次モーメントは$I=\dfrac{bh^3}{12}$になる（基礎事項2.2参照）。

基礎事項6.2より断面の上下面に生じる曲げ応力σ_u，σ_lはそれぞれ次式で与えられる。

$$\sigma_u=\frac{M}{I}y=\frac{M}{bh^3/12}\left(-\frac{h}{2}\right)=-\frac{6}{bh^2}M,\quad \sigma_l=\frac{M}{I}y=\frac{6}{bh^2}M$$

基礎事項6.2に示したように，曲げ応力は中立軸からの距離yの1次関数であるので，同一材料の断面内では，**図6.15**のような直線分布になる。

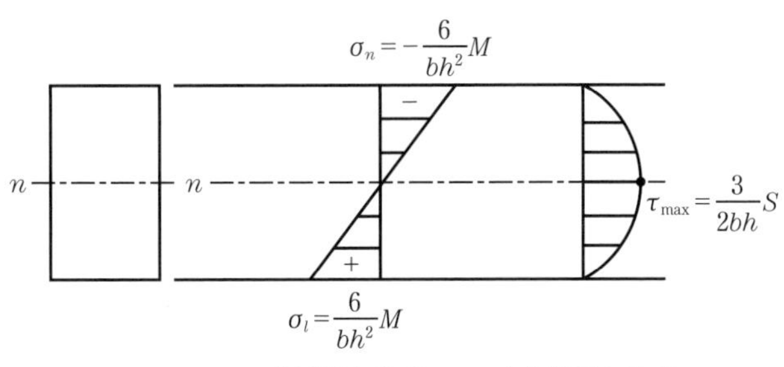

図6.15　長方形断面の曲げ応力分布とせん断応力分布

> **Point**
> 最大せん断応力は中立軸位置に生じる。
> また，設計では平均せん断応力$\tau=S/(bh)$が用いられる場合があるので，長方形断面の場合，最大せん断応力は，設計値の1.5倍になる。

基礎事項6.3より，せん断応力は図6.6に示す断面1次モーメントの大きさに比例する。せん断応力を求める位置yより外側の断面に対する断面1次モーメントG_1を計算すると，つぎのように与えられる。

$$G_1=b\times\left(\frac{h}{2}-y\right)\times\left(y+\frac{h/2-y}{2}\right)=\frac{bh^2}{2}\left\{\frac{1}{4}-\left(\frac{y}{h}\right)^2\right\}$$

したがって，基礎事項6.3より，せん断応力は次式で与えられる。

$$\tau=\frac{SG_1}{Ib}=\frac{S}{bh^3/12\times b}\times\frac{bh^2}{2}\left\{\frac{1}{4}-\left(\frac{y}{h}\right)^2\right\}=\frac{6S}{bh}\left\{\frac{1}{4}-\left(\frac{y}{h}\right)^2\right\}$$

長方形断面の上下縁に生じるせん断応力は，$y=-h/2$，$h/2$を代入してともに$\tau=0$になる。また，中立軸位置（$y=0$）でせん断応力が最大となり，$\tau_{max}=3S/(2bh)$となる。中立軸から上下縁までの間では，せん断応力がyに関する2次関数であるので，せん断応力分布は，図6.15に示すような中立軸位置で最大となり，上下縁で0（ゼロ）となるような放物線分布になる。

基本問題6–5　**図6.16**(a)に示す単純ばり（基本問題4–5参照）が図(b)に示す断面の場合，点Dにおける曲げ応力分布とせん断応力分布（点Dのせん断力が正の側）を描け。

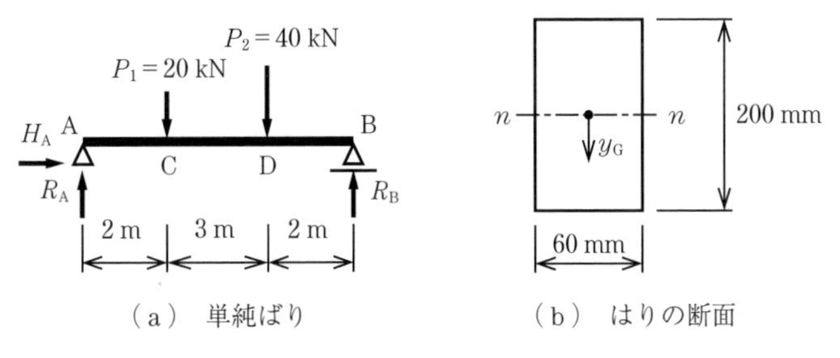

図6.16　単純ばりとその断面

解答

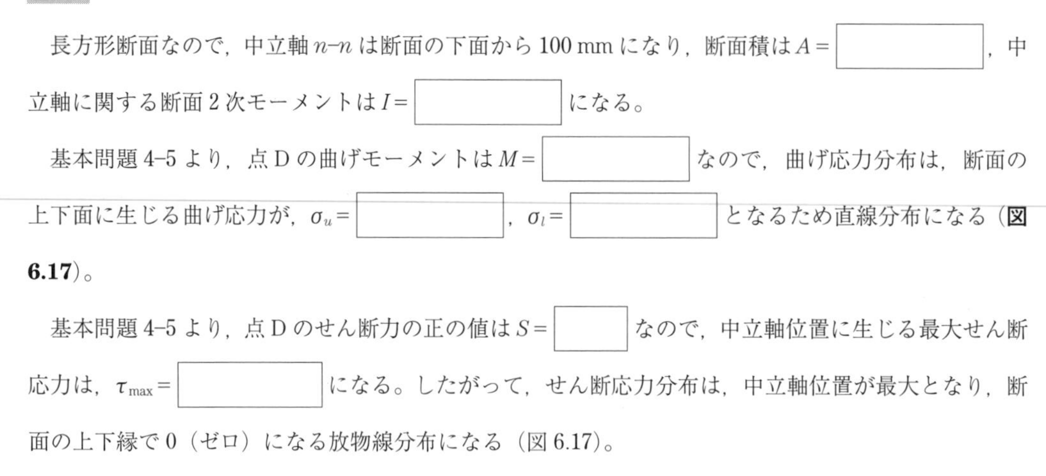

長方形断面なので，中立軸 n–n は断面の下面から 100 mm になり，断面積は $A=$ □，中立軸に関する断面 2 次モーメントは $I=$ □ になる。

基本問題 4–5 より，点 D の曲げモーメントは $M=$ □ なので，曲げ応力分布は，断面の上下面に生じる曲げ応力が，$\sigma_u=$ □，$\sigma_l=$ □ となるため直線分布になる（**図 6.17**）。

基本問題 4–5 より，点 D のせん断力の正の値は $S=$ □ なので，中立軸位置に生じる最大せん断応力は，$\tau_{\max}=$ □ になる。したがって，せん断応力分布は，中立軸位置が最大となり，断面の上下縁で 0（ゼロ）になる放物線分布になる（図 6.17）。

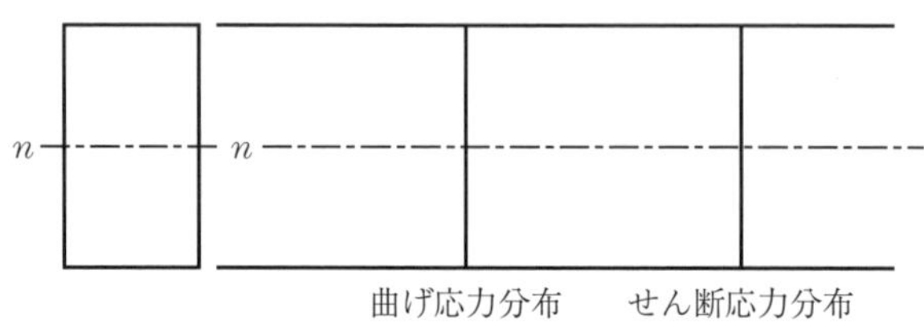

図 6.17　曲げ応力分布とせん断応力分布

基本問題 6–6　**図 6.18**（a）に示す折ればり（基本問題 4–17 参照）の部材 AB が図（b）に示す断面の場合，部材 AB に生じる応力分布を描け。

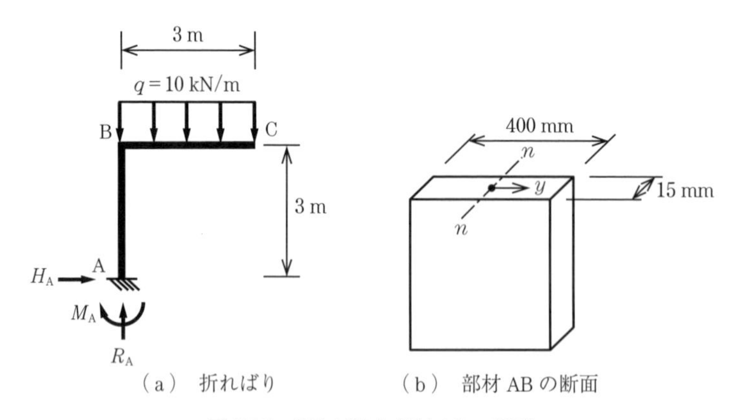

（a）折ればり　　（b）部材 AB の断面

図 6.18　折ればりと部材 AB の断面

解答

折ればりの部材 AB の断面は長方形なので，中立軸 n–n は断面の右側面から 200 mm になり，断面積は $A=6\,000\ \mathrm{mm^2}$，中立軸に関する断面 2 次モーメントは $I=80\times10^6\ \mathrm{mm^4}$ になる。

基本問題 4–17 より，部材 AB に生じる曲げモーメントは $M_{AB}=-45\ \mathrm{kN\cdot m}$ であるので，部材 AB の断面の左右側面に生じる曲げ応力は，それぞれ $\sigma_l = \dfrac{M_{AB}}{I} y = \dfrac{-45 \times 10^6}{80 \times 10^6} \times (-200) = 112.5\ \text{N/mm}^2$，$\sigma_r = \dfrac{M_{AB}}{I} y = \dfrac{-45 \times 10^6}{80 \times 10^6} \times 200 = -112.5\ \text{N/mm}^2$ になる。

また，基本問題 4-17 より，部材 AB に生じる軸力は $N_{AB} = -30$ kN であるので，部材 AB に生じる軸応力は $\sigma_{AB} = \dfrac{N_{AB}}{A} = \dfrac{-30 \times 10^3}{6\,000} = -5.0\ \text{N/mm}^2$ になる。

したがって，部材 AB に生じる応力分布は，曲げ応力と軸応力を足し合わせて，**図 6.19** のような分布になる。

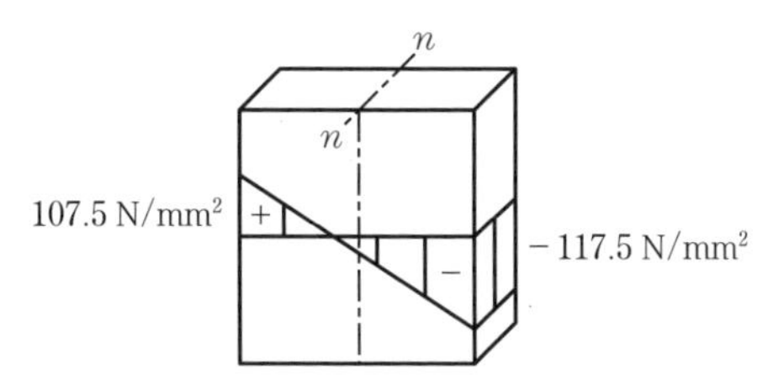

図 6.19　部材 AB の応力分布

基本問題 6-7　薄い板が**図 6.20** に示すような垂直応力とせん断応力を受けている場合，主応力とその作用方向，最大せん断応力を求めよ。

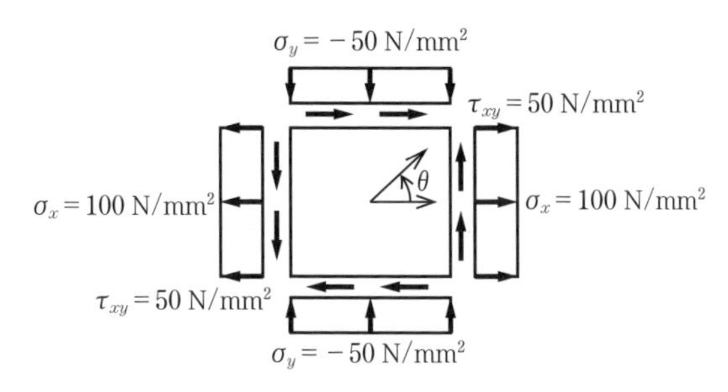

図 6.20　垂直応力とせん断応力を受けた状態

解答

基礎事項 6.5 より，主応力 σ_1，σ_2 とその作用方向 $\theta_1(\theta_2)$，最大せん断応力 τ_{max} はつぎのように求めることができる。

$$\sigma_1 = \boxed{} + \sqrt{\left(\boxed{}\right)^2 + \boxed{}^2} = \boxed{}$$

$$\sigma_2 = \boxed{} - \sqrt{\left(\boxed{}\right)^2 + \boxed{}^2} = \boxed{}$$

$$\theta_1 = \frac{1}{2}\tan^{-1}\boxed{} = \boxed{} \quad \text{および} \quad \theta_2 = \boxed{} + 180^\circ = \boxed{}$$

$$\tau_{max} = \sqrt{\left(\boxed{}\right)^2 + \boxed{}^2} = \boxed{}$$

また，モールの応力円は**図 6.21** のようになる。

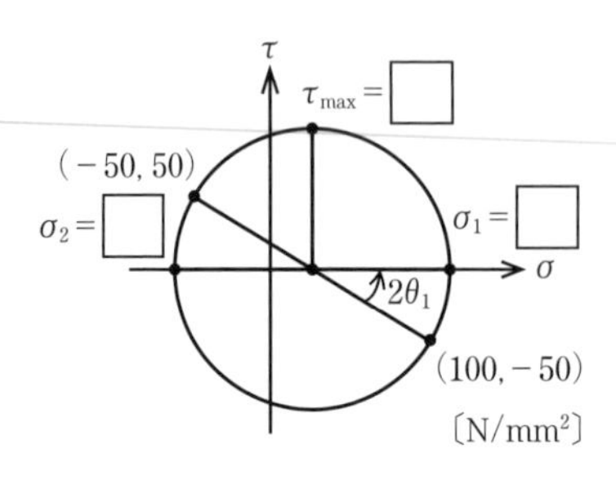

図 6.21　モールの応力円

基本問題 6–8　**図 6.22** に示すように，線膨張係数が α_1，α_2 で材料が異なる二つの部材の端部に剛な板を設け，両部材の伸縮量が等しくなる場合について，2 本の部材の温度が一様に ΔT だけ変化したときの各部材に生じる軸力を求めよ。また，部材の伸縮量も求めよ。

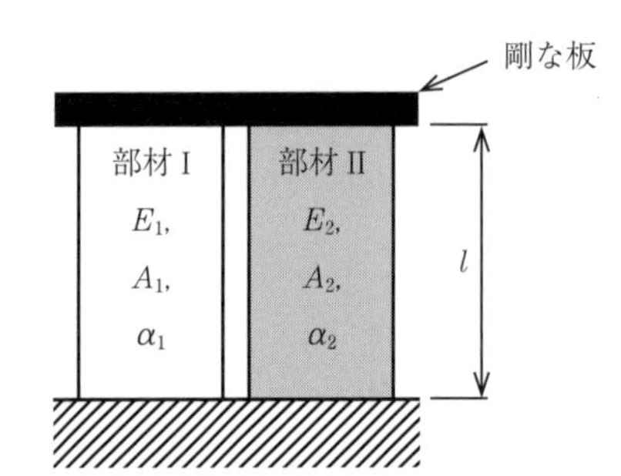

図 6.22　温度変化を受ける線膨張係数が異なる部材

解答

剛な板がない場合，温度変化 ΔT による部材 I と部材 II の伸縮量は，それぞれ $\alpha_1 \Delta Tl$，$\alpha_2 \Delta Tl$ になる。しかし，剛な板を設け，両部材の伸縮量が等しくなる状態では，部材 I と部材 II に軸力（内力）が生じる。部材 I と部材 II に生じる軸力をそれぞれ N_1，N_2 とすると，軸力による伸縮量と温度変化による伸縮量の和が，部材 I と部材 II で等しくなるため，$\alpha_1 \Delta Tl + \dfrac{N_1 l}{E_1 A_1} = \alpha_2 \Delta Tl + \dfrac{N_2 l}{E_2 A_2}$ が成り立つ。また，外力が作用していないので，力のつり合いは $N_1 + N_2 = 0$ となり，部材 I と部材 II に生じる軸力 N_1，N_2 はそれぞれ $N_1 = -\dfrac{E_1 A_1 E_2 A_2}{E_1 A_1 + E_2 A_2}(\alpha_1 - \alpha_2)\Delta T$，$N_2 = \dfrac{E_1 A_1 E_2 A_2}{E_1 A_1 + E_2 A_2}(\alpha_1 - \alpha_2)\Delta T$ になる。

また，部材 I と部材 II に生じる伸縮量は $\Delta l = \dfrac{E_1 A_1 \alpha_1 + E_2 A_2 \alpha_2}{E_1 A_1 + E_2 A_2} \Delta Tl$ になる。

■ チャレンジ問題 ■

チャレンジ問題 6-1　**図 6.23** に示す変断面の部材が引張力 P を受ける場合について，荷重位置の伸び量を求めよ。ただし，部材のヤング係数は E とする。

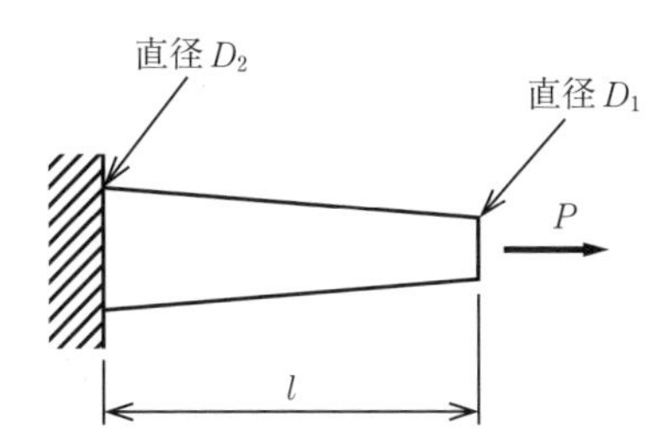

図 6.23　引張力を受ける変断面部材

チャレンジ問題 6-2　**図 6.24**（a）に示す単純ばり（チャレンジ問題 4-1 参照）が図（b）の断面の場合，点 C における曲げ応力分布とせん断応力分布を描け。ただし，せん断応力は点 C の左側のせん断力を用いよ。また，部材 I と下側の部材 II との接合位置の部材 I 側における最大主応力と最小主応力を求めよ。

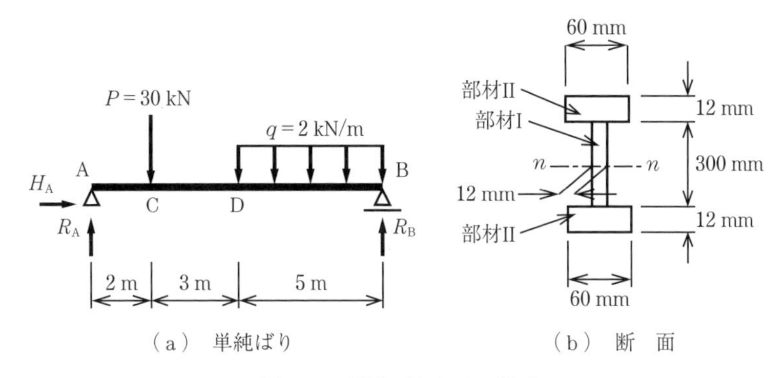

図 6.24　単純ばりとその断面

チャレンジ問題 6-3　**図 6.25**（a）に示す単純ばり（チャレンジ問題 4-10 参照）が図（b）の断面（基本問題 2-3）の場合，A–C 間の中央位置におけるはりの応力分布を描け。

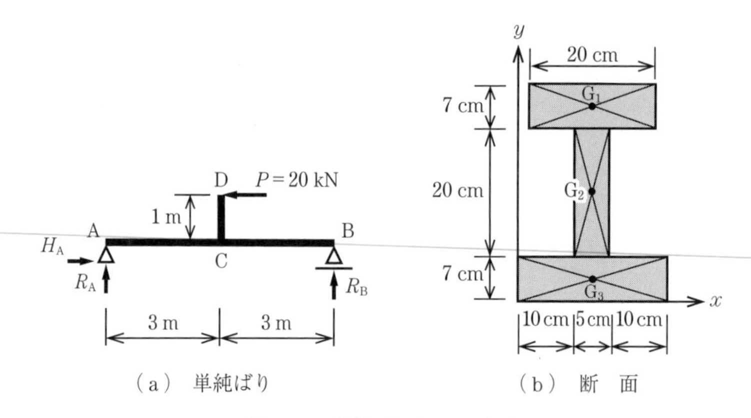

図 6.25　単純ばりとその断面

チャレンジ問題 6-4　**図 6.26**(a)に示すトラス（チャレンジ問題 4-15 参照）の部材 EF の断面が図(b)に示す二つの異なる材料から構成されている場合，各材料に生じる軸力を求め，さらに部材 EF の伸縮量を求めよ。ただし，各材料の伸縮量は同じとする。

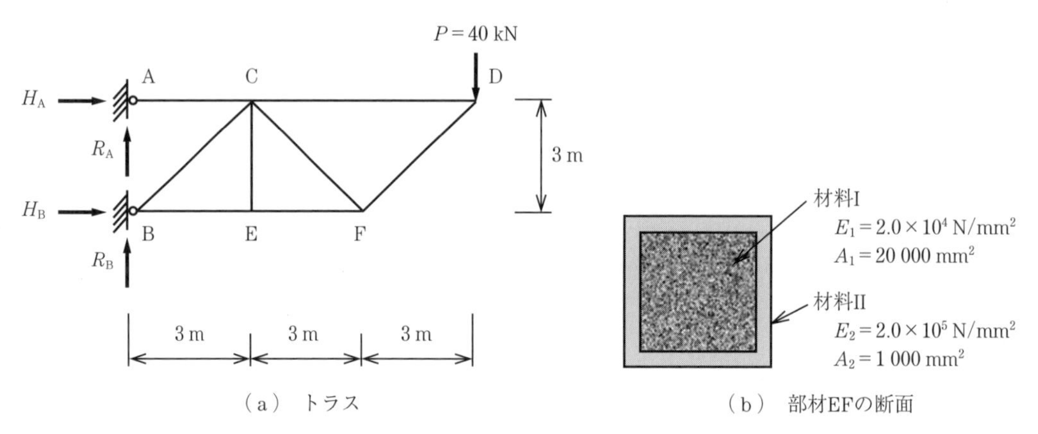

図 6.26　トラスと部材 EF の断面

チャレンジ問題 6-5　**図 6.27** に示すように，線膨張係数が α_1，α_2 で材料が異なる二つの部材が直列に接合され，部材の両端が完全に固定されている場合，部材の温度が一様に ΔT だけ変化したときの部材に生じる軸力を求めよ。また，部材 I と II の接合位置 A の変位を求めよ。

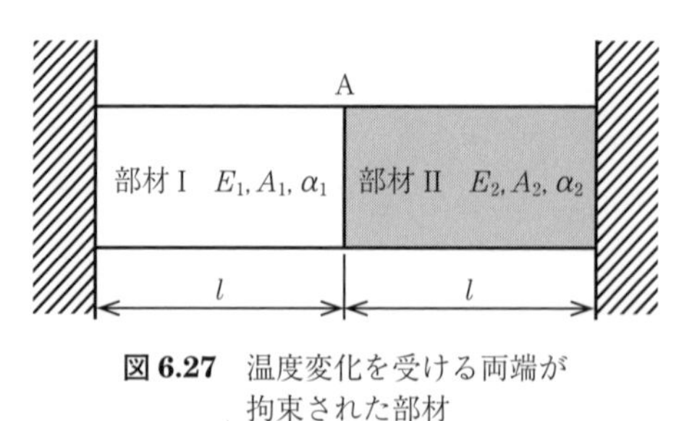

図 6.27　温度変化を受ける両端が拘束された部材

コーヒーブレイク　<平面応力状態と平面ひずみ状態>

応力とひずみの関係は，**平面応力状態**（plane stress condition）と**平面ひずみ状態**（plane strain condition）によって異なる。単純な薄い板（厚み方向に拘束がない状態）を用いて，平面応力状態と平面ひずみ状態について説明する。平面応力状態とは，荷重作用方向に対して直角方向の応力が0（ゼロ）の状態を指す。ただし，ポアソン効果によって荷重作用方向に対して直角方向にひずみが生じる。平面ひずみ状態とは，荷重作用方向に対して直角方向のひずみが0（ゼロ）の状態を指す。平面ひずみ状態でも，ポアソン効果によって荷重作用方向に対して直角方向にひずみが生じようとするが，そのひずみが外部に拘束された状態になる。

薄板の場合，x 方向，y 方向に生じる応力とひずみの関係はつぎのようになる。

$$\sigma_x = \frac{E}{1-\nu^2}(\varepsilon_x + \nu\varepsilon_y), \quad \sigma_y = \frac{E}{1-\nu^2}(\varepsilon_y + \nu\varepsilon_x)$$

図(a)に示すような平面応力状態の場合，y 方向には応力が生じない（$\sigma_y=0$）が，ポアソン効果により y 方向に $\varepsilon_y = -\nu\varepsilon_x$ のひずみが生じる。したがって，平面応力状態の場合，x 方向の応力とひずみの関係が $\sigma_x = E\varepsilon_x$ となる。

図(b)に示すような平面ひずみ状態の場合，y 方向にはひずみが生じないので，$\varepsilon_y=0$ として，x 方向，y 方向に生じる応力とひずみの関係は，それぞれ $\sigma_x = \frac{E}{1-\nu^2}\varepsilon_x$，$\sigma_y = \frac{E}{1-\nu^2}\nu\varepsilon_x = \nu\sigma_x$ になる。

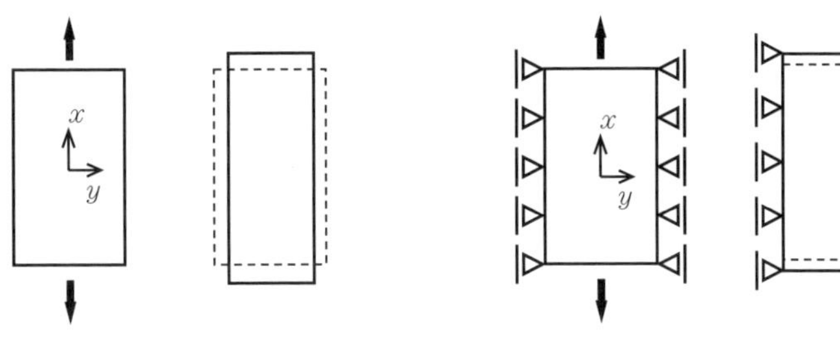

（a）平面応力状態　　（b）平面ひずみ状態

図　平面応力状態と平面ひずみ状態

7章

座　　屈

本章では，柱部材の**座屈荷重**（buckling load）の計算方法を学習する。座屈現象は，圧縮荷重の載荷方向と直角方向に変形して耐荷能力を失う現象であり，圧縮を受ける部材の不安定現象である。座屈現象は，圧縮荷重を受けて生じるため，座屈荷重は圧縮力を正として表す。

本章では，線形座屈について学習するが，実際の鋼構造物の設計では，**初期不正**（initial imperfection）として，**初期変形**（initial deformation）や**残留応力**（residual stress）を考慮した**耐荷力**（ultimate strength）式を用いている。

■ 基 礎 事 項 ■

7.1　オイラーの座屈荷重

オイラーの座屈荷重（Euler's buckling load）は，式(7.1)で表される。

$$P_{\mathrm{CR}}=\frac{\pi^2 EI}{l_k^2}=\frac{\pi^2 EI}{(kl)^2} \tag{7.1}$$

ここで，l_k は**有効座屈長**（effective buckling length）であり，部材長 l と**座屈係数**（buckling coefficient）k の積で表される。

部材両端の境界条件と座屈係数 k の関係を**表 7.1** に示す。

表 7.1　各部材両端の境界条件に対する有効座屈長と座屈係数

境界条件	一端自由–他端固定	両端ヒンジ	一端ヒンジ–他端固定	両端固定
有効座屈長	P l $l_k=2l$	P $l_k=l$	P $l_k=0.7l$ 変曲点	P 変曲点 $l_k=0.5l$ 変曲点
座屈係数	$k=2$	$k=1$	$k=0.7$	$k=0.5$

7.2 座屈応力と細長比

オイラーの座屈荷重を断面積で除した**弾性座屈応力**（elastic buckling stress）は，式(7.2)で表される。

$$\sigma_{CR}=\frac{P_{CR}}{A}=\frac{\pi^2 E}{l_k^2}\times\frac{I}{A}=\frac{\pi^2 E}{l_k^2}\times r^2=E\pi^2\left(\frac{r}{l_k}\right)^2 \tag{7.2}$$

ここで，r は**断面2次半径**（secondary radius of section）であり，断面2次モーメント I と断面積 A を用いて $r=\sqrt{I/A}$ で表される。また，l_k/r は**有効細長比**（effective slenderness ratio）という。

鋼部材に対する弾性座屈応力は，鋼の**降伏応力** σ_y（yield stress）で無次元化されて式(7.3)のように与えられる。

$$\frac{\sigma_{CR}}{\sigma_y}=\frac{E\pi^2}{\sigma_y}\left(\frac{r}{l_k}\right)^2=\frac{1}{\lambda^2} \tag{7.3}$$

ここで，$\lambda=\frac{1}{\pi}\sqrt{\frac{\sigma_y}{E}}\frac{l_k}{r}$ であり，λ を**有効細長比パラメータ**（effective slenderness parameter）という。

弾性座屈応力 σ_{CR} は，**図7.1** に示されるように有効細長比パラメータ $\lambda\leqq 1$ の範囲で降伏応力 σ_y となり，$\lambda>1$ の範囲で λ^2 に反比例して小さくなる。

有効細長比パラメータ λ の値は，部材の降伏応力 σ_y と有効細長比 l_k/r に依存する。オイラーの座屈荷重や弾性座屈応力の式は，鋼部材の場合，有効細長比 l_k/r がおよそ100以上に適用できる。

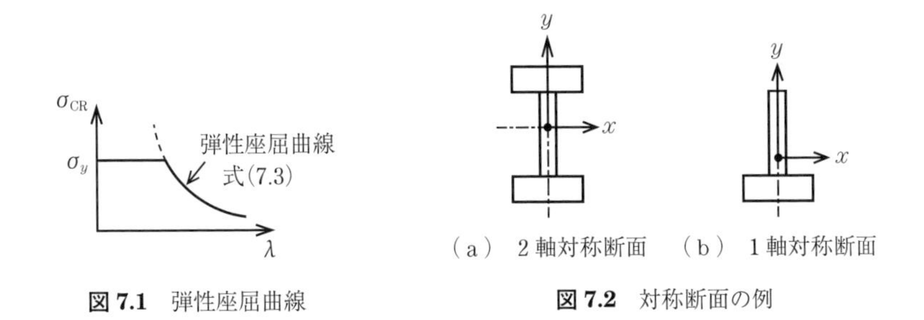

図7.1 弾性座屈曲線

図7.2 対称断面の例

断面2次半径の計算に用いる断面2次モーメントは，部材断面に対して，最小の断面2次モーメントを用いる必要がある。**図7.2** に示す2軸対称，1軸対称の断面は，基礎事項2.3で学習した断面相乗モーメント I_{xy} が0（ゼロ）であり，主軸は図心位置を原点とする x 軸と y 軸に一致するため，両軸の断面2次モーメントを計算して小さいほうの値を用いればよい。部材断面が2軸対称，1軸対称の場合，断面2次モーメントが大きい軸を**強軸**（strong axis），小さい軸を**弱軸**（weak axis）という。それ以外の断面の場合は，基礎事項2.3の式(2.17)で求めた主断面2次モーメント I_2（最小の断面2次モーメント）を用いる必要がある。

■ 基 本 問 題 ■

基本問題 7-1　**図 7.3** に示す柱部材に対して，オイラーの座屈荷重 P_{CR} を求めよ。ただし，柱部材のヤング係数は E とする。

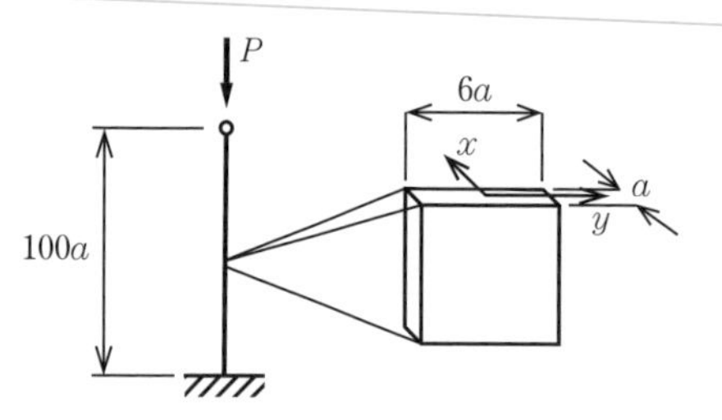

図 7.3　圧縮力を受ける一端ヒンジ–他端固定された柱部材

Point
長方形断面の場合，弱軸は長い辺に平行な軸と一致する。

解答

一端ヒンジ–他端固定状態の柱部材なので，座屈係数は $k=0.7$ になる。部材の断面積は $A=6a^2$，弱軸の断面 2 次モーメントは $I_y=0.5a^4$，断面 2 次半径は $r_y=\sqrt{\dfrac{I_y}{A}}=\sqrt{\dfrac{0.5a^4}{6a^2}}=0.289a$，有効細長比は $\dfrac{l_k}{r_y}=\dfrac{0.7\times 100a}{0.289a}=242>100$ になる。したがって，オイラーの座屈荷重の式が適用できる。

オイラーの座屈荷重は，$P_{\mathrm{CR}}=\dfrac{\pi^2 EI}{(kl)^2}=\dfrac{\pi^2 E\times 0.5a^4}{(0.7\times 100a)^2}=1.01\times 10^{-3}Ea^2$ となる。

基本問題 7-2　**図 7.4**（a）に示すトラス（基本問題4-24）の部材EFが図（b）に示す断面の場合について，部材EFの座屈荷重P_{CR}を求めよ。また，トラス部材の降伏応力が $\sigma_y=235\ \mathrm{N/mm^2}$ の場合，有効細長比パラメータ λ と座屈応力 σ_{CR} を求めよ。

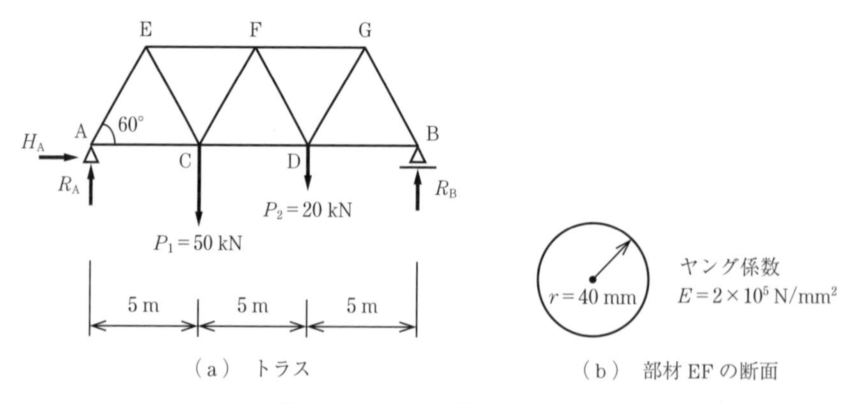

図 7.4　トラスと部材 EF の断面

解答

トラス部材の図心軸に関する断面2次モーメントは $I=\dfrac{\pi d^4}{64}=\dfrac{\pi r^4}{4}=\dfrac{\pi\times 40^4}{4}=2.01\times 10^6\ \mathrm{mm^4}$ になる（基本問題2–5参照）。

また，トラス部材なので，両端ヒンジになり，座屈係数は $k=1$ になる。

部材の断面積が $A=\pi r^2=5\,026\ \mathrm{mm^2}$ なので，断面2次半径は，$r=20\ \mathrm{mm}$ になる。部材EFの長さが $l=5\ \mathrm{m}$ なので，有効細長比は $\dfrac{l_k}{r}=\dfrac{1\times 5\,000}{20}=250>100$ になり，オイラーの座屈荷重の式が適用できる。したがって，トラス部材EFの座屈荷重はつぎのように求めることができる。

$$P_{\mathrm{CR}}=\frac{\pi^2 EI}{(kl)^2}=\frac{\pi^2\times 200\,000\times 2.01\times 10^5}{(1\times 5\,000)^2}$$
$$=158.8\times 10^3\ \mathrm{N}=158.8\ \mathrm{kN}$$

基本問題4–24の荷重条件では，部材EFの軸力は，$N_{\mathrm{EF}}=-46.2\ \mathrm{kN}$ なので，座屈荷重 P_{CR} よりも小さな圧縮軸力が作用しており，部材EFは座屈しない。

円形断面の有効細長比パラメータは $\lambda=2.73$ であり，座屈応力は $\sigma_{\mathrm{CR}}=31.6\ \mathrm{N/mm^2}$ になる。

> **Point**
>
> 座屈荷重は，圧縮力を取り扱っているため，一般的に，圧縮力であっても符号は正としている。したがって，断面力と比較する場合は，符号に注意すること。
>
> また，有効細長比パラメータが $\lambda>1$ の場合，座屈応力は P_{CR}/A で計算する。

基本問題 7–3　圧縮力を受ける長さ $l=6\ \mathrm{m}$ のトラス部材が**図 7.5** に示す長方形中空断面の場合について，座屈荷重 P_{CR} を求めよ。また，トラス部材の降伏応力が $\sigma_y=235\ \mathrm{N/mm^2}$ の場合，有効細長比パラメータ λ と座屈応力 σ_{CR} を求めよ。

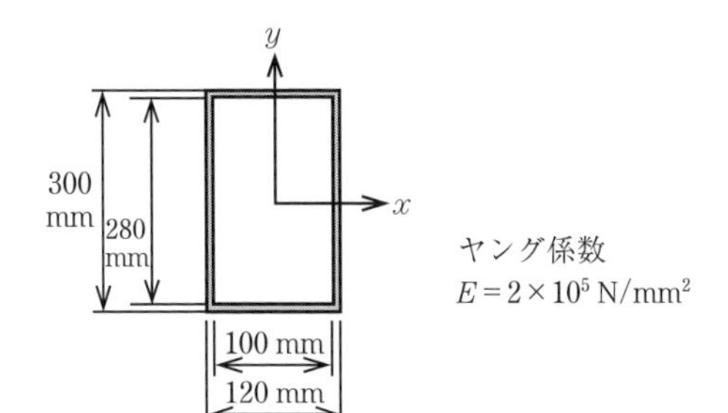

図 7.5　トラス部材の断面（長方形中空断面）

解答

トラス部材なので座屈係数は $k=1$ になる。断面積は $A=$ ［　　］，長方形中空断面の弱軸（y 軸）に関する断面2次モーメントは $I_y=$ ［　　］ になる。

よって，弱軸（y 軸）に関する断面2次半径，有効細長比はそれぞれ，$r_y=$ ［　　］，$l_k/r_y=$ ［　　］ >100 になる。したがって，トラス部材の座屈荷重は $P_{\mathrm{CR}}=$ ［　　］ になる。

弱軸に対する有効細長比パラメータは $\lambda=$ ［　　］ であり，座屈応力は $\sigma_{\mathrm{CR}}=$ ［　　］ になる。

■ チャレンジ問題 ■

チャレンジ問題 7-1　基本問題 7-1 の柱が**図 7.6** に示す断面（チャレンジ問題 2-3 参照）の場合について，オイラーの座屈荷重 P_{CR} を求めよ。

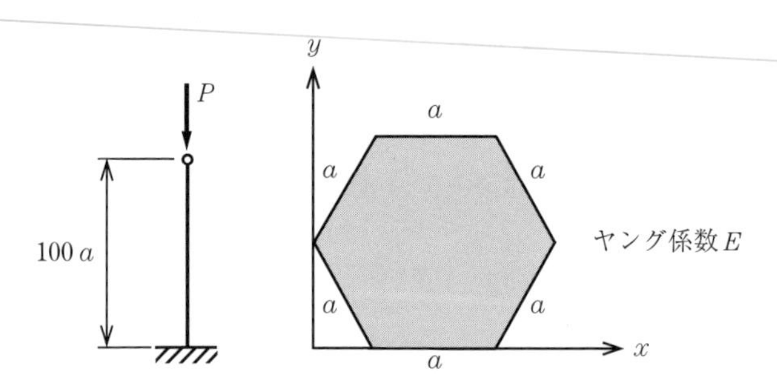

図 7.6　圧縮力を受ける一端ヒンジ-他端固定された部材とその断面

チャレンジ問題 7-2　両端ヒンジ状態の長さ 10 m の柱の断面が**図 7.7**（基本問題 2-2 参照）の場合について，オイラーの座屈荷重 P_{CR} を求めよ。

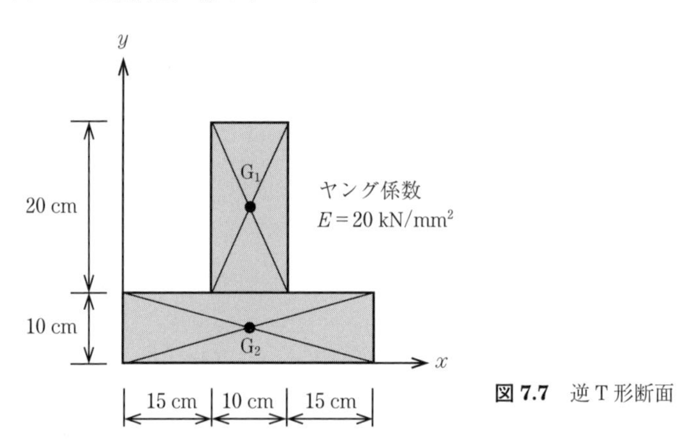

図 7.7　逆 T 形断面

チャレンジ問題 7-3　両端ヒンジ状態の長さ 10 m の柱の断面が**図 7.8**（基本問題 2-7 参照）の場合について，オイラーの座屈荷重を求めよ。

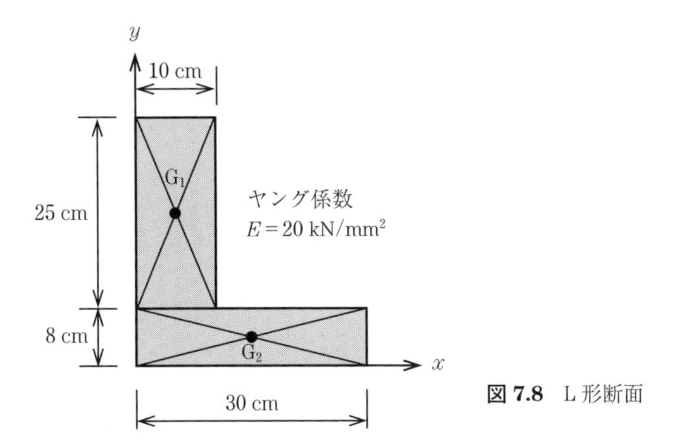

図 7.8　L形断面

チャレンジ問題 7-4　**図 7.9** に示すように，水平方向の移動が拘束されたヒンジで連続している柱について，部材 AB と部材 BC が同じ荷重で座屈する場合，部材 AB の長さに対する部材 BC の長さの比 l_{BC}/l_{AB} を求めよ。ただし，各部材のヤング係数を E とし，部材 AB の断面 2 次モーメントは，部材 BC の断面 2 次モーメントの 3 倍とする。

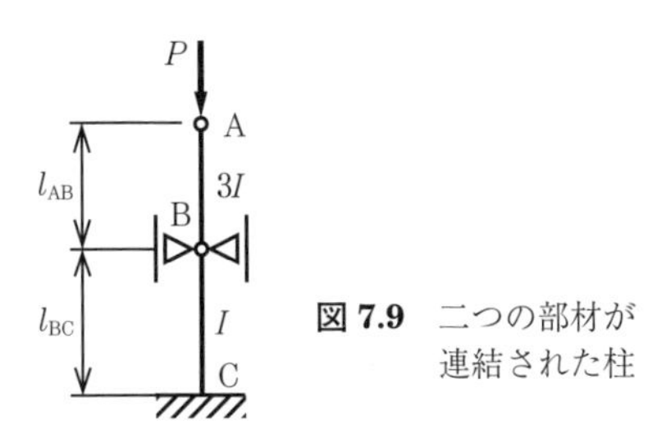

図 7.9　二つの部材が連結された柱

コーヒーブレイク　<全体座屈と局部座屈>

図に示すように，座屈現象は大きく分けて，部材全体が座屈する「全体座屈（overall buckling）」（図(a)）と，部材の一部だけが座屈する「局部座屈（local buckling）」（図(b)）がある。部材が鋼板で構成されている場合，比較的薄い鋼板を用いるので，全体座屈よりも局部座屈が生じやすくなる。

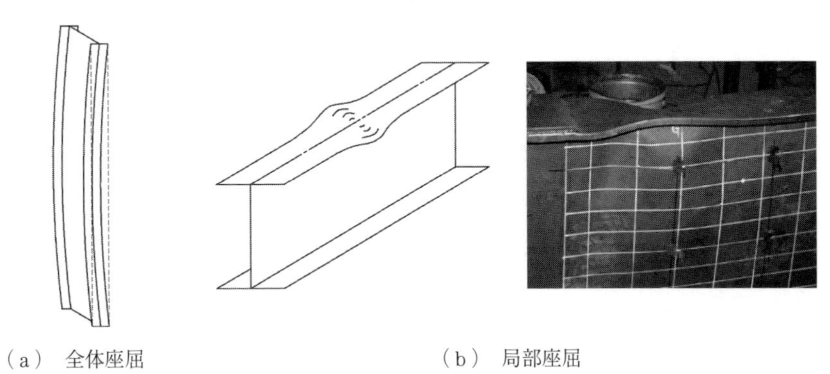

(a)　全体座屈　　(b)　局部座屈

図　全体座屈と局部座屈

8章

簡単な不静定構造物と崩壊荷重

不静定構造物に対しては種々の解法があるが，本章では簡単な不静定構造物について学習する。不静定構造物の支点反力は，力のつり合い式だけでは解けないため，変形の適合条件式を用いて解くことになる。加えて本章では，構造物の塑性崩壊機構を学習し，崩壊荷重について説明する。

■ 基 礎 事 項 ■

8.1 不 静 定 次 数

静定構造物は，三つの力のつり合い式で支点反力を求めることができた。しかし，支点における拘束数（支点反力数）が四つ以上ある外的不静定構造物の支点反力は，力のつり合い式に加えて，変形の適合条件式を用いて解くことができる。その条件式がいくつ必要になるかは，**不静定次数**（indeterminacy）で決まる。

外的不静定次数nは，支点反力数r，中間ヒンジ数jから，式(8.1)より求めることができる。

$$n = r - 3 - j \tag{8.1}$$

8.2 変形の適合条件

図 8.1 に示す不静定ばりの支点反力数は$r=4$であり，式(8.1)から$n=4-3=1$でこの構造物は1次不静定ばりということになる。すなわち，支点反力を求めるためには，変形の適合条件式が一つ必要になる。

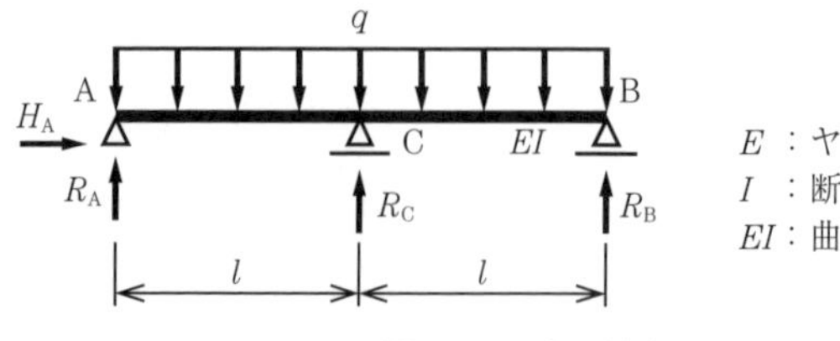

E ：ヤング係数
I ：断面2次モーメント
EI：曲げ剛性

図 8.1　1次不静定ばり

変形の適合条件式を用いた支点反力の解法を示す。

① 図 8.1 の不静定ばりの支点反力数が四つであるため，不静定次数だけの支点反力が余分である。そこで，点 C にある可動支点を取り去ることにより，**図 8.2** に示す単純ばり（静定基本系という）に置き換える。

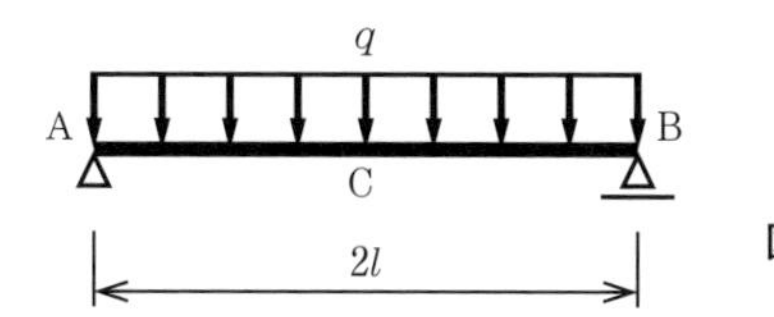

図 8.2　静定基本系

② **図 8.3** に示すように，静定基本系における点 C のたわみ y_{C0} を求める。たわみの求め方は 5 章に戻って学習すること。

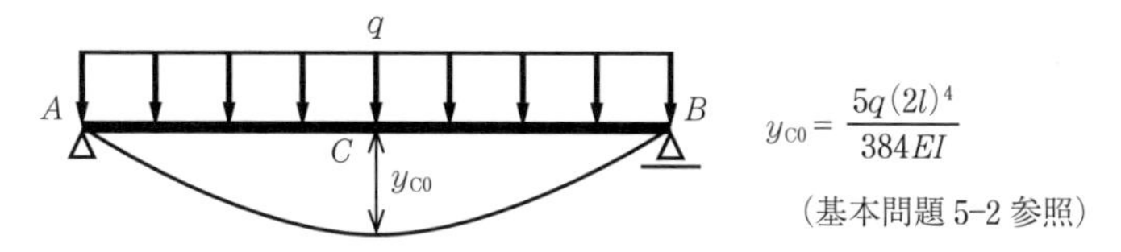

$$y_{C0}=\frac{5q(2l)^4}{384EI}$$

（基本問題 5-2 参照）

図 8.3　分布荷重が作用したときの点 C のたわみ

③ つぎに，**図 8.4** に示すように，もともと，点 C にあった支点反力 R_C を不静定反力として作用させたときの点 C のたわみ y_{C1} を求める。

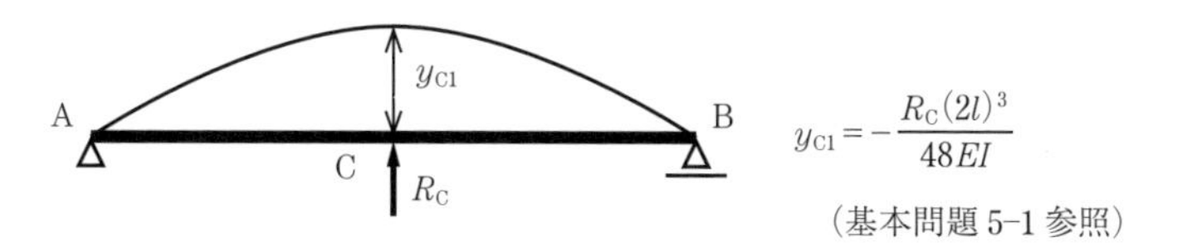

$$y_{C1}=-\frac{R_C(2l)^3}{48EI}$$

（基本問題 5-1 参照）

図 8.4　支点反力 R_C（不静定力）が作用したときの点 C のたわみ

④ 実際に，点 C は可動支点により支持されているのでたわみは生じない。したがって，式(8.2)の変形の適合条件式が成り立つ。

$$y_{C0}+y_{C1}=0 \tag{8.2}$$

⑤ それぞれのたわみを変形の適合条件式に代入して，点 C の支点反力 R_C が式(8.3)のように求まる。

$$R_C=\frac{5}{4}ql \tag{8.3}$$

⑥ これで，残りの支点反力の数が三つとなったので，力のつり合い式を用いて，すべての支点反力を求めることができる。

点 B まわりのモーメントのつり合い式：

$$\sum M=R_A\times 2l+R_C\times l-q\times 2l\times l=0 \tag{8.4}$$

鉛直方向の力のつり合い式：

$$\sum V=R_A+R_C+R_B-q\times 2l=0 \tag{8.5}$$

式(8.4)および式(8.5)より

$$R_A = R_B = \frac{3}{8}ql$$

となる。

⑦　S図，M図は基本問題8–1に示す。

8.3　全塑性モーメント

はりや柱などの構造物に荷重が作用すると，6章で学習したように，断面内に応力が分布する。例えば，**図 8.5** に示す長方形断面に曲げモーメントが作用した場合を考える。ここでは，この断面を構成する材料の応力–ひずみ関係が**図 8.6** に示すバイリニア型モデルで仮定できるとする。

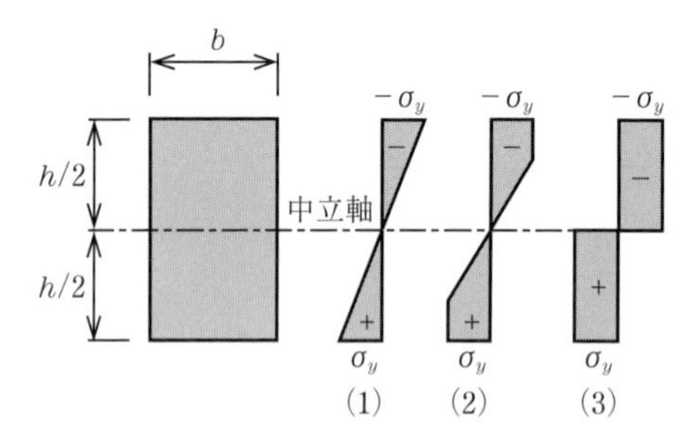

図 8.5　長方形断面の曲げ応力分布

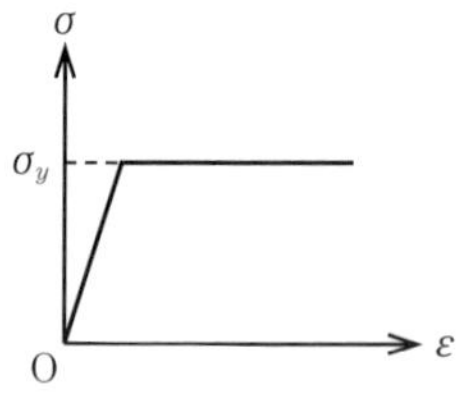

図 8.6　応力–ひずみ関係

図8.5に示すように，曲げモーメントが増大していくと，断面の上下縁における曲げ応力が図8.6に示す降伏応力 σ_y に達する。この状態に至るまでを（1）**弾性状態**（elastic condition）という。曲げモーメントがさらに増大すると，断面内の降伏領域が拡がり，（2）**弾塑性状態**（elasto–plastic condition）へと変化する。最終は，断面全体が降伏応力に達し，（3）**全塑性状態**（fully plastic condition）になる。

断面が全塑性状態になったときの曲げモーメントを**全塑性モーメント**（fully plastic moment）といい，つぎのように求めることができる。

図 8.7 から，圧縮側の合力 C と引張側の合力 T は式(8.6)で表される。なお，合力 C および合力 T の作用位置は，それぞれ圧縮側および引張側の断面における図心位置に一致する。図心位置の求め方は基礎事項2.1に戻って復習すること。

$$C = T = \frac{bh}{2} \times \sigma_y \tag{8.6}$$

合力 C および合力 T の間の距離を j とすると，全塑性モーメント M_p は偶力モーメントとして計算でき，式(8.7)のように求めることができる。

$$M_p = C \times j = T \times j = \frac{bh}{2} \times \sigma_y \times \frac{h}{2} = \frac{bh^2}{4}\sigma_y \tag{8.7}$$

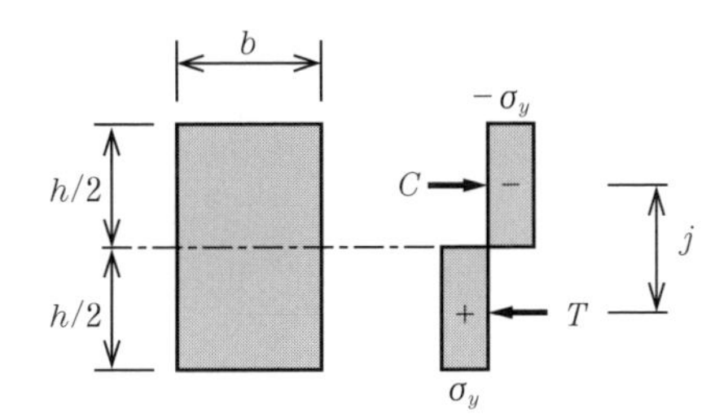

図 8.7　全塑性応力状態

8.4 崩 壊 荷 重

図 8.8 に示す単純ばりの点 C（スパン中央）に集中荷重が作用した場合，最大曲げモーメントは点 C に生じる。すなわち，最初にスパン中央の曲げモーメントが全塑性モーメントに達することになる。このとき，点 C に**塑性ヒンジ**（plastic hinge）が形成されたと考え，**図 8.9** に示すように，塑性ヒンジが回転して単純ばりは**塑性崩壊**（plastic collapse）する。ここで，点 A および点 B は，支点条件からもともとヒンジ構造になっているので，自由に回転することができる。

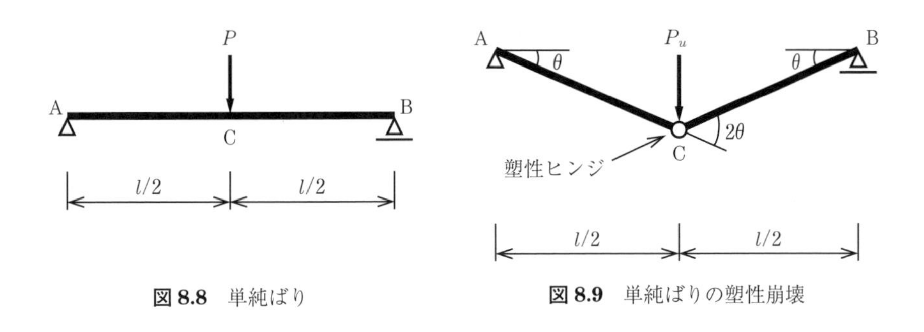

図 8.8　単純ばり　　**図 8.9**　単純ばりの塑性崩壊

はりの**崩壊荷重**（collapse load）は仮想仕事の原理から求めることができる。ここで，図 8.9 に示すように，塑性崩壊したときの点 A における回転角を θ とすると，点 B の回転角は対称性より点 A と同じ θ であり，点 C の回転角は幾何学的にそれらを合計した 2θ となる。

外力による仮想仕事 W_e の和は，崩壊荷重とその点における変位の積から式(8.8)となる。

$$W_e=\sum P\cdot\delta=P_u\times(l/2\times\theta) \tag{8.8}$$

ここで，θ は微小な角度として取り扱っているので，$\delta=l/2\times\tan\theta\cong l/2\times\theta$ とすればよい。

つぎに，内力による仮想仕事 W_i の和は，全塑性モーメントと塑性ヒンジの回転角の積から式(8.9)となる。

$$W_i=\sum M_p\cdot\theta=M_p\times 2\theta \tag{8.9}$$

外力による仮想仕事の和と内力による仮想仕事の和は等しくなるというのが仮想仕事の原理であることから，$W_e=W_i$ より，崩壊荷重は式(8.10)のように求めることができる。

$$P_u=\frac{4M_p}{l} \tag{8.10}$$

■ 基 本 問 題 ■

基本問題 8-1　基礎事項 8.2 の図 8.1 に示した不静定ばりの断面力図（S 図，M 図）を求めよ。ただし，曲げ剛性 EI は一定とする。

解答

(1)　A–C 間（$0 \leqq x \leqq l$）について（**図 8.10**）

①　鉛直方向のつり合い式

$$\sum V = R_A - q \times x - S_x = 0$$

$$\therefore S_x = R_A - qx = \frac{3}{8}ql - qx$$

②　点 A から x だけ離れた位置におけるモーメントのつり合い式

$$\sum M = R_A \times x - qx \times \frac{x}{2} - M_x = 0$$

$$\therefore M_x = R_A x - \frac{qx^2}{2} = \frac{3}{8}qlx - \frac{qx^2}{2}$$

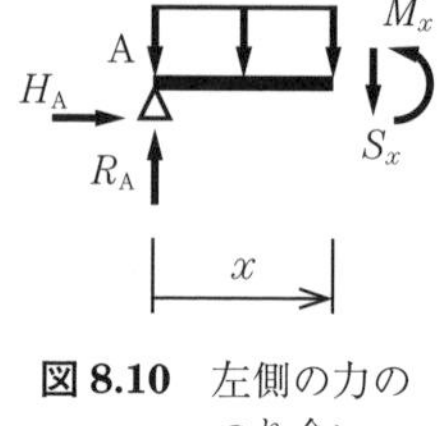

図 8.10　左側の力のつり合い

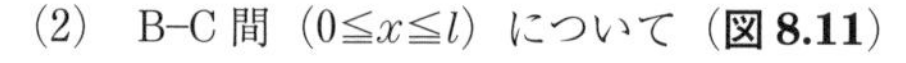

(2)　B–C 間（$0 \leqq x \leqq l$）について（**図 8.11**）

①　鉛直方向のつり合い式

$$\sum V = S_x - q \times x + R_B = 0$$

$$\therefore S_x = qx - R_B = qx - \frac{3}{8}ql$$

②　点 B から x だけ離れた位置におけるモーメントのつり合い式

$$\sum M = M_x + qx \times \frac{x}{2} - R_B \times x = 0$$

$$\therefore M_x = -\frac{qx^2}{2} + R_B x = -\frac{qx^2}{2} + \frac{3}{8}qlx$$

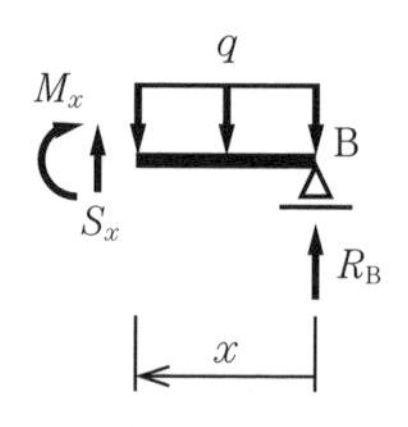

図 8.11　右側の力のつり合い

S 図，M 図は**図 8.12** となる。

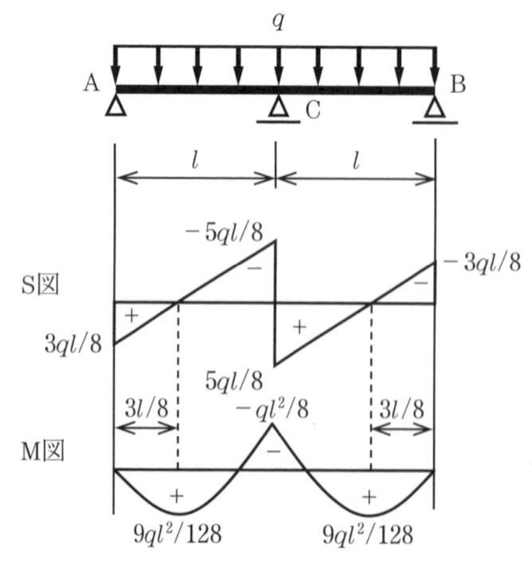

図 8.12　断面力図

Point

4 章で学習したように，最大曲げモーメントはせん断力が 0（ゼロ）となる位置に生じる。

基本問題 8–2　**図 8.13** に示す不静定ばりの支点反力および断面力図（S 図，M 図）を求めよ。ただし，曲げ剛性 EI は一定とする。

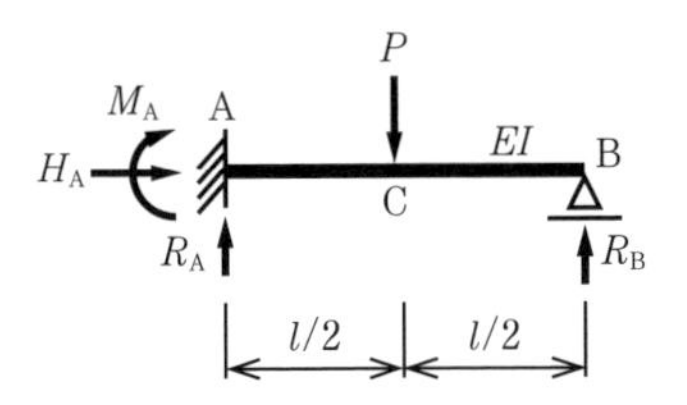

図 8.13　不静定ばり

解答

図 8.13 の不静定ばりは，不静定次数 $n=4-3=1$ となり，1 次不静定であるので，点 B にある支点を取り去って，静定基本系を**図 8.14** に示す片持ちばりとする。

静定基本系における点 B のたわみ y_{B0} は図 8.14 のようになる。

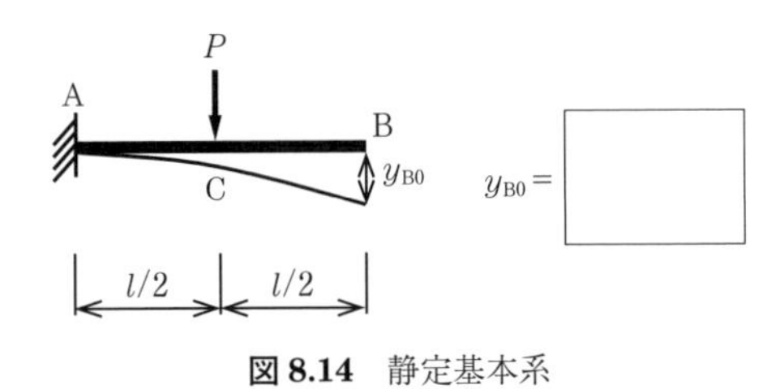

図 8.14　静定基本系

不静定反力 R_B による点 B のたわみ y_{B1} は**図 8.15** のようになる。

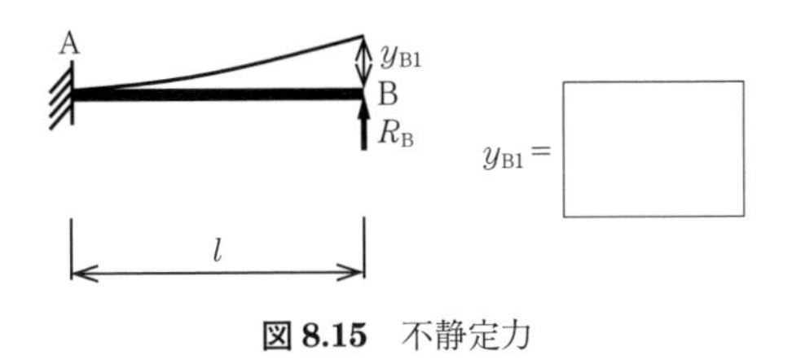

図 8.15　不静定力

変形の適合条件式は，つぎのようになる。

$y_{B0}+y_{B1}=0$

$\boxed{}=0$

よって，変形の適合条件式より，点 B の支点反力 R_B はつぎのようになる。

$\therefore R_B=\boxed{}$

残りの支点反力は三つなので，力のつり合い式を用いて求めることができる。

①　水平方向のつり合い式

$\sum H=\boxed{}$

$\therefore H_A=\boxed{}$

②　鉛直方向のつり合い式

$\sum V=$ [　　]

$\therefore R_A=$ [　　]

③　点Aまわりのモーメントのつり合い式

$\sum M=$ [　　]

$\therefore M_A=$ [　　]

つぎに，不静定ばりに生じる断面力を求める。

(1)　B–C間（$0\leqq x\leqq l/2$）について（**図8.16**）

①　鉛直方向のつり合い式

$\sum V=$ [　　]

$\therefore S_x=$ [　　]

②　点Bからxだけ離れた位置におけるモーメントのつり合い式

$\sum M=$ [　　]

$\therefore M_x=$ [　　]

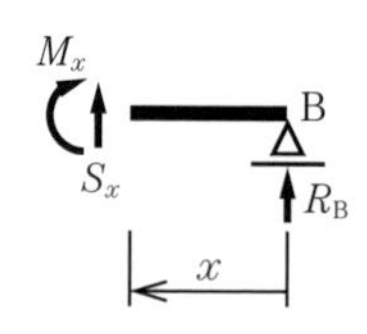

図8.16　右側の力のつり合い

(2)　C–A間（$l/2\leqq x\leqq l$）について（**図8.17**）

①　鉛直方向のつり合い式

$\sum V=$ [　　]

$\therefore S_x=$ [　　]

②　点Bからxだけ離れた位置におけるモーメントのつり合い式

$\sum M=$ [　　]

$\therefore M_x=$ [　　]

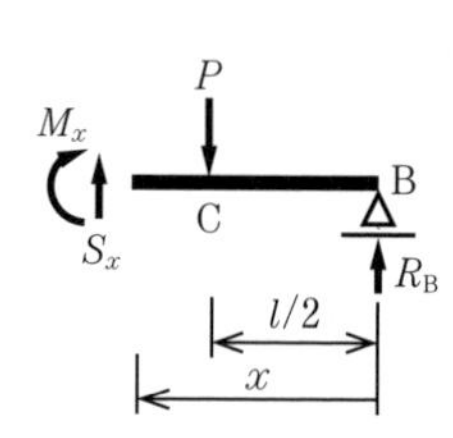

図8.17　右側の力のつり合い

S図，M図は**図8.18**となる。

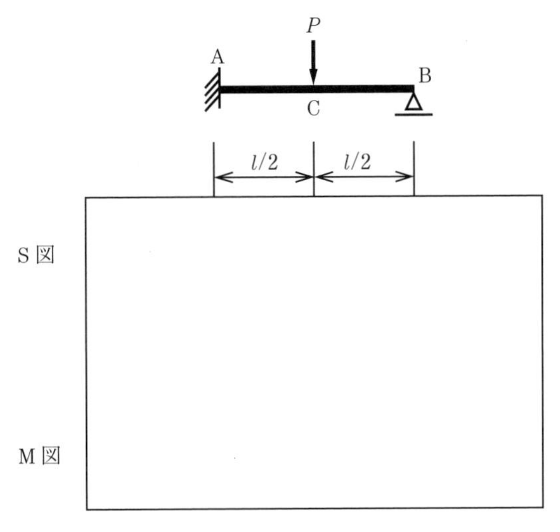

図 8.18　断面力図

基本問題 8-3　**図 8.19** に示す不静定ばりのばねに作用する力と点 B のたわみを求めよ。ただし，はりの曲げ剛性 EI は一定，ばね定数は k とする。

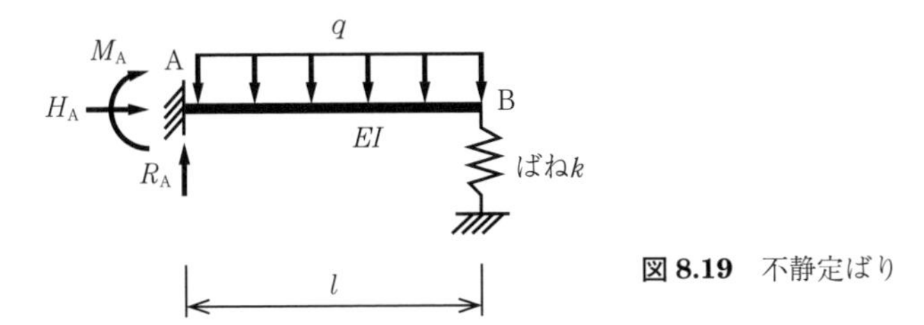

図 8.19　不静定ばり

解答

図 8.19 の不静定ばりは，不静定次数 $n=4-3=1$ となり，1 次不静定であるので，点 B において，ばねと片持ちばりの間に作用する不静定力を X とおき，ばねと片持ちばりを切り離す。

等分布荷重と不静定力 X による片持ちばりの点 B におけるたわみ y_{B0} は**図 8.20** のようになる。

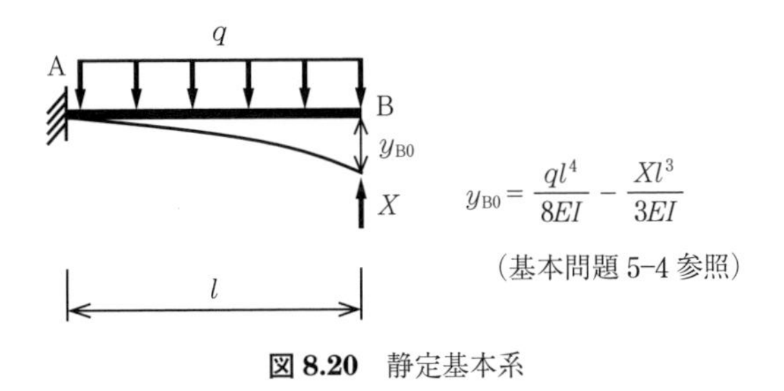

図 8.20　静定基本系

不静定力 X によるばねの縮み量 y_{B1} は**図 8.21** のようになる。

変形の適合条件式は，つぎのようになる。

$$y_{B0}=y_{B1}$$

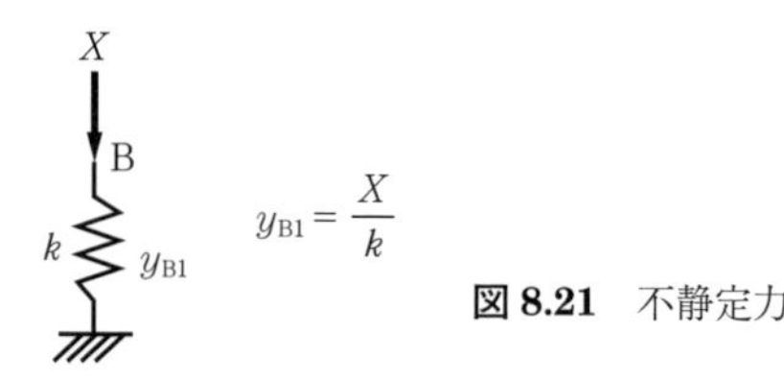

図 8.21　不静定力

よって，変形の適合条件式より，ばねに作用する力 X はつぎのようになる。

$$\frac{ql^4}{8EI}-\frac{Xl^3}{3EI}=\frac{X}{k}\qquad \therefore X=\frac{ql^4}{8EI\left(\dfrac{l^3}{3EI}+\dfrac{1}{k}\right)}$$

また，点 B のたわみはつぎのようになる。

$$y_B=\frac{X}{k}=\frac{ql^4}{8kEI\left(\dfrac{l^3}{3EI}+\dfrac{1}{k}\right)}$$

基本問題 8–4　　**図 8.22** に示す不静定ばりの支点反力を求めよ。ただし，単純ばり A–B が点 C で単純ばり D–E 上に載っているものとする。ただし，曲げ剛性 EI は一定とする。

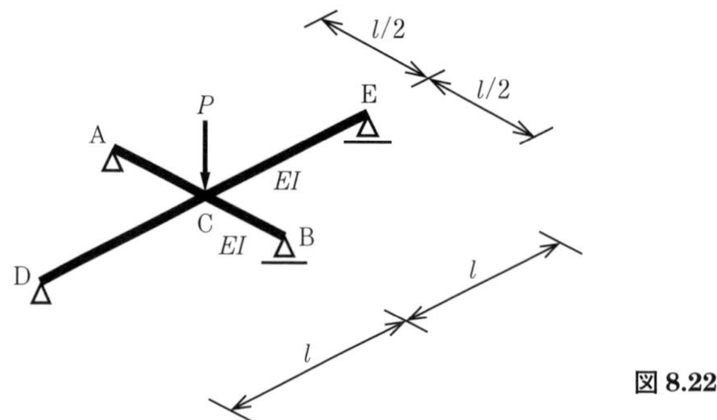

図 8.22　不静定ばり

解答

単純ばり D–E の点 C に作用する力を X とすると，単純ばり A–B の点 C におけるたわみ y_{C1} は**図 8.23** のようになる。

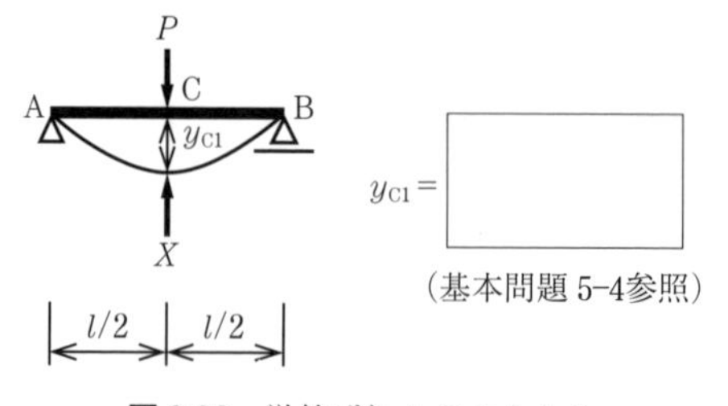

図 8.23　単純ばり A–B のたわみ

また，単純ばり D–E の点 C におけるたわみ y_{C2} は**図 8.24** のようになる。

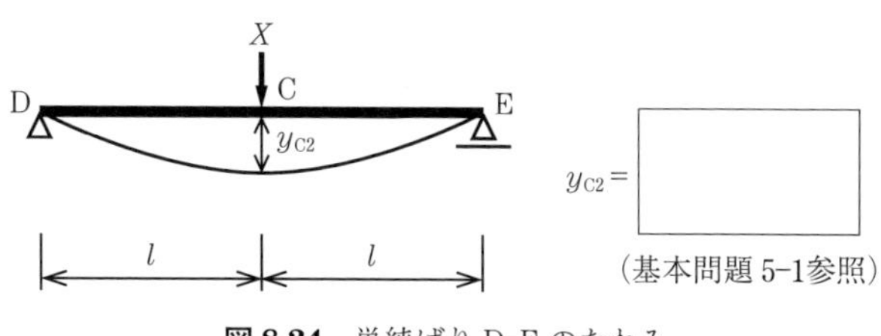

図 8.24　単純ばり D–E のたわみ

変形の適合条件式は，次式で表される。

$y_{C1}=y_{C2}$

よって，変形の適合条件式より，点 C に作用する力 X はつぎのようになる。

$\therefore X=$

さらに，それぞれの単純ばりの残りの反力は，力のつり合いからつぎのようになる。

$R_A=R_B=$

$R_D=R_E=$

基本問題 8–5　**図 8.25** に示す逆 T 形断面の全塑性モーメントを求めよ。ただし，降伏応力は σ_y とする。

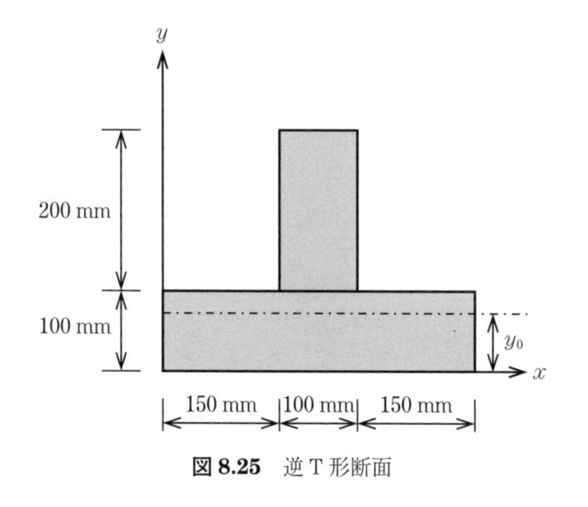

図 8.25　逆 T 形断面

Point
まず，合力 C と合力 T がつり合う位置，すなわち，中立軸の位置を求める。ここで，中立軸と図心軸は物理的意味が異なるので理解を深めておくこと。

解答

圧縮側の合力 C と引張側の合力 T がつり合う位置（中立軸の位置）y_0 を求める。中立軸が下側の長方形断面内にあると仮定して計算するとつぎのようになる。

$C=\{100\times200+400\times(100-y_0)\}\sigma_y$

$T=400\times y_0\times\sigma_y$

$C=T$ より，$y_0=75$ mm

よって，**図 8.26** より，中立軸の位置は仮定したとおり，下側の長方形断面内にあることがわかる。また，合力 C および合力 T はそれぞれ圧縮側および引張側断面の図心位置に作用する。

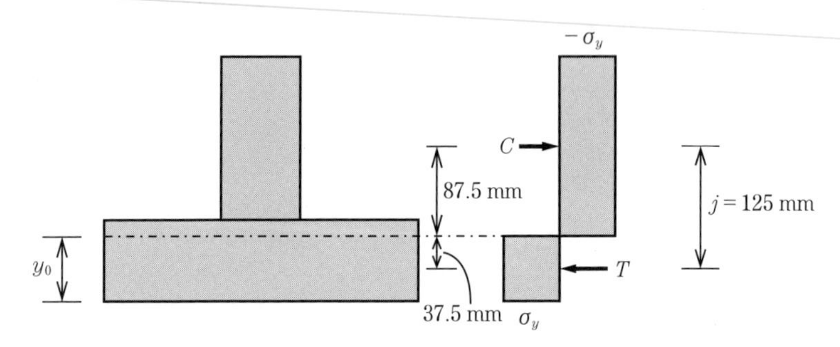

図 8.26　合力と作用位置

したがって，全塑性モーメントはつぎのようになる。

$M_p=T\times j=400\times75\times\sigma_y\times125=3.75\times10^6\,\sigma_y$

基本問題 8–6　**図 8.27** に示すＩ形断面の全塑性モーメントを求めよ。ただし，降伏応力は σ_y とする。

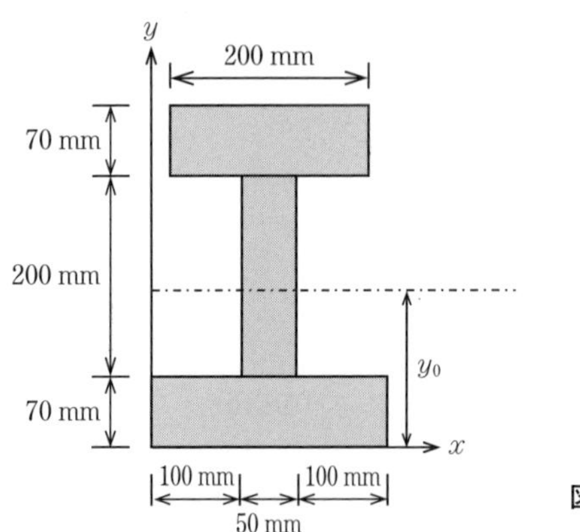

図 8.27　Ｉ形断面

解答

圧縮側の合力 C と引張側の合力 T がつり合う位置（中立軸の位置）y_0 を求める。中立軸がウェブ（腹部）内にあると仮定して計算するとつぎのようになる。

$C=$ ［　　　　　　　］

$T=$ ［　　　　　　　］

$C=T$ より，$y_0=$ ［　　　　　　　］

よって，**図 8.28** より，中立軸の位置は仮定したとおり，ウェブ（腹部）内にあることがわかる。

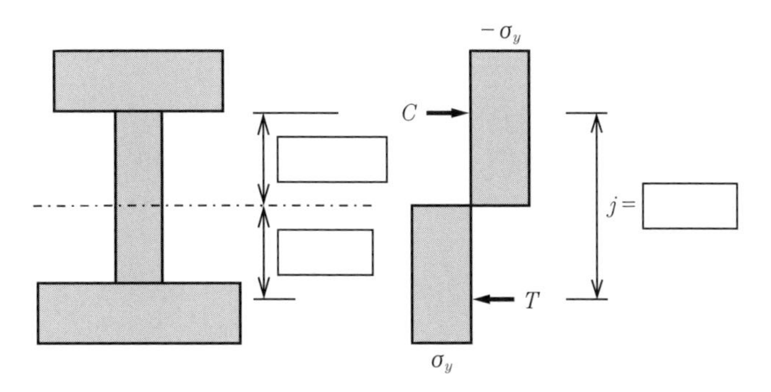

図 8.28　合力と作用位置

よって，全塑性モーメントはつぎのようになる。

$M_p = T \times j =$ ［　　　　］

基本問題 8–7　**図 8.29** に示す不静定ばりの崩壊荷重を求めよ。ただし，全塑性モーメントは M_p とする。

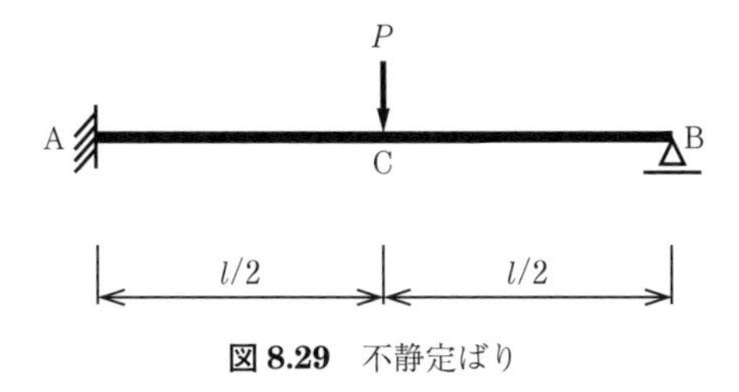

図 8.29　不静定ばり

Point

基本問題 8–2 から，最大曲げモーメントは点Aに生じるので，塑性ヒンジはまず点Aに形成される。点Aに塑性ヒンジが形成された後は，塑性ヒンジが回転することになり，単純ばりとして挙動する。二つ目の塑性ヒンジは，曲げモーメントが2番目に大きい点Cに形成され塑性崩壊する。

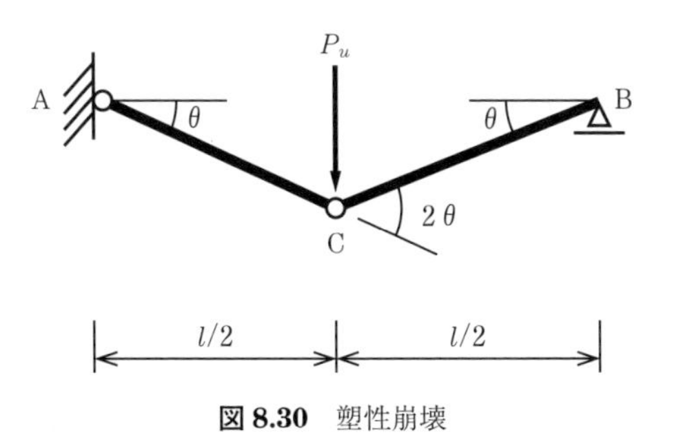

図 8.30　塑性崩壊

Point

図 8.30 に示すように，点Aの回転角を θ と仮定して，点Bおよび点Cの回転角は幾何学的に決定すればよい。

解答

図 8.30 に示した塑性崩壊から，外力による仮想仕事は

$$W_e = \sum P \cdot \delta = P_u \times \left(\theta \times \frac{l}{2}\right)$$

となり，内力による仮想仕事は

$$W_i = \sum M_p \cdot \theta = M_p \times \theta + M_p \times 2\theta = 3M_p \theta$$

となる。$W_e = W_i$ より，崩壊荷重は

$$P_u = \frac{6M_p}{l}$$

となる。

基本問題 8-8　**図 8.31** に示す不静定ばりの崩壊荷重を求めよ。ただし，全塑性モーメントは M_p とする。

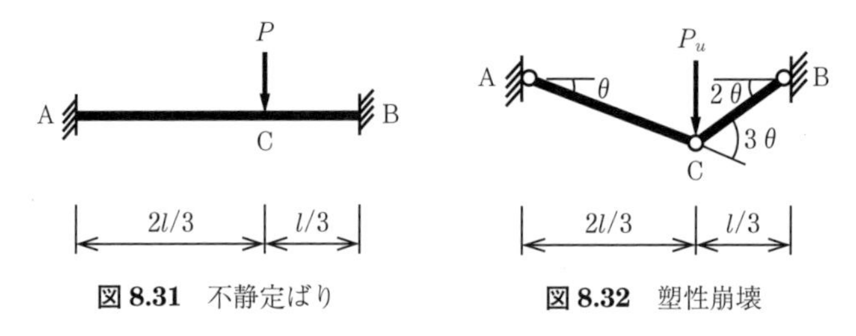

図 8.31　不静定ばり　　**図 8.32**　塑性崩壊

解答

図 8.32 に示した塑性崩壊から，外力による仮想仕事の和は

$$W_e = \sum P \cdot \delta = \boxed{}$$

となり，内力による仮想仕事の和は

$$W_i = \sum M_p \cdot \theta = \boxed{}$$

となる。$W_e = W_i$ より，崩壊荷重は

$$P_u = \boxed{}$$

となる。

■　チャレンジ問題　■

チャレンジ問題 8-1　**図 8.33** に示す不静定ばりの支点反力および断面力図（S 図，M 図）を求めよ。ただし，曲げ剛性 EI は一定とする。

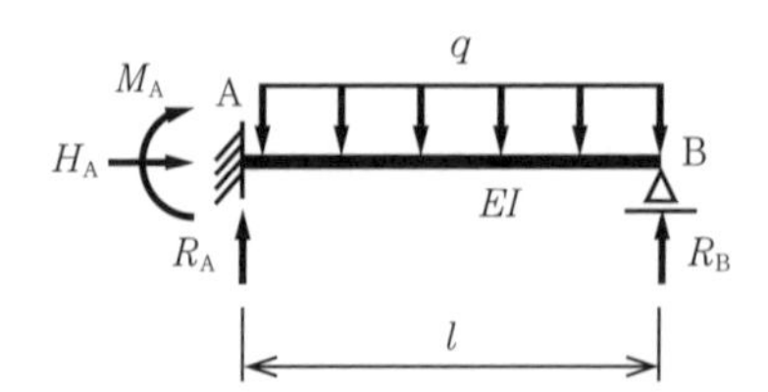

図 8.33　不静定ばり

チャレンジ問題 8-2　**図 8.34** に示す不静定ばりの支点反力および断面力図（N 図，S 図，M 図）を求めよ。ただし，曲げ剛性 EI は一定とし，軸力の影響は無視する。

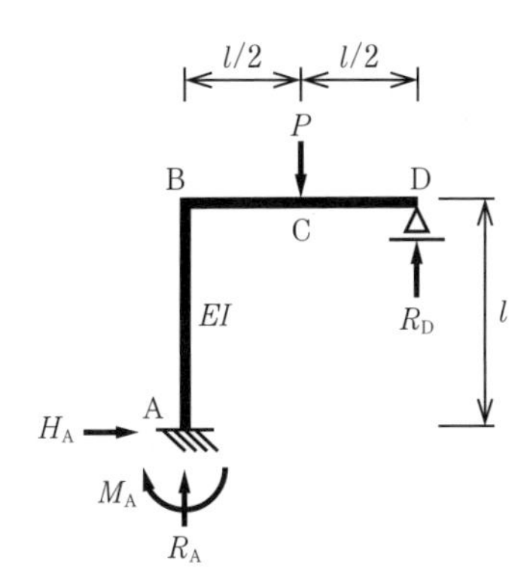

図 8.34　不静定ばり

チャレンジ問題 8-3　**図 8.35** に示す不静定ばりの支点反力を求めよ。ただし，片持ちばり C–D が点 C で単純ばり A–B 上に直角に接合されているものとし，曲げ剛性 EI は一定とする。

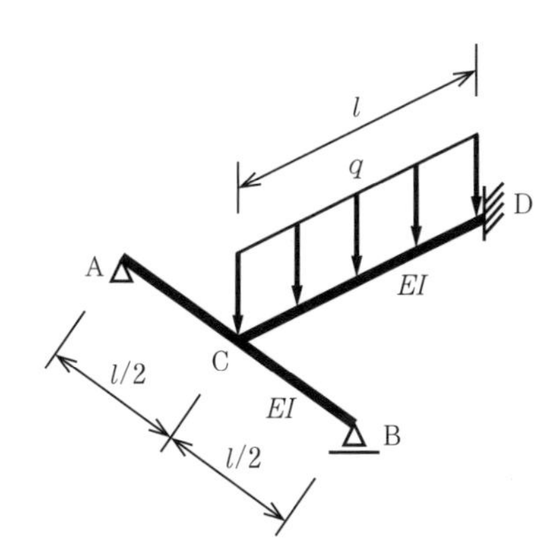

図 8.35　不静定ばり

チャレンジ問題 8-4　**図 8.36** に示す不静定ばりのばねに作用する力と点 C のたわみを求めよ。ただし，はりの曲げ剛性 EI は一定，ばね定数は k とする。

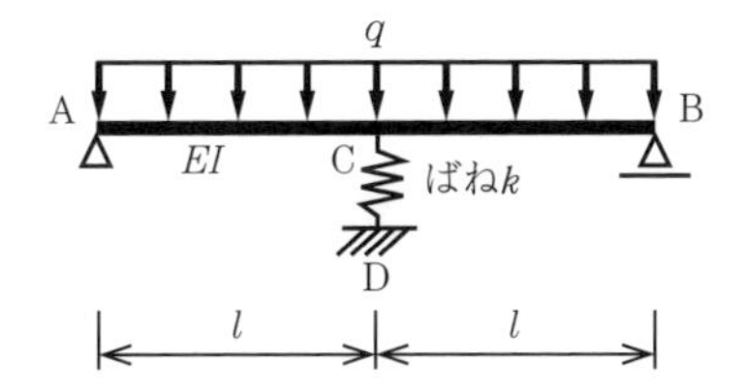

図 8.36　不静定ばり

チャレンジ問題 8-5　**図 8.37** に示す長方形断面（円形部分は中空）の全塑性モーメントを求めよ。ただし，降伏応力は σ_y とする。

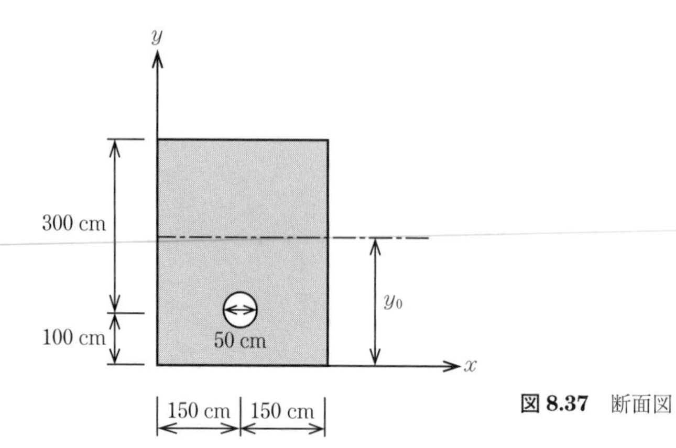

図 8.37　断面図

チャレンジ問題 8–6　図 8.38 に示す不静定ばりの崩壊荷重を求めよ。ただし，全塑性モーメントは M_p とする。

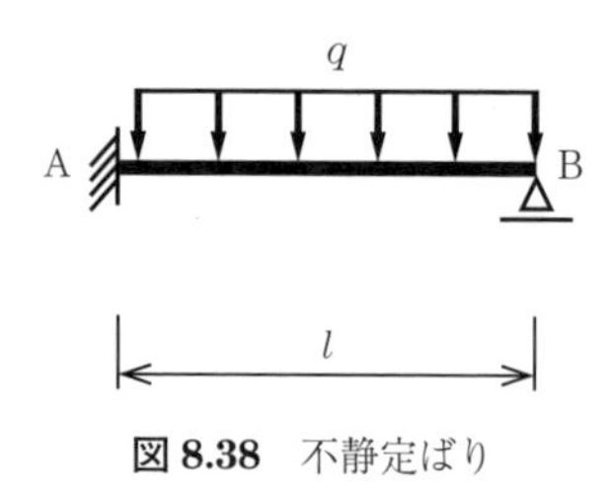

図 8.38　不静定ばり

> **Point**
> 塑性崩壊はチャレンジ問題 8–1 で求めた M 図を参照すれば，まず点 A に塑性ヒンジが形成されることがわかる。点 A に塑性ヒンジが形成された後は，点 A では塑性ヒンジの回転が生じることになり，単純ばりとして挙動する。さらに，A–B 間のどこかが全塑性モーメント M_p に達することで，二つ目の塑性ヒンジが形成され塑性崩壊する。

コーヒーブレイク　<有限要素解析による桁の応力コンター図>

本章では，構造力学で計算できる崩壊荷重を学んだが，現在は，構造物の耐荷力評価を有限要素解析により評価する場合がある。有限要素解析は，10 章のマトリックス構造解析のように，構造部材を有限な部材に分割して計算する方法である。単純ばりに 2 点荷重が作用した場合の有限要素解析結果の一例を図に示す。部材に生じる応力が色で分けられ（コンター図，本書ではモノクロ），構造力学で扱う部材の断面力から応力を算出する場合よりも，より細かな部分の応力状態が確認できる。

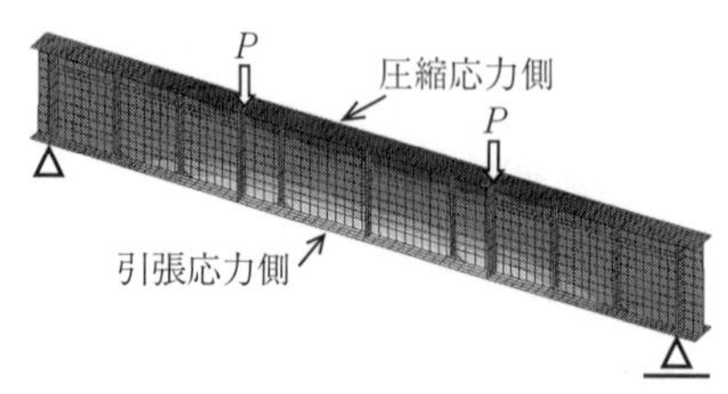

（a）　弾性範囲内の状態

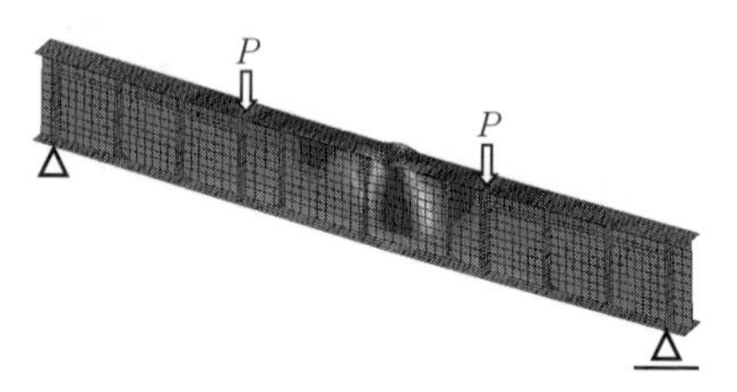

（b）　最大荷重に達した後の状態

図　有限要素解析による桁の応力コンター図

9章

移動荷重と影響線

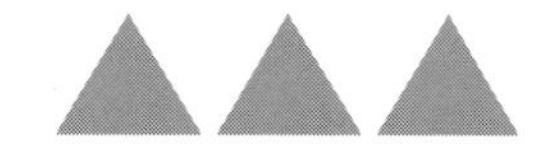

4章の断面力図と本章の**影響線**（influence line, I. L.）をよく混同する学生が見受けられる。影響線は単位荷重 $P=1$ がはり上を移動した際の支点反力，断面力，たわみなどの変化を示したものである。本章では，影響線の描き方に主眼を置いて学習する。

■ 基 礎 事 項 ■

9.1　単純ばりの影響線

支点反力 R_A, R_B の影響線について説明する。**図 9.1**(a)に示すように，単位荷重 $P=1$ が単純ばり上の点Aから x $(0 \leqq x \leqq l)$ の距離にあると考える。支点反力 R_A, R_B は力のつり合い式により，それぞれ式(9.1)と式(9.2)となる。

$$R_A = \frac{l-x}{l} \tag{9.1}$$

$$R_B = \frac{x}{l} \tag{9.2}$$

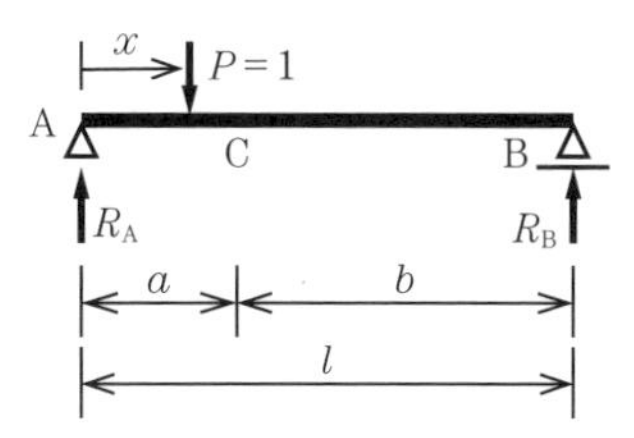

(a)　単位荷重 $P=1$ が移動して作用する単純ばり

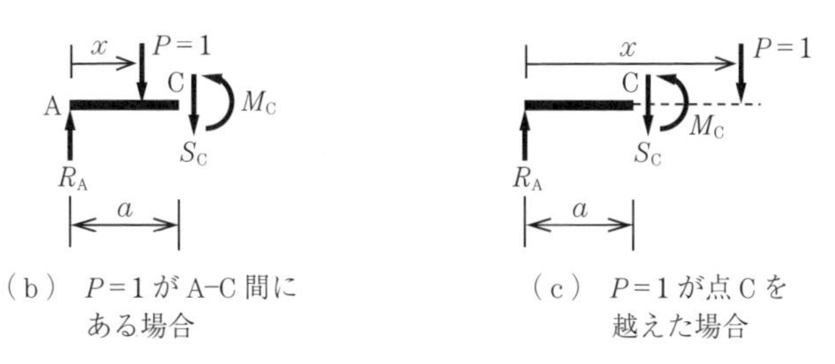

(b)　$P=1$ が A–C 間にある場合　　(c)　$P=1$ が点Cを越えた場合

図 9.1　単純ばりの影響線の考え方

式(9.1)はxの1次関数（直線）であるので，2点が決まれば影響線の形を求めることができる。したがって，$P=1$が点A（$x=0$）にあるとき，$R_A=1$，$R_B=0$となる。また，$P=1$が点B（$x=l$）にあるとき，$R_A=0$，$R_B=1$であるので，支点反力R_A，R_Bの影響線はそれぞれ**図9.2**(b)，(c)となる。

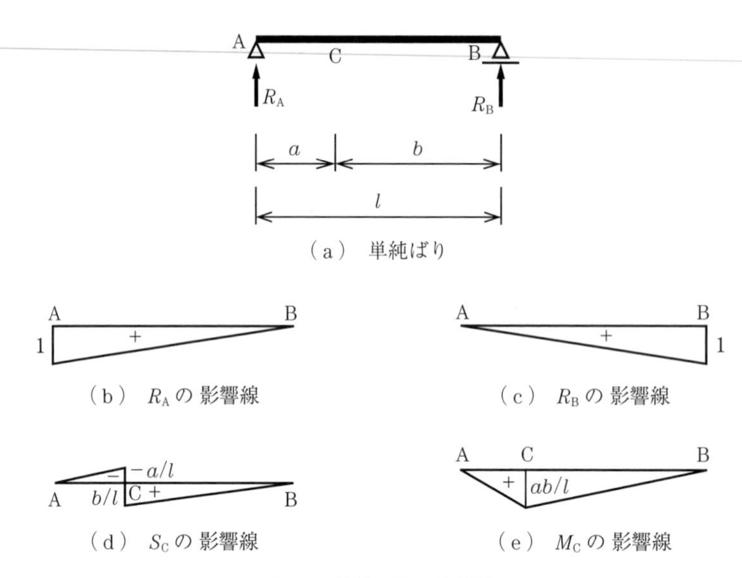

図9.2　単純ばりの影響線

つぎに，点Cの断面力（S_C，M_C）の影響線を求めるにあたり，$P=1$がA–C間にある場合は，図9.1(b)を参考にして，せん断力と曲げモーメントの影響線はそれぞれ式(9.3)と式(9.4)となる。

$$S_C=R_A-1=-\frac{x}{l}=-R_B \tag{9.3}$$

$$M_C=R_A a-(a-x)=\frac{l-x}{l}a-a+x=\frac{l-a}{l}x=\frac{b}{l}x=R_B b \tag{9.4}$$

さらに，$P=1$がC–B間にある場合は，図9.1(c)より，それぞれ式(9.5)と式(9.6)となる。

$$S_C=R_A=\frac{l-x}{l} \tag{9.5}$$

$$M_C=R_A a=\frac{l-x}{l}a \tag{9.6}$$

したがって，せん断力と曲げモーメントの影響線は図9.2(d)，(e)のように描くことができる。

ここで，図9.2(a)の点Cに集中荷重Pが作用した場合の支点反力と点Cのせん断力および曲げモーメントは，図9.2(b)～(e)の影響線を利用して，つぎのように求めることができる。

支点反力：R_{A}＝集中荷重×点Cの縦距（図9.2(b)）$=P\times\dfrac{b}{l}$

支点反力：R_{B}＝集中荷重×点Cの縦距（図9.2(c)）$=P\times\dfrac{a}{l}$

せん断力：S_{C}＝集中荷重×点Cの縦距（図9.2(d)）$=P\times\dfrac{b}{l}$　あるいは　$P\times\left(-\dfrac{a}{l}\right)$

曲げモーメント：M_{C}＝集中荷重×点Cの縦距（図9.2(e)）$=P\times\dfrac{ab}{l}$

9.2　張出しばりの影響線

図9.3(a)に示す張出しばりの支点反力R_{A}, R_{B}ならびに点Dの断面力（S_{D}, M_{D}）の影響線を求める。$P=1$がA–B間にある（図9.3(b)）と考えると，R_{A}, R_{B}は，それぞれ式(9.7)と式(9.8)となる。

$$R_{\mathrm{A}}=\frac{l-x}{l} \tag{9.7}$$

$$R_{\mathrm{B}}=\frac{x}{l} \tag{9.8}$$

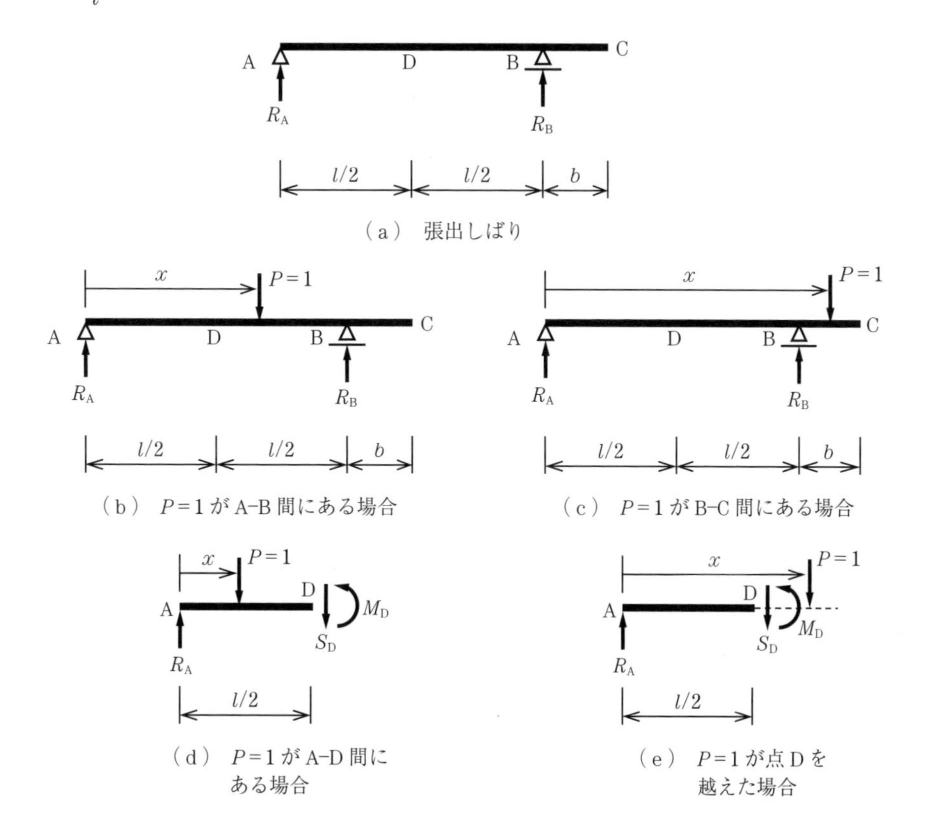

図9.3　張出しばりの影響線の考え方

また，$P=1$ がB–C間に作用している（図9.3(c)）と考えると，R_A，R_B の影響線は，それぞれ式(9.9)と式(9.10)となり，式(9.7)と式(9.8)に一致する。

$$R_A=\frac{l-x}{l} \tag{9.9}$$

$$R_B=\frac{x}{l} \tag{9.10}$$

つぎに，点Dの断面力の影響線を求める。$P=1$ がA–D間に作用しているとき，図9.3(d)を参考にすると，S_D，M_D の影響線はそれぞれ式(9.11)と式(9.12)となる。

$$S_D=R_A-P=-\frac{x}{l}=-R_B \tag{9.11}$$

$$M_D=P\left(\frac{l}{2}-x\right)-R_A\times\frac{l}{2}=\frac{x}{2}=\frac{R_B}{2}l \tag{9.12}$$

また，$P=1$ がDを越えた場合（図9.3(e)）は，それぞれ式(9.13)と式(9.14)となる。

$$S_D=R_A=\frac{l-x}{l} \tag{9.13}$$

$$M_D=\frac{R_A}{2}l=\frac{l-x}{2} \tag{9.14}$$

以上より，張出しばりの影響線は**図9.4**のように描くことができる。

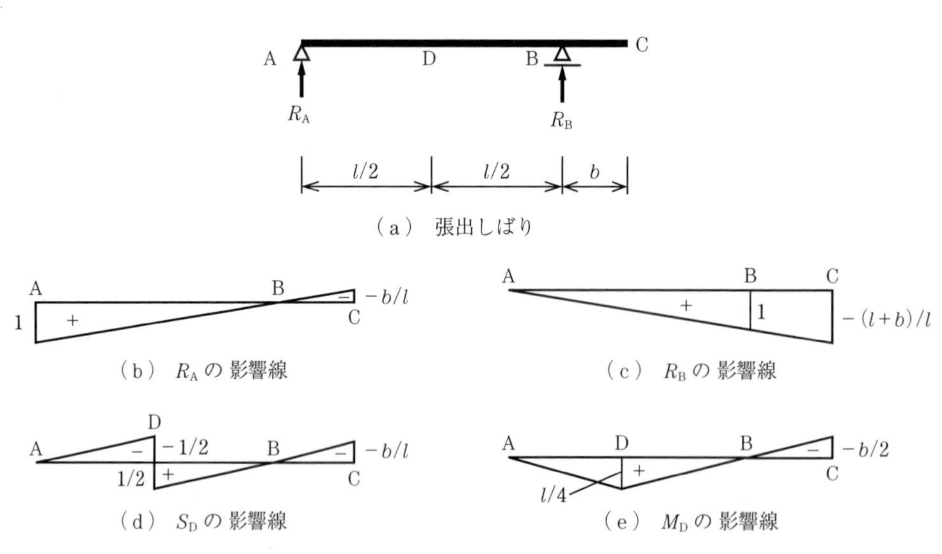

図9.4　張出しばりの影響線

9.3　片持ちばりの影響線

図9.5(a)に示す片持ちばりの支点反力 R_B，M_B ならびに点Cの断面力（S_C，M_C）の影響線

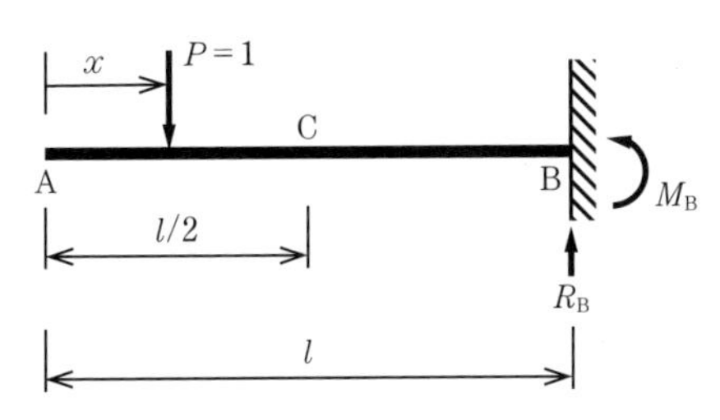

（a）単位荷重 $P=1$ が移動して作用する片持ちばり

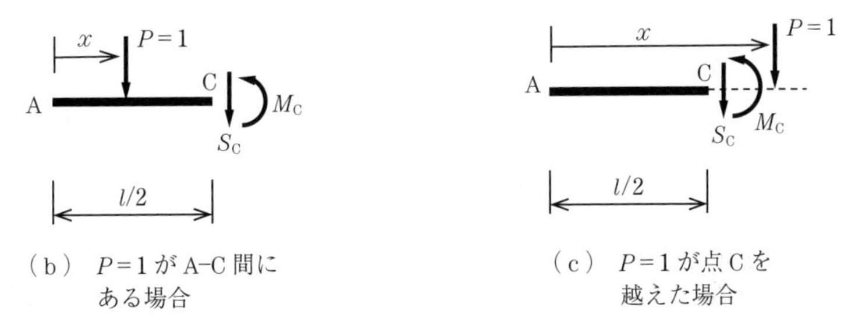

（b）$P=1$ が A–C 間にある場合

（c）$P=1$ が点 C を越えた場合

図 9.5　片持ちばりの影響線の考え方

を求める。$P=1$ が A–B 間を移動していることを考える。力のつり合い式より，支点反力 R_{B}, M_{B} の影響線は式(9.15)と式(9.16)となる。

$$R_{\mathrm{B}}=1 \tag{9.15}$$

$$M_{\mathrm{B}}=x-l \tag{9.16}$$

したがって，支点反力 R_{B}, M_{B} の影響線はそれぞれ**図 9.6**(b)，(c)となる。

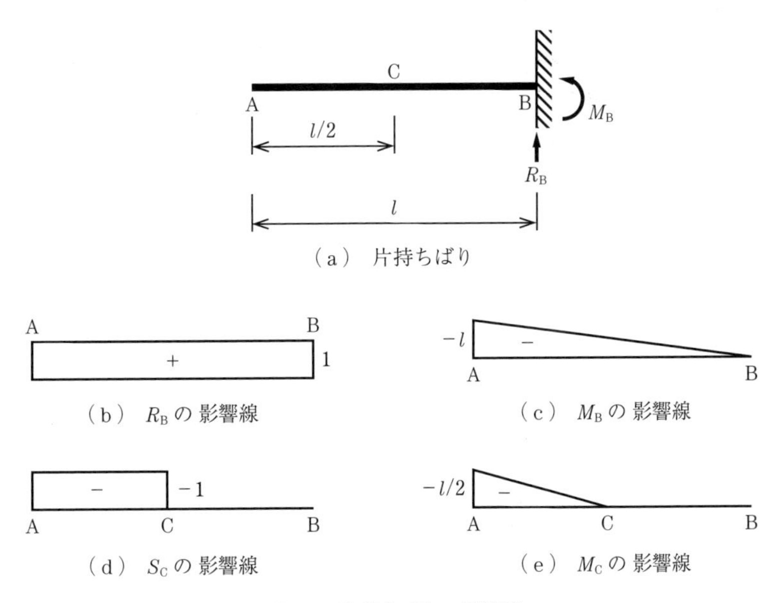

（a）片持ちばり

（b）R_{B} の 影響線

（c）M_{B} の 影響線

（d）S_{C} の 影響線

（e）M_{C} の 影響線

図 9.6　片持ちばりの影響線

つぎに，図 9.5(b)に示すように，A–C 間における断面力を考えると，点 C の断面力の影響線は式(9.17)と式(9.18)となる。

$$S_C = -P \tag{9.17}$$

$$M_C = x - \frac{l}{2} \tag{9.18}$$

$P=1$ が点 C を越えると，点 C の左側には力が何も作用していない（図 9.5(c)）ので

$$S_C = 0 \tag{9.19}$$

$$M_C = 0 \tag{9.20}$$

となる。これらを図示すると，S_C，M_C の影響線はそれぞれ図 9.6(d)，(e)のように描くことができる。

9.4　ゲルバーばりの影響線

図 9.7(a)に示すゲルバーばりの支点反力 R_A，R_B，R_C ならびに点 D の断面力（S_D，M_D）の影響線を求める。$P=1$ が A–E 間に作用している（図 9.7(b)）と考えると，支点反力 R_A，R_B，R_C の影響線はそれぞれ式(9.21)，式(9.22)および式(9.23)となる。

$$R_A = \frac{l-x}{l} \tag{9.21}$$

$$R_B = \frac{x}{l} \tag{9.22}$$

$$R_C = 0 \tag{9.23}$$

$P=1$ が E–C 間に作用している（図 9.7(c)）と考えると，R_A，R_B，R_C の影響線はそれぞれ式(9.24)，式(9.25)および式(9.26)となる。

$$R_A = -\frac{a+b+l-x}{al}b \tag{9.24}$$

$$R_B = \frac{a+b+l-x}{al}(b+l) \tag{9.25}$$

$$R_C = \frac{x-l-b}{a} \tag{9.26}$$

さらに，$P=1$ が A–D 間に作用している（図 9.7(d)）とき，点 D の断面力（S_D，M_D）の影響線は式(9.27)と式(9.28)となる。

$$S_D = R_A - P = -\frac{x}{l} = -R_B \tag{9.27}$$

$$M_D = R_A \times \frac{l}{2} - P\left(\frac{l}{2} - x\right) = \frac{x}{2} = R_B \times \frac{l}{2} \tag{9.28}$$

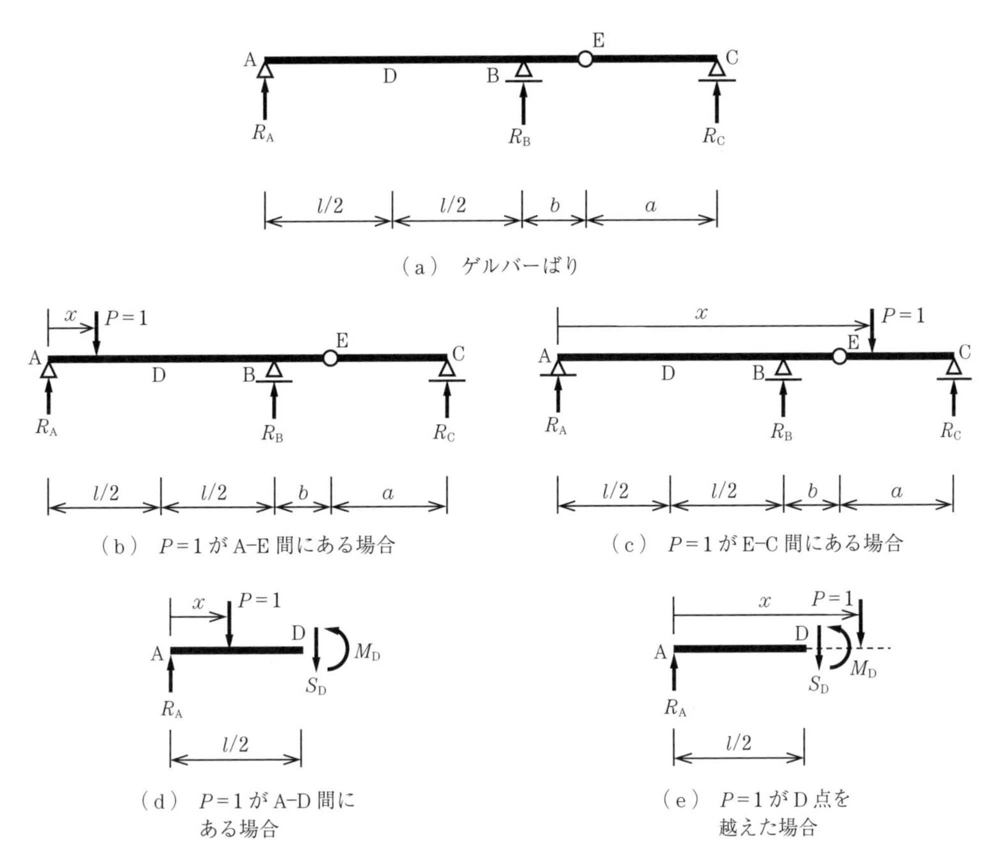

図 9.7　ゲルバーばりの影響線の考え方

$P=1$ が D 点を越えた場合（図 9.7（e））は，点 D の断面力（S_D, M_D）の影響線は式(9.29)と式(9.30)となる。

$$S_D=R_A=\frac{l-x}{l} \tag{9.29}$$

$$M_D=R_A\times\frac{l}{2}=\frac{l-x}{2} \tag{9.30}$$

$P=1$ が E-C 間に作用している（図 9.7（c））とき，点 D の断面力（S_D, M_D）の影響線は式(9.31)と式(9.32)となる。

$$S_D=R_A=-\frac{a+b+l-x}{al}b \tag{9.31}$$

$$M_D=R_A\times\frac{l}{2}=-\frac{a+b+l-x}{2a}b \tag{9.32}$$

以上より，ゲルバーばりの影響線は**図 9.8** のように描くことができる。

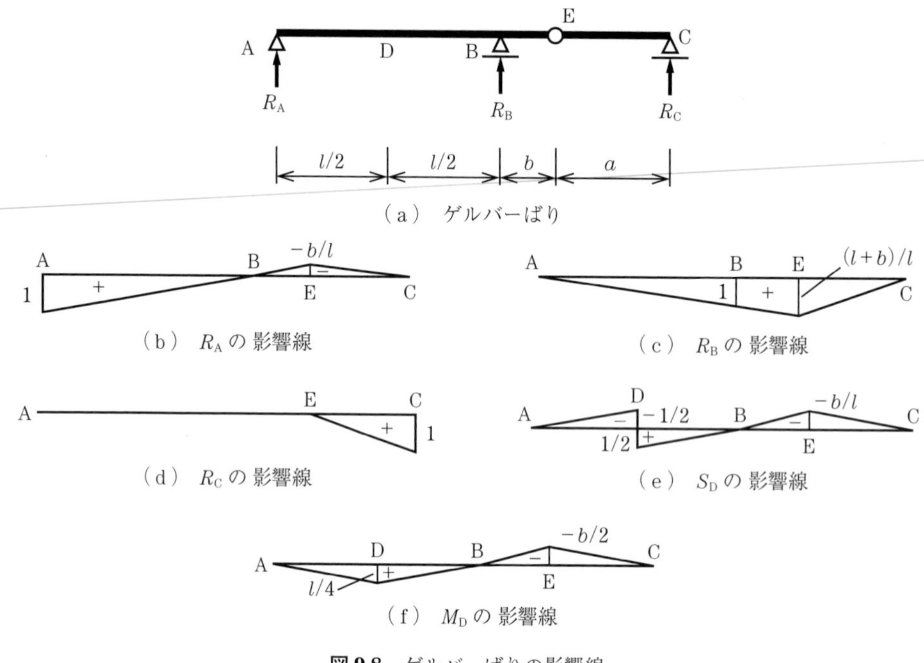

図 9.8　ゲルバーばりの影響線

影響線を活用した支点反力，断面力の計算は基本問題 9.1 および 9.2 に示したので，まずは確認しておいてほしい。

9.5　不静定ばりの支点反力の影響線

図 9.9(a)に示す不静定ばりの支点反力 R_B の影響線をつぎの手順で求める。

図 9.9(b)に示すように，点 A から x だけ離れた位置に $P=1$ が作用しているとき，片持ちばりの点 B のたわみ y_{B1} は基礎事項 5.2 の弾性荷重法などを用いて求めると式(9.33)となる。

$$y_{B1}=\frac{Px^2}{6EI}(3l-x) \tag{9.33}$$

一方，図 9.9(c)に示すように，片持ちばりの点 B に R_B が上向きに作用しているとき，点 B のたわみ y_{B2} は式(9.34)となる。

$$y_{B2}=-\frac{R_B l^3}{3EI} \tag{9.34}$$

式(9.33)に $P=1$ を代入し，変位の適合条件式（$y_{B1}+y_{B2}=0$）より，図 9.9(d)に示す変形状態となり，支点反力 R_B の影響線が式(9.35)のように求まる。

$$R_B=\frac{1}{2}\left(\frac{x}{l}\right)^2\left(3-\frac{x}{l}\right) \tag{9.35}$$

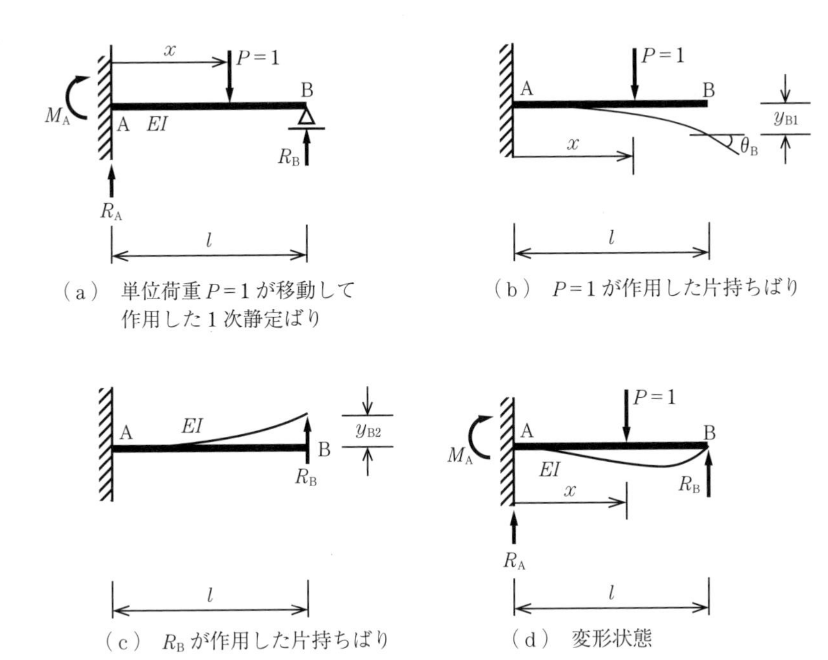

図 9.9　1次不静定ばりの影響線の考え方

9.6　相反作用の定理

図 9.10 に示す，単純ばりの点Cに P_{C} が作用したときの点Dのたわみを y_{D}（図(a)），点Dに P_{D} が作用したときの点Cのたわみを y_{C}（図(b)）とすると，式(9.36)の関係が成り立つ。

$$P_{\mathrm{D}}\cdot y_{\mathrm{D}}=P_{\mathrm{C}}\cdot y_{\mathrm{C}} \tag{9.36}$$

これを相反作用の定理という。

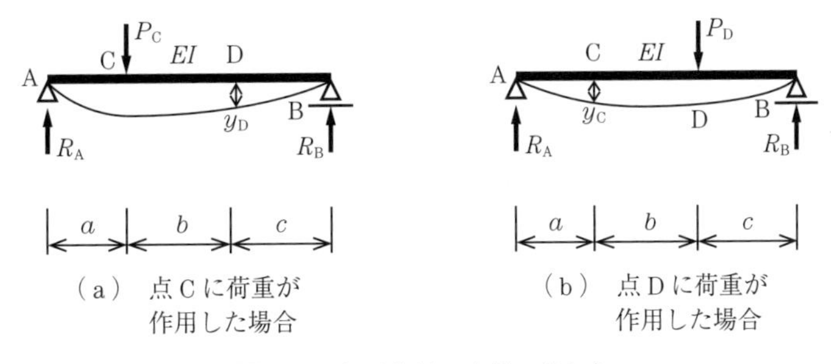

図 9.10　相反作用の定理の考え方

9.7　たわみ，たわみ角の影響線

図 9.11(a)に示す片持ちばりの点Bのたわみ角 θ_{B} の影響線を相反作用の定理により求める。ただし，曲げ剛性は EI である。

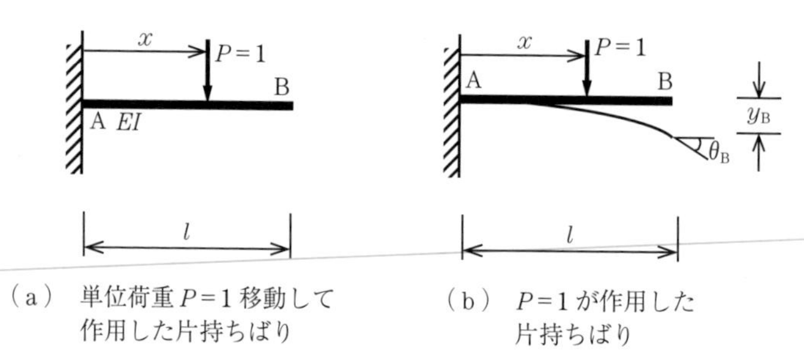

（a）単位荷重 $P=1$ 移動して作用した片持ちばり　　（b）$P=1$ が作用した片持ちばり

図 9.11　片持ちばりの変位の影響線の考え方

図 9.11(b)に示すように，点 A から x だけ離れた位置に $P=1$ が作用しているとき，点 B のたわみ角 θ_B の影響線は，式(9.37)となる。

$$\theta_B=\frac{x^2}{2EI} \tag{9.37}$$

9.8　最大せん断力と最大曲げモーメント

2 種類以上の荷重が，ある一定の距離を保ちながら，はり上を移動する荷重を連行荷重という。ここでは，連行荷重が作用した際の断面力の求め方について説明する。

(1)　最大せん断力

図 9.12(a)に示すように，荷重 P_1～P_4 が連なって点 B から点 A に向かって移動しており，P_1 が点 C に到達すると，点 C のせん断力 S_{C1} は図 9.12(b)から式(9.38)となる。

$$S_{C1}=P_1\eta_1+P_2\left(\eta_1-\frac{d_1}{l}\right)+P_3\left(\eta_1-\frac{d_1+d_2}{l}\right)+P_4\left(\eta_1-\frac{d_1+d_2+d_3}{l}\right) \tag{9.38}$$

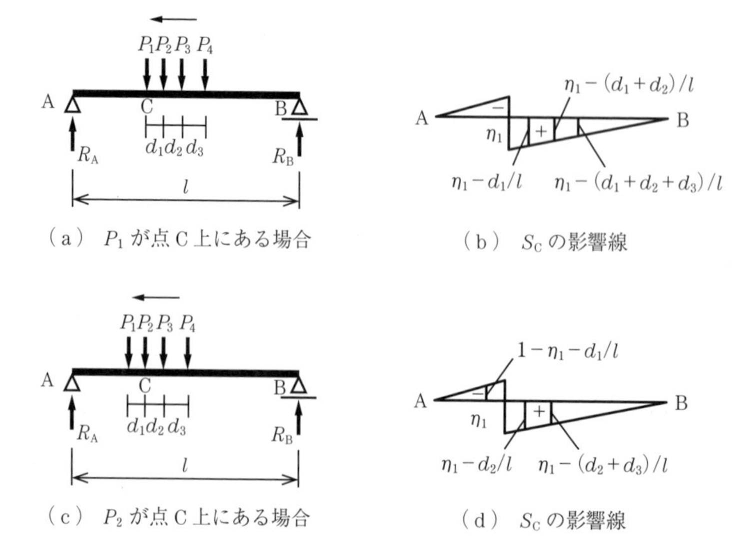

（a）P_1 が点 C 上にある場合　　（b）S_C の影響線

（c）P_2 が点 C 上にある場合　　（d）S_C の影響線

図 9.12　連行荷重が作用した単純ばりのせん断力の影響線

さらに進行し，図 9.12(c)に示すように P_2 が点 C に到達すると，点 C のせん断力 S_{C2} は図 9.12(d)から式(9.39)となる。

$$S_{C2} = -P_1\left(1-\eta_1-\frac{d_1}{l}\right)+P_2\eta_1+P_3\left(\eta_1-\frac{d_2}{l}\right)+P_4\left(\eta_1-\frac{d_2+d_3}{l}\right) \tag{9.39}$$

P_3，P_4 についても同様に，点 C に到達したときの点 C のせん断力 S_{C3}，S_{C4} を計算する。それぞれのせん断力（絶対値）のなかで，最も大きなものが点 C の**最大せん断力**（maximum shear force）となる。

なお，A–B 間における最大せん断力のなかで，最も大きいものを**絶対最大せん断力**（absolute maximum shear force：${}_{ab}S_{\max}$）という。

(2)　最大曲げモーメント

図 9.13(a)に示すように，P_1 が点 C に到達したと考えると，合力は

$$W = P_1+P_2+P_3+P_4 \tag{9.40}$$

となり，合力の作用位置は

$$d' = \frac{P_2 d_1 + P_3(d_1+d_2)+P_4(d_1+d_2+d_3)}{W} \tag{9.41}$$

であるので，図 9.13(b)より

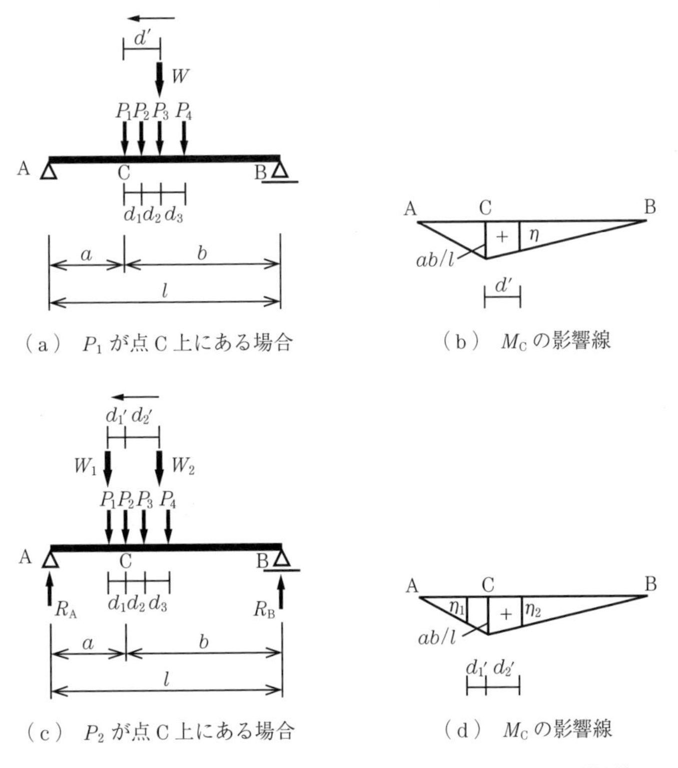

(a)　P_1 が点 C 上にある場合

(b)　M_C の影響線

(c)　P_2 が点 C 上にある場合

(d)　M_C の影響線

図 9.13　連行荷重が作用した単純ばりの曲げモーメントの影響線

$$M_C = W\eta = \frac{Wa}{l}(b-d') \tag{9.42}$$

となる。

つぎに，P_2 が点 C に到達した（図 9.13(c)）と考える。$W_1=P_1$，$W_2=P_2+P_3+P_4$ とすると，合力 W_1，W_2 の作用点，縦距（η_1，η_2），曲げモーメント M_C はつぎのように求まる（図 9.13(d)）。

$$\begin{cases} d_1' = d_1, \quad d_2' = \dfrac{P_3 d_2 + P_4(d_2+d_3)}{W_2} \\ \eta_1 = \dfrac{b}{l}(a-d_1'), \quad \eta_2 = \dfrac{a}{l}(b-d_2') \\ M_C = W_1\eta_1 + W_2\eta_2 = \dfrac{W_1 b}{l}(a-d_1') + \dfrac{W_2 a}{l}(b-d_2') \end{cases} \tag{9.43}$$

順次，P_1 から P_4 を点 C まで移動させて，それぞれの荷重に対応する縦距を掛けて曲げモーメントを求め，その中の最大値が**最大曲げモーメント**（maximum bending moment）となる。

なお，A–B 間における最大曲げモーメントのなかで最も大きいものを**絶対最大曲げモーメント**（absolute maximum bending moment：${}_{ab}M_{max}$）という。

9.9　トラスの影響線

図 9.14(a)に示すトラスの上弦材（U），下弦材（L），斜材（D），垂直材（V）の影響線を求める。まず，点 A から点 B に向かって $P=1$ が移動すると考えると，支点反力 R_A と R_B はそれぞれ式(9.44)と式(9.45)となる。

$$R_A = \frac{4a-x}{4a} \tag{9.44}$$

$$R_B = \frac{x}{4a} \tag{9.45}$$

つぎに，図 9.14(b)に示すように，$P=1$ が A–C 間にあるとすると，移動荷重は点 A と点 C に分配される。断面 ① でトラスを切断して，点 C のモーメントを $M_C=0$ とすると式(9.46)となる。

$$M_C = R_A a - \frac{a-x}{a}a + Uh = 0 \tag{9.46}$$

よって，上弦材 U は

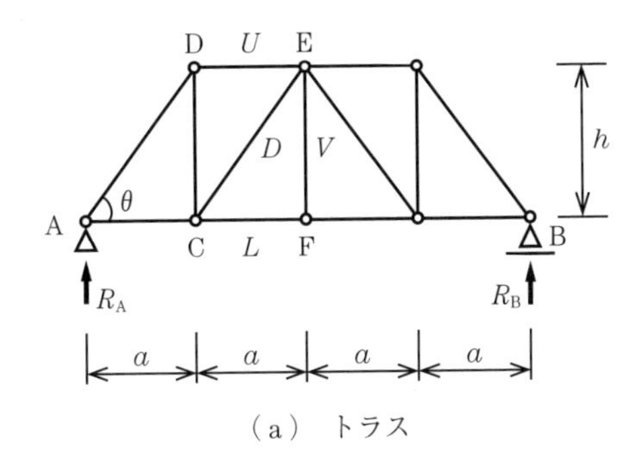

（a）トラス

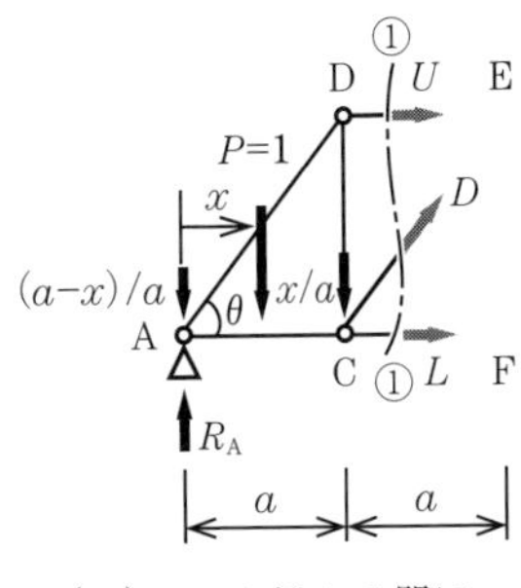

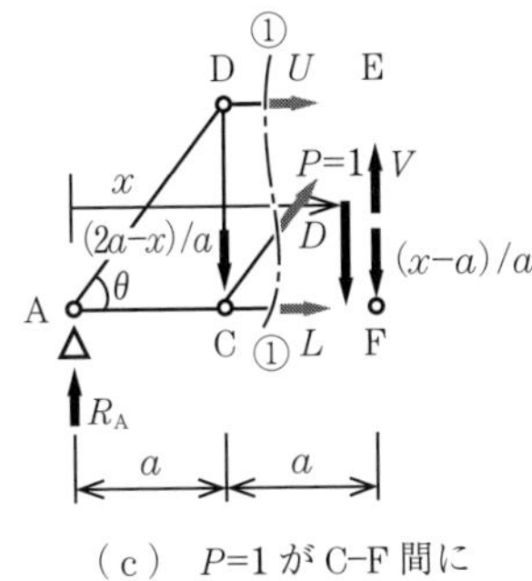

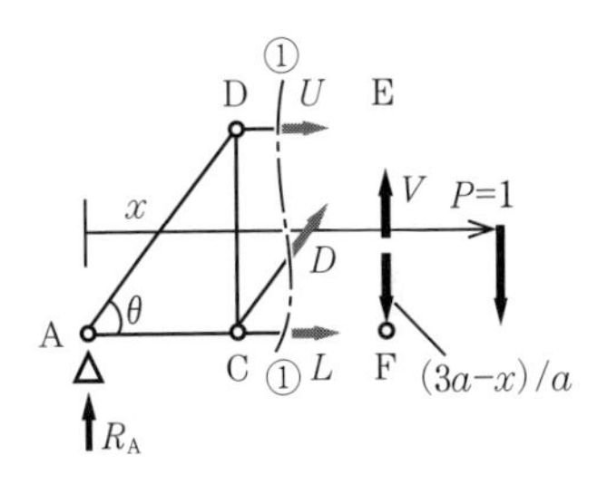

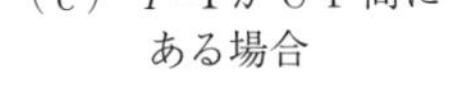

（b）P=1 が A–C 間にある場合

（c）P=1 が C–F 間にある場合

（d）P=1 が点 F を越えた場合

図 9.14　トラスの影響線の考え方

$$U=-\frac{3}{4h}x \tag{9.47}$$

また，点 E まわりのモーメントのつり合い式を立てると

$$M_E=R_A\cdot 2a-\frac{a-x}{a}\cdot 2a-\frac{x}{a}\cdot a-Lh=0$$

より，下弦材 L は

$$L=\frac{x}{2h} \tag{9.48}$$

さらに，水平方向の力のつり合い式を立てると

$$\sum H=D\cos\theta+U+L=0$$

より，斜材 D は

$$D=\frac{1}{4h\cos\theta}x \tag{9.49}$$

となる。

つぎに，$P=1$ が C–F 間（図 9.14(c)）にあるときは，$M_E=0$，$M_F=0$，および点 F での鉛直方向のつり合い式より

$$U=-\frac{4a-x}{4h},\quad L=\frac{x}{2h},\quad D=\frac{1}{4h\cos\theta}(4a-3x),\quad V=\frac{x-a}{a} \tag{9.50}$$

となり，$P=1$ が点 F を越える（図 9.14(d)）と

$$U=-\frac{4a-x}{4h},\quad L=\frac{4a-x}{2h},\quad D=\frac{x-4a}{4h\cos\theta},\quad V=\frac{x-2a}{a} \tag{9.51}$$

となる。

以上より，それぞれの部材に作用する部材力の影響線は**図 9.15** のように描くことができる。

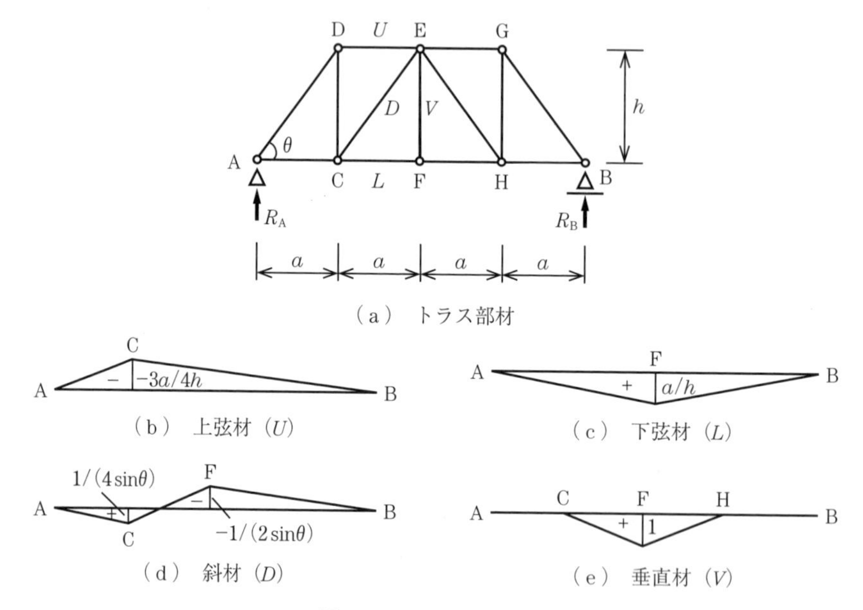

図 9.15　トラスの影響線

9.10　ミューラー・ブレスラウの定理

相反作用の定理を用いれば，点 A の支点反力 R_A（あるいは M_A）の影響線を求める場合，点 A に $\varDelta$（あるいは θ）$=1$ を力の作用方向に移動（あるいは回転）させることで，その変形曲線が支点反力 R_A（あるいは M_A）の影響線となる。これを**ミューラー・ブレスラウの定理**（Müller–Breslau's theorem）という。これを理解しておけば影響線の解法テクニックとして非常に有用である。

例えば，**図 9.16**(a)の張出しばりを考える。支点反力 R_A の影響線を求めたければ，支点 A を 1 だけ変化させればよい。したがって，図 9.16(b)が R_A の影響線である。同様に R_B の影響線は図 9.16(c)に示すとおりである。定規を両手の人差し指に乗せて，左手だけ下げて確認してみるとよい。

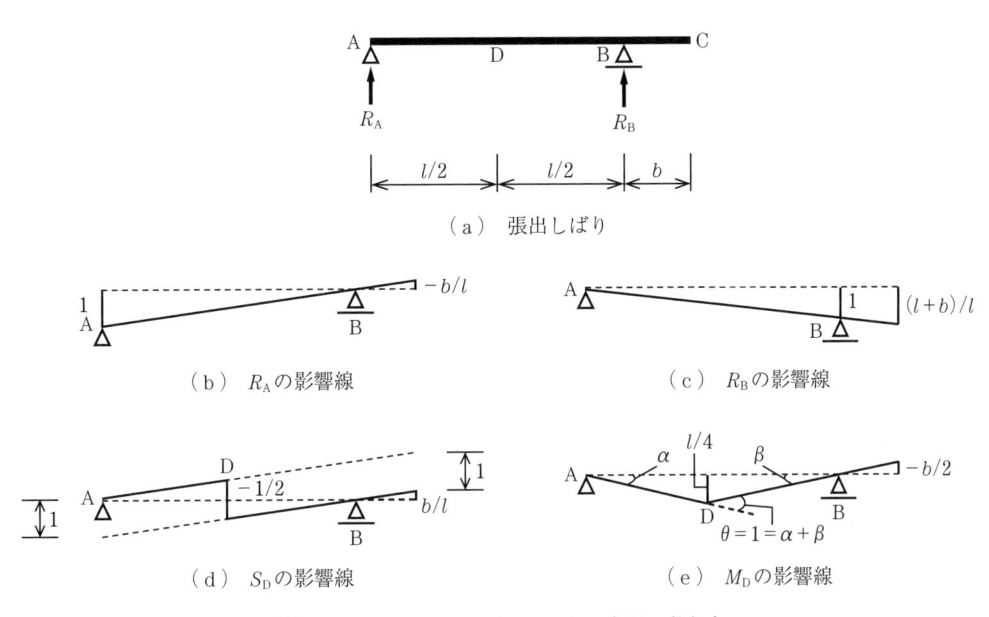

図 9.16　ミューラー・ブレスラウの定理の考え方

つぎに，点 D の断面力の影響線を考える。せん断力 S_D は部材 AC と部材 CB が平行であることを考慮すれば図 9.16(d)となる。また，M_D の影響線は，点 C に $\theta=1$ を与えると，図 9.16(e)となる。

■ 基　本　問　題 ■

基本問題 9–1　**図 9.17** に示す単純ばりに集中荷重が作用したとき，支点反力 R_A および R_B，さらに点 D のせん断力 S_D および曲げモーメント M_D について，影響線を利用して求めよ。

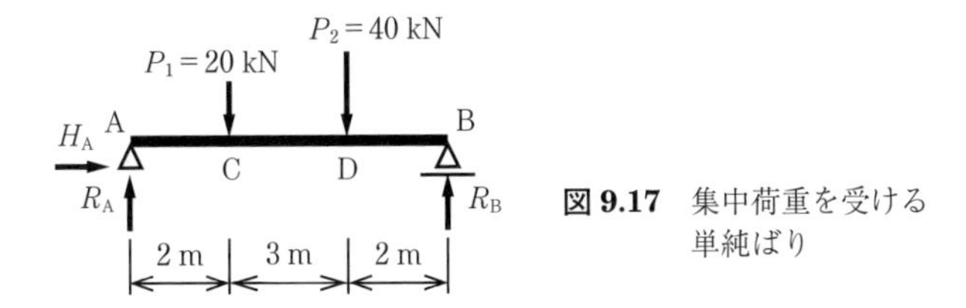

図 9.17　集中荷重を受ける単純ばり

解答

影響線は**図 9.18** となる。集中荷重が作用している場合は，その作用点における影響線の縦距と荷重を掛けて計算すればよい。

A　C　D　B
1　+　0.714　0.286

$R_A = 20 \times 0.714 + 40 \times 0.286$
$= 25.7\ \text{kN}$

（a）R_A の影響線

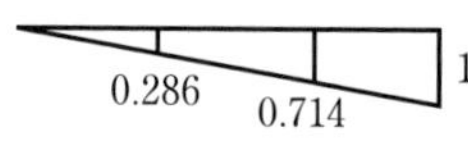

$R_B = 20 \times 0.286 + 40 \times 0.714$
$= 34.3\ \text{kN}$

（b）R_B の影響線

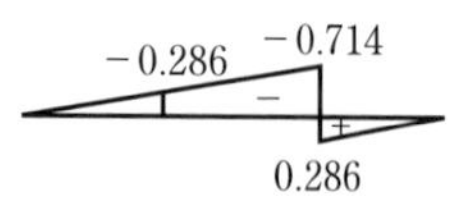

$S_D = 20 \times (-0.286) + 40 \times (-0.714)$
$= -34.3\ \text{kN}$

（c）S_D の影響線

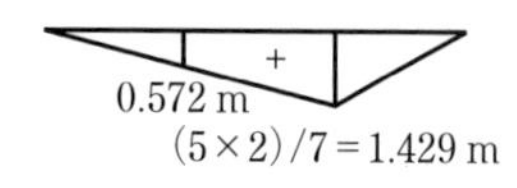

$M_D = 20 \times 0.572 + 40 \times 1.429$
$= 68.6\ \text{kN·m}$

（d）M_D の影響線

図 9.18　単純ばりの影響線

> **Point**
> (1) 点Dには正負の両方に縦距が存在するが，せん断力は絶対値で大きくなるほうを答えとする。
> (2) 曲げモーメントの影響線は長さの単位を有することを忘れないようにする。

基本問題 9-2　**図 9.19** に示すゲルバーばりに等分布荷重が作用したとき，支点反力 R_A，R_B，R_D について，影響線を利用して求めよ。

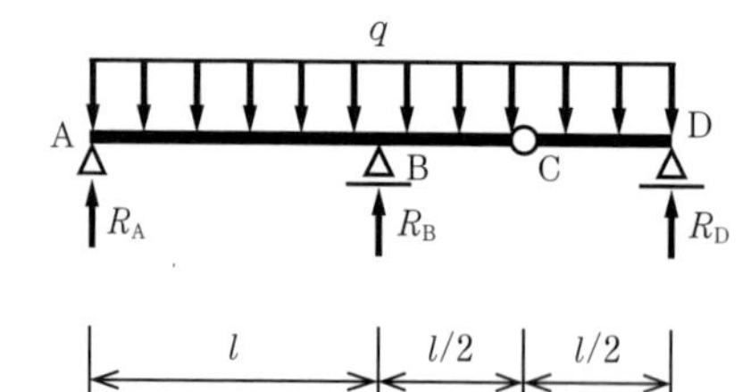

図 9.19　等分布荷重を受けるゲルバーばり

解答

影響線は**図 9.20** となる。

（a） R_A の影響線　　（b） R_B の影響線

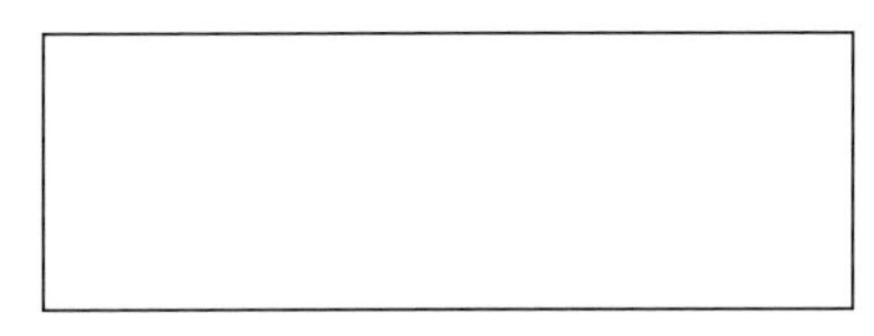

（c） R_D の影響線

図 9.20　支点反力の影響線

$R_A =$

$R_B =$

$R_D =$

Point

等分布荷重の場合は，その作用範囲の影響線の面積に荷重の大きさを乗じることによって求めることができる。

基本問題 9-3　**図 9.21** に示すトラスの部材力 U，D，L の影響線を求めよ。

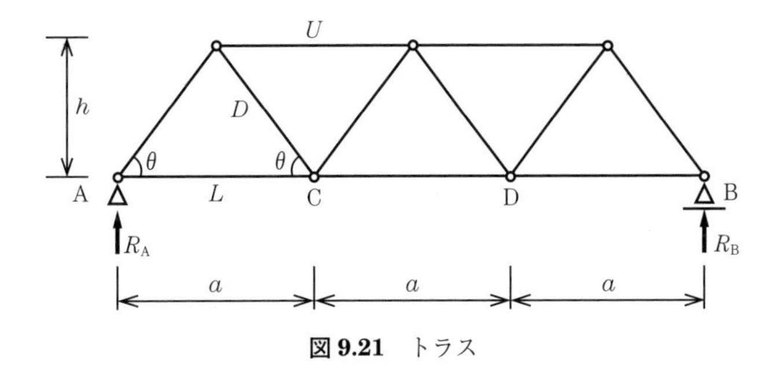

図 9.21　トラス

解答

$P=1$ を点 A から点 B に向かって移動させる。移動させたときの点 A からの距離を x とすると支点反力は

$$R_A = \frac{3a - x}{3a}, \quad R_B = \frac{x}{3a}$$

となる。いま，$P=1$ が点Aから点Cに作用しているとすると

$$L=\frac{x}{3h},\quad U=-\frac{2x}{3h}\left(=-\frac{2a}{h}R_B\right),\quad D=\frac{x}{3h\cos\theta}=\frac{2x}{3a\sin\theta}$$

つぎに，$P=1$ が点Cを越えると

$$L=\frac{3a-x}{6h},\quad U=-\frac{3a-x}{3h},$$

$$D=\frac{3a-x}{6h\cos\theta}=\frac{3a-x}{3a\sin\theta}$$

となる。これを図示すると**図 9.22** のとおりとなる。

> **Point**
> 支点Aから右向きに x をとった場合，切断位置から左側のみのつり合い式を立てる（断面力の影響線と同じ）。
> トラスの断面法をしっかり理解しよう！

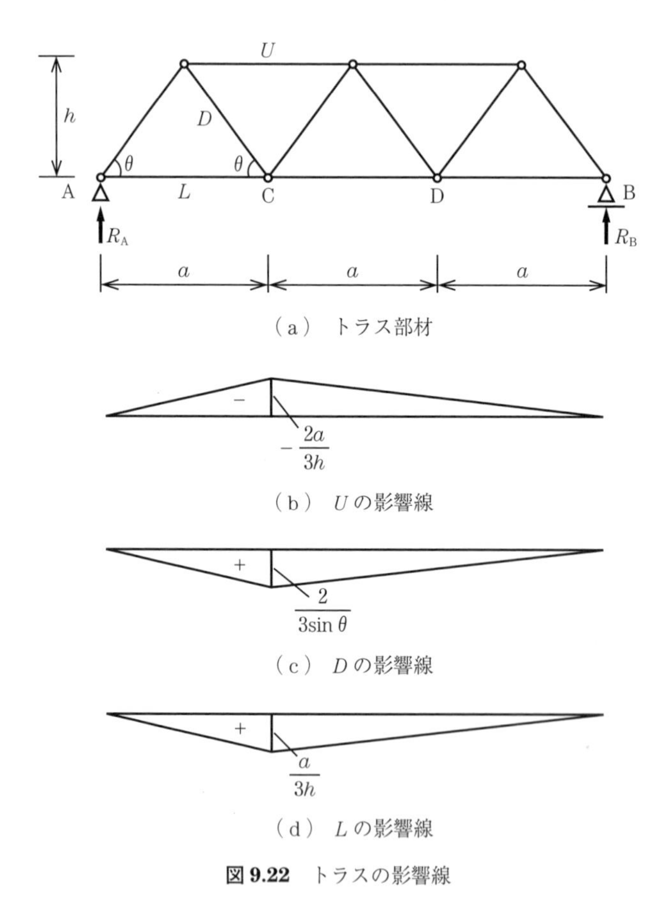

図 9.22　トラスの影響線

■　チャレンジ問題　■

チャレンジ問題 9-1　　**図 9.23** に示すゲルバーばりの支点反力 R_A，R_B，M_B ならびに点Dの断面力（S_D，M_D）の影響線を求めよ。

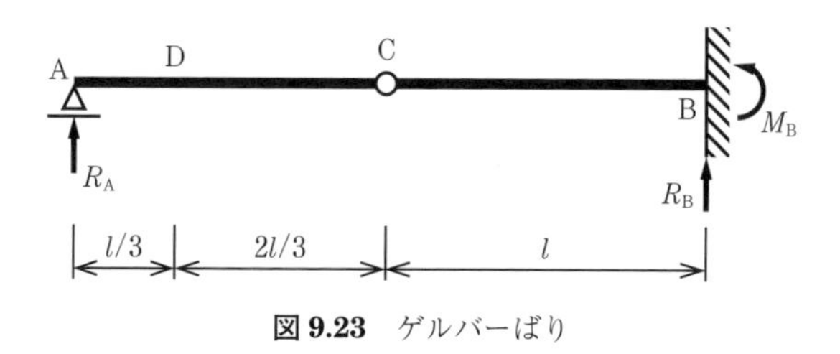

図 9.23　ゲルバーばり

チャレンジ問題 9-2　図 9.9 で求めた影響線から支点反力 R_B を求め，**図 9.24** のすべての支点反力（R_A，R_B，M_A）を求めよ。

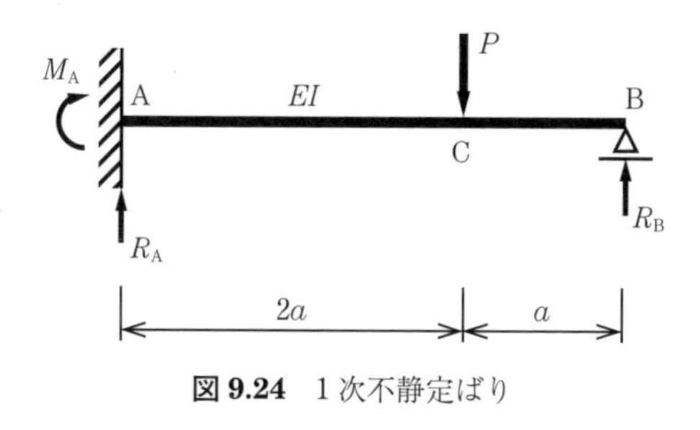

図 9.24　1 次不静定ばり

チャレンジ問題 9-3　**図 9.25** に示すように点 B から点 A に向かって連行荷重が作用したとき，点 C の最大せん断力（S_C）ならびに最大曲げモーメント（M_C）を求めよ。

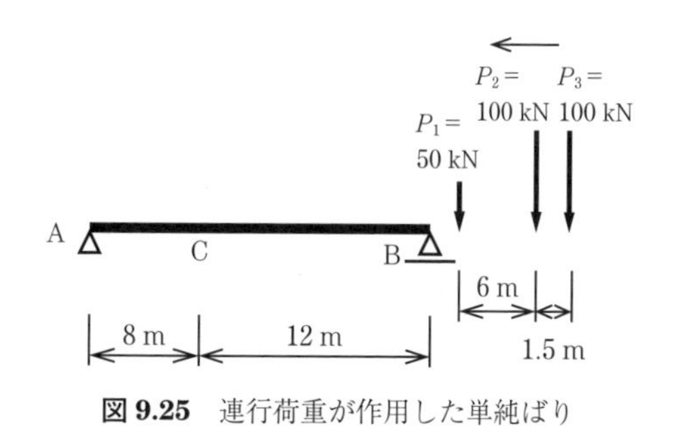

図 9.25　連行荷重が作用した単純ばり

著者からのメッセージ

冒頭にも述べたが，断面力図と影響線をよく混同する学生が見受けられる。影響線ははりの形式で形状が決まることが特徴である。言い換えれば，苦手に思ったら覚えてしまえばよい。特に，基礎事項 9.10 のミューラー・ブレスラウの定理は，定規などを使えば，図形（影響線）を描きやすいだろう。

上中宏二郎

10章

マトリックス構造解析の基礎

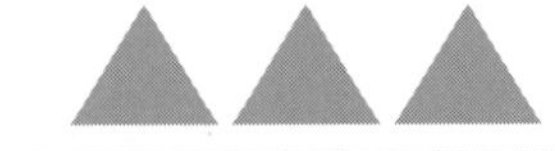

近年，コンピュータ技術の発展に伴い，複雑な構造に荷重が作用した際の変形量や断面力の値を容易に得ることができる汎用解析ソフトが，構造設計のツールになりつつある。設計者が自らの目でその解析の流れを見ることは難しいが，中では，**マトリックス構造解析**（matrix structural analysis）が用いられている。

そこで，本章では，コンピュータを使って構造解析を行うのに便利なマトリックス構造解析の基礎について学習する。

■ 基 礎 事 項 ■

10.1　軸力部材のマトリックス構造解析の解法

ばね定数 k を有するばね要素の節点1に節点力：X_1，軸方向変位：u_1，節点2に同じく節点力：X_2，軸方向変位：u_2 が生じた状態を**図10.1**に示す。

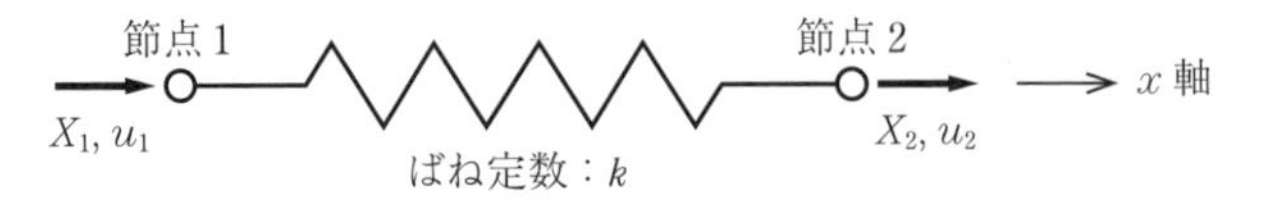

図10.1　ばね要素

ここで，**図10.2**に示すとおり，節点1の右と節点2の左で切断すると，断面には，節点1と節点2のばねの伸び（u_2-u_1）により軸力 N が生じる。

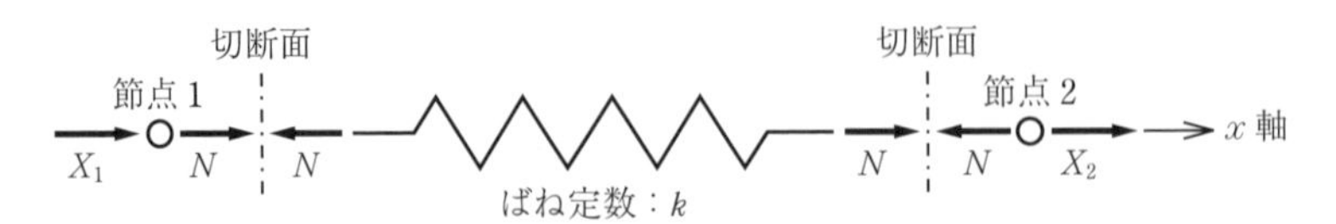

図10.2　ばね要素のつり合い

この軸力 N は，フックの法則（$F=kx$）から，式(10.1)のように表される。

$$N=k(u_2-u_1) \tag{10.1}$$

つぎに，節点1および節点2，おのおので力のつり合いを考える。

$$節点1：X_1+N=0 より，X_1=-N=-k(u_2-u_1) \tag{10.2}$$

$$節点2：X_2-N=0 より，X_2=N=k(u_2-u_1) \tag{10.3}$$

式(10.2)および式(10.3)をまとめると，剛性方程式が得られる。

$$\begin{Bmatrix} X_1 \\ X_2 \end{Bmatrix} = \begin{bmatrix} k & -k \\ -k & k \end{bmatrix} \begin{Bmatrix} u_1 \\ u_2 \end{Bmatrix} \tag{10.4}$$

10.2　傾斜トラス要素のマトリックス構造解析の解法

図 10.3 に示す基準座標（x 軸，y 軸）に対して右回りに θ だけ傾斜するトラス要素に軸力 N が生じ，それが節点 1 と節点 2（部材長：L，断面積：A，弾性係数：E）に接合する場合を考える。

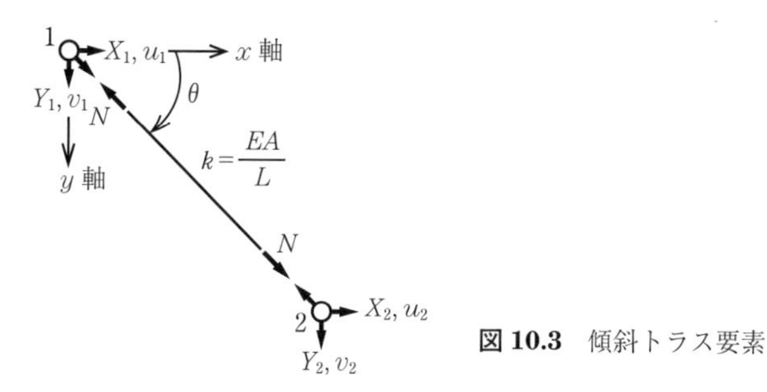

図 10.3　傾斜トラス要素

トラス要素の伸び δ は，節点 1 および節点 2 における，おのおのの軸方向変位より，次式で表される。

$$\delta = (u_2 - u_1)\cos\theta + (v_2 - v_1)\sin\theta \tag{10.5}$$

部材力 N と伸び δ は，フックの法則（$\sigma = E\varepsilon$）より $N = \dfrac{EA}{L}\delta$ と表され，つぎのようになる。

$$N = \frac{EA}{L}\begin{bmatrix} -\cos\theta & -\sin\theta & \cos\theta & \sin\theta \end{bmatrix} \begin{Bmatrix} u_1 \\ v_1 \\ u_2 \\ v_2 \end{Bmatrix} \tag{10.6}$$

節点 1，節点 2 の節点力は，それぞれ，X_1，Y_1 および X_2，Y_2 を部材力 N で表し（例えば，$\sum H = 0 : X_1 + N\cos\theta = 0$ より，$X_1 = -N\cos\theta$），式(10.6)より，式(10.7)のようなトラスの剛性方程式が得られる。

$$\begin{Bmatrix} X_1 \\ Y_1 \\ X_2 \\ Y_2 \end{Bmatrix} = \frac{EA}{l}\begin{bmatrix} \cos^2\theta & \cos\theta\sin\theta & -\cos^2\theta & -\cos\theta\sin\theta \\ \cos\theta\sin\theta & \sin^2\theta & -\cos\theta\sin\theta & -\sin^2\theta \\ -\cos^2\theta & -\cos\theta\sin\theta & \cos^2\theta & \cos\theta\sin\theta \\ -\cos\theta\sin\theta & -\sin^2\theta & \cos\theta\sin\theta & \sin^2\theta \end{bmatrix} \begin{Bmatrix} u_1 \\ v_1 \\ u_2 \\ v_2 \end{Bmatrix} \tag{10.7}$$

■ 基 本 問 題 ■

基本問題 10–1　**図 10.4** に示す構造系の剛性方程式を求めよ。

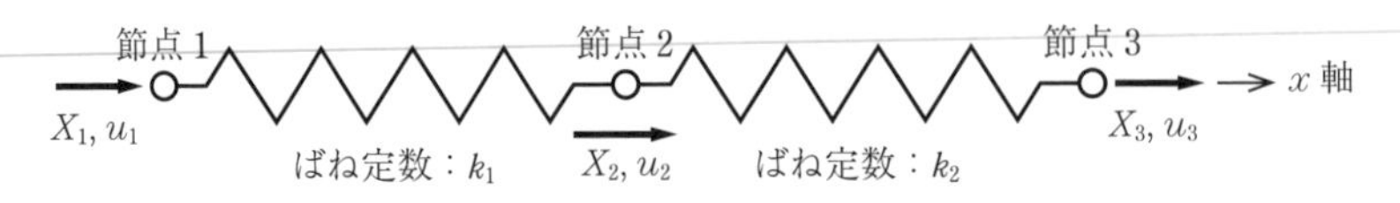

図 10.4　直列ばね要素

解答

図 10.5 に示すとおり，節点 1 の右と節点 2 の両側ならびに節点 3 の左で切断する。

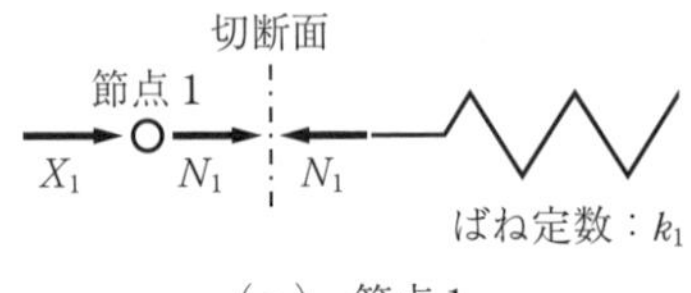

（a）　節点 1

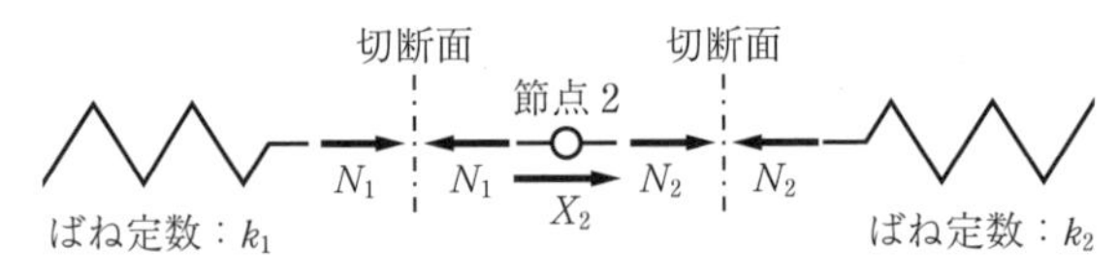

（b）　節点 2

切断面
節点 3
N_3　N_3　X_3　x 軸

（c）　節点 3

図 10.5　直列ばね要素　各節点のつり合い

節点 1，節点 2 および節点 3，おのおので力のつり合いを考える。

節点 1：$X_1+N_1=0$ より，$X_1=-N_1=-k_1(u_2-u_1)$

節点 2：$X_2+N_2-N_1=0$ より，$X_2=N_1-N_2=k_1(u_2-u_1)-k_2(u_3-u_2)$

$$=-k_1u_1+(k_1+k_2)u_2-k_2u_3$$

節点 3：$X_3-N_3=0$ より，$X_3=N_3=k_2(u_3-u_2)$

上の 3 式をまとめると，剛性方程式が得られる。

$$\begin{Bmatrix} X_1 \\ X_2 \\ X_3 \end{Bmatrix} = \begin{bmatrix} k_1 & -k_1 & 0 \\ -k_1 & k_1+k_2 & -k_2 \\ 0 & -k_2 & k_2 \end{bmatrix} \begin{Bmatrix} u_1 \\ u_2 \\ u_3 \end{Bmatrix}$$

基本問題 10–2　**図 10.6** に示す構造系の剛性方程式を求めよ。

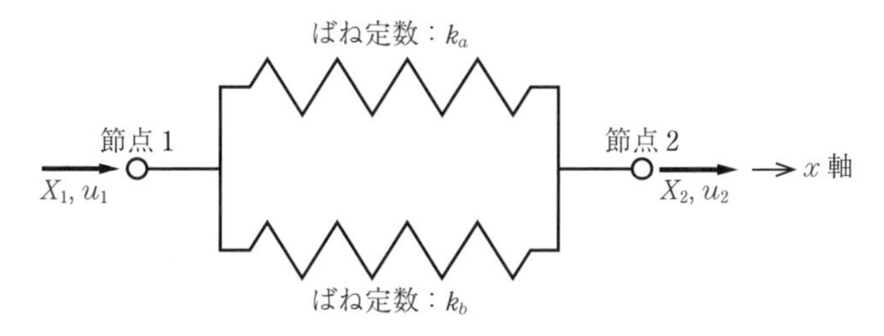

図 10.6　並列ばね要素

解答

ばね定数：k_a における節点 1 と節点 2 の剛性方程式は，以下のとおりになる。

$$\begin{Bmatrix} X_{a1} \\ X_{a2} \end{Bmatrix} = \boxed{} \begin{Bmatrix} u_{a1} \\ u_{a2} \end{Bmatrix}$$

同じく，ばね定数：k_b における節点 1 と節点 2 の剛性方程式は，以下のとおりになる。

$$\begin{Bmatrix} X_{b1} \\ X_{b2} \end{Bmatrix} = \boxed{} \begin{Bmatrix} u_{b1} \\ u_{b2} \end{Bmatrix}$$

上の 2 式をまとめると（$X_1 = X_{a1} + X_{b1}$，$X_2 = X_{b1} + X_{b2}$，$u_1 = u_{a1} + u_{a2}$，$u_2 = u_{b1} + u_{b2}$），剛性方程式が得られる。

$$\begin{Bmatrix} X_1 \\ X_2 \end{Bmatrix} = \boxed{} \begin{Bmatrix} u_1 \\ u_2 \end{Bmatrix}$$

基本問題 10–3　**図 10.7** に示すトラスの部材力を求めよ。なお，伸び剛性 EA は一定とする。

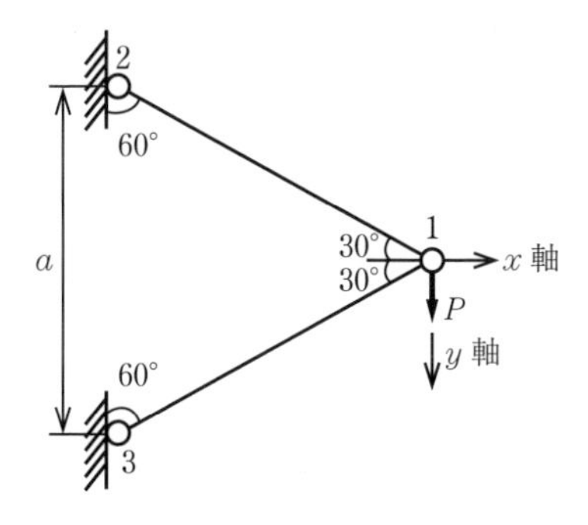

図 10.7　節点 1 に集中荷重 P が作用するトラス

> **Point**
> 角度 θ は x 軸から y 軸に向けて右回りである。
> ・部材 1–2：$\theta_{1\text{-}2} = 210°$
> ・部材 1–3：$\theta_{1\text{-}3} = 150°$

解答

部材 1–2 の剛性方程式は，式(10.7)より，次式で表される。

$$\begin{Bmatrix} X_1 \\ Y_1 \\ X_2 \\ Y_2 \end{Bmatrix} = \frac{EA}{a} \begin{bmatrix} \frac{3}{4} & \frac{\sqrt{3}}{4} & -\frac{3}{4} & -\frac{\sqrt{3}}{4} \\ \frac{\sqrt{3}}{4} & \frac{1}{4} & -\frac{\sqrt{3}}{4} & -\frac{1}{4} \\ -\frac{3}{4} & -\frac{\sqrt{3}}{4} & \frac{3}{4} & \frac{\sqrt{3}}{4} \\ -\frac{\sqrt{3}}{4} & -\frac{1}{4} & \frac{\sqrt{3}}{4} & \frac{1}{4} \end{bmatrix} \begin{Bmatrix} u_1 \\ v_1 \\ u_2 \\ v_2 \end{Bmatrix}$$

同じく，部材 1–3 の剛性方程式は，次式で表される。

$$\begin{Bmatrix} X_1 \\ Y_1 \\ X_3 \\ Y_3 \end{Bmatrix} = \frac{EA}{a} \begin{bmatrix} \frac{3}{4} & -\frac{\sqrt{3}}{4} & -\frac{3}{4} & \frac{\sqrt{3}}{4} \\ -\frac{\sqrt{3}}{4} & \frac{1}{4} & \frac{\sqrt{3}}{4} & -\frac{1}{4} \\ -\frac{3}{4} & \frac{\sqrt{3}}{4} & \frac{3}{4} & -\frac{\sqrt{3}}{4} \\ \frac{\sqrt{3}}{4} & \frac{3}{4} & -\frac{\sqrt{3}}{4} & \frac{1}{4} \end{bmatrix} \begin{Bmatrix} u_1 \\ v_1 \\ u_3 \\ v_3 \end{Bmatrix}$$

以上より，構造系全体の剛性方程式は，次式となる。

$$\begin{Bmatrix} X_1 \\ Y_1 \\ X_2 \\ Y_2 \\ X_3 \\ Y_3 \end{Bmatrix} = \frac{EA}{a} \begin{bmatrix} \frac{3}{2} & 0 & -\frac{3}{4} & -\frac{\sqrt{3}}{4} & -\frac{3}{4} & \frac{\sqrt{3}}{4} \\ 0 & \frac{1}{2} & -\frac{\sqrt{3}}{4} & -\frac{1}{4} & \frac{\sqrt{3}}{4} & -\frac{1}{4} \\ -\frac{3}{4} & -\frac{\sqrt{3}}{4} & \frac{3}{4} & \frac{\sqrt{3}}{4} & 0 & 0 \\ -\frac{\sqrt{3}}{4} & -\frac{1}{4} & \frac{\sqrt{3}}{4} & \frac{1}{4} & 0 & 0 \\ -\frac{3}{4} & \frac{\sqrt{3}}{4} & 0 & 0 & \frac{3}{4} & -\frac{\sqrt{3}}{4} \\ \frac{\sqrt{3}}{4} & \frac{3}{4} & 0 & 0 & -\frac{\sqrt{3}}{4} & \frac{1}{4} \end{bmatrix} \begin{Bmatrix} u_1 \\ v_1 \\ u_2 \\ v_2 \\ u_3 \\ v_3 \end{Bmatrix}$$

境界条件は，$u_2=u_3=v_2=v_3=0$ である。

一方，荷重条件は，$X_1=0$，$Y_1=P$（荷重 P は y の方向に作用している）である。

以上より，上記の構造系全体の剛性方程式は，以下のとおり縮小される。

$$\begin{Bmatrix} X_1=0 \\ Y_1=P \end{Bmatrix} = \frac{EA}{a} \begin{bmatrix} \frac{3}{2} & 0 \\ 0 & \frac{1}{2} \end{bmatrix} \begin{Bmatrix} u_1 \\ v_1 \end{Bmatrix}$$

上式より，u_1 と v_1 の値が求まる。

$$u_1=0, \quad v_1=\frac{2Pa}{EA}$$

以上より，各部材力は，式(10.6)より，以下のとおり得ることができる。

$N_{1\text{-}2}=P$

$N_{1\text{-}3}=-P$

■ チャレンジ問題 ■

チャレンジ問題 10-1　**図 10.8** に示すトラスの部材力を求めよ。なお，伸び剛性 EA は一定とする。

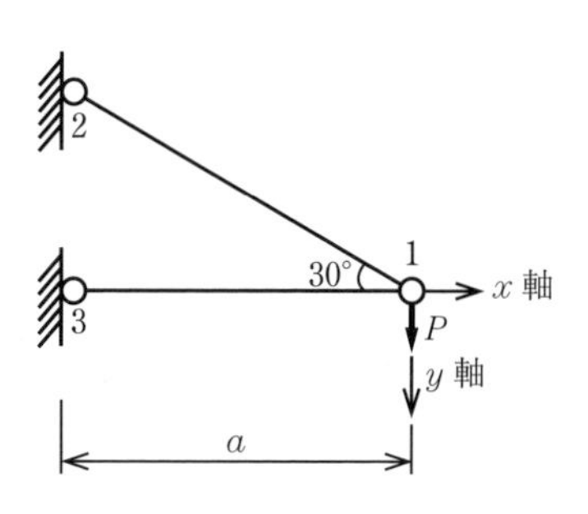

図 10.8　節点 1 に集中荷重 P が作用するトラス

著者からのメッセージ

S. スマイルズ氏は，「よき師，よき友は人生最大の宝」と述べている*。学生生活ではぜひとも，よき師，よき友に出会ってほしい。後の人生に大きく影響を与えてくれると思う。私もこれまでにたくさんのよき師，よき友に出会ってきた。そしていまの私があるといえる。

東山浩士

*サミュエル・スマイルズ 著，竹内　均 訳：自助論，三笠書房（2002）

参　考　文　献

1）　岡田　清 監修，福本唀士 編著：構造力学I，山海堂（1999）
2）　鈴木基行：ステップアップで実力がつく 構造力学徹底演習，森北出版（2006）
3）　米田昌弘：構造力学を学ぶ（基礎編），森北出版（2003）
4）　笠井哲郎，島﨑洋治，中村俊一，三神　厚：書き込み式 はじめての構造力学，コロナ社（2019）
5）　小西一郎，横尾義貫，成岡昌夫：構造力学 第I巻，丸善（1951）
6）　赤木知之，色部　誠：構造力学問題集，森北出版（1988）
7）　彦坂　熙，崎山　毅，大塚久哲：詳解 構造力学演習，共立出版（1981）
8）　﨑元達郎：構造力学（上）静定編，森北出版（2012）
9）　藤本一男，西田　進，中村一平，本田秀行，木村定雄：基礎から学ぶ構造力学，森北出版（2005）
10）　青木徹彦：例題で学ぶ構造力学I ―静定編―，コロナ社（2015）
11）　小西一郎，横尾義貫，成岡昌夫：構造力学 第II巻，丸善（1963）
12）　岡田　清 監修，福本唀士 編：構造力学II，山海堂（1999）
13）　米田昌弘：構造力学を学ぶ（応用編），森北出版（2003）
14）　大塚久哲：基礎 弾・塑性力学，共立出版（1985）
15）　﨑元達郎：構造力学（下）不静定編，森北出版（2012）
16）　岡村宏一：構造力学I，鹿島出版会（1988）

索　　　　　引

―― 著 者 略 歴 ――

東山　浩士（ひがしやま　ひろし）
1994 年　近畿大学理工学部土木工学科卒業
1996 年　大阪大学大学院工学研究科博士前期課程修了（土木工学専攻）
1999 年　大阪大学大学院工学研究科博士後期課程修了（土木工学専攻），博士（工学）
1999 年　近畿大学助手
2002 年　近畿大学講師
2010 年　近畿大学准教授
2016 年　近畿大学教授
　　　　現在に至る

石川　敏之（いしかわ　としゆき）
1996 年　近畿大学理工学部土木工学科卒業
1998 年　大阪大学大学院工学研究科博士前期課程修了（土木工学専攻）
1998 年　駒井鉄工株式会社勤務
2005 年　大阪大学大学院工学研究科博士後期課程修了（土木工学専攻），博士（工学）
2005 年　大阪大学大学院特任研究員
2007 年　名古屋大学大学院助教
2010 年　京都大学大学院助教
2015 年　関西大学准教授
　　　　現在に至る

上中　宏二郎（うえなか　こうじろう）
1995 年　近畿大学理工学部土木工学科卒業
1997 年　大阪市立大学大学院工学研究科前期博士課程修了（土木工学専攻）
2000 年　大阪市立大学大学院工学研究科後期博士課程修了（土木工学専攻），博士（工学）
2000 年　神戸市立工業高等専門学校助手
2001 年　神戸市立工業高等専門学校講師
2005 年　神戸市立工業高等専門学校助教授
2007 年　神戸市立工業高等専門学校准教授
2017 年　神戸市立工業高等専門学校教授
　　　　現在に至る

大山　理（おおやま　おさむ）
1996 年　大阪工業大学工学部土木工学科卒業
1998 年　大阪工業大学大学院工学研究科博士前期課程修了（土木工学専攻）
2001 年　大阪工業大学大学院工学研究科博士後期課程修了（土木工学専攻），博士（工学）
2001 年　片山ストラテック株式会社勤務
2005 年　大阪工業大学講師
2009 年　大阪工業大学准教授
2016 年　大阪工業大学教授
　　　　現在に至る

構造力学問題集 — 基本問題からチャレンジ問題まで —

Structural Mechanics — Examples and Exercises from Basics to Challenges —

2021 年 3 月 18 日　初版第 1 刷発行　★

検印省略

著　者	東　山　浩　士	
	石　川　敏　之	
	上　中　宏二郎	
	大　山　　理	
発 行 者	株式会社　コロナ社	
	代 表 者　牛来真也	
印 刷 所	美研プリンティング株式会社	
製 本 所	有限会社　愛千製本所	

112-0011　東京都文京区千石 4-46-10
発 行 所　株式会社　コ ロ ナ 社
CORONA PUBLISHING CO., LTD.
Tokyo Japan
振替00140-8-14844・電話(03)3941-3131(代)
ホームページ　https://www.coronasha.co.jp

ISBN 978-4-339-05273-2　C3051　Printed in Japan　(齋藤)

土木系 大学講義シリーズ

（各巻A5判，欠番は品切または未発行です）

配本順	書名	著者	頁	本体
2.（4回）	土木応用数学	北田俊行著	236	2700円
3.（27回）	測量学	内山久雄著	206	2700円
4.（21回）	地盤地質学	今井・福江・足立共著	186	2500円
5.（3回）	構造力学	青木徹彦著	340	3300円
6.（6回）	水理学	鮏川登著	256	2900円
7.（23回）	土質力学	日下部治著	280	3300円
8.（19回）	土木材料学（改訂版）	三浦尚著	224	2800円
13.（7回）	海岸工学	服部昌太郎著	244	2500円
14.（25回）	改訂 上下水道工学	茂庭竹生著	240	2900円
15.（11回）	地盤工学	海野・垂水編著	250	2800円
17.（30回）	都市計画（四訂版）	新谷・高橋・岸井・大沢共著	196	2600円
18.（24回）	新版 橋梁工学（増補）	泉・近藤共著	324	3800円
20.（9回）	エネルギー施設工学	狩野・石井共著	164	1800円
21.（15回）	建設マネジメント	馬場敬三著	230	2800円
22.（29回）	応用振動学（改訂版）	山田・米田共著	202	2700円

定価は本体価格+税です。
定価は変更されることがありますのでご了承下さい。

図書目録進呈◆

土木・環境系コアテキストシリーズ

（各巻A5判）

■**編集委員長**　日下部 治

■**編 集 委 員**　小林 潔司・道奥 康治・山本 和夫・依田 照彦

共通・基礎科目分野

配本順		書名	著者	頁	本体
A-1	(第9回)	**土木・環境系の力学**	斉木 功著	208	2600円
A-2	(第10回)	**土木・環境系の数学** —数学の基礎から計算・情報への応用—	堀 宗朗・市村 強共著	188	2400円
A-3	(第13回)	**土木・環境系の国際人英語**	井合 進・R. Scott Steedman共著	206	2600円
A-4		**土木・環境系の技術者倫理**	藤原 章正・木村 定雄共著		

土木材料・構造工学分野

配本順		書名	著者	頁	本体
B-1	(第3回)	**構造力学**	野村 卓史著	240	3000円
B-2	(第19回)	**土木材料学**	中村 聖三・奥松 俊博共著	192	2400円
B-3	(第7回)	**コンクリート構造学**	宇治 公隆著	240	3000円
B-4	(第21回)	**鋼構造学**（改訂版）	舘石 和雄著	240	3000円
B-5		**構造設計論**	佐藤 尚次・香月 智共著		

地盤工学分野

配本順		書名	著者	頁	本体
C-1		**応用地質学**	谷 和夫著		
C-2	(第6回)	**地盤力学**	中野 正樹著	192	2400円
C-3	(第2回)	**地盤工学**	髙橋 章浩著	222	2800円
C-4		**環境地盤工学**	勝見 武・乾 徹共著		

環境・都市システム系教科書シリーズ

（各巻A5判，欠番は品切です）

■編集委員長　澤　孝平
■幹　　　事　角田　忍
■編 集 委 員　荻野　弘・奥村充司・川合　茂
　　　　　　　嵯峨　晃・西澤辰男

配本順	書名	著者	頁	本体
1.（16回）	シビルエンジニアリングの第一歩	澤　孝平・嵯峨　晃・川合　茂・角田　忍・荻野　弘・奥村充司・西澤辰男共著	176	2300円
2.（1回）	コンクリート構造	角田　忍・竹村和夫共著	186	2200円
3.（2回）	土質工学	赤木知之・吉村優治・上　俊二・小堀慈久・伊東　孝共著	238	2800円
4.（3回）	構造力学Ⅰ	嵯峨　晃・武田八郎・原　隆・勇　秀憲共著	244	3000円
5.（7回）	構造力学Ⅱ	嵯峨　晃・武田八郎・原　隆・勇　秀憲共著	192	2300円
6.（4回）	河川工学	川合　茂・和田　清・神田佳一・鈴木正人共著	208	2500円
7.（5回）	水理学	日下部重幸・檀　和秀・湯城豊勝共著	200	2600円
8.（6回）	建設材料	中嶋清実・角田　忍・菅原　隆共著	190	2300円
9.（8回）	海岸工学	平山秀夫・辻本剛三・島田富美男・本田尚正共著	204	2500円
10.（24回）	施工管理学（改訂版）	友久誠司・竹下治之・江口忠臣共著	240	2900円
11.（21回）	改訂 測量学Ⅰ	堤　隆著	224	2800円
12.（22回）	改訂 測量学Ⅱ	岡林　巧・堤　隆・山田貴浩・田中龍児共著	208	2600円
13.（11回）	景観デザイン ―総合的な空間のデザインをめざして―	市坪　誠・小川総一郎・谷平　考・砂本文彦・溝上裕二共著	222	2900円
15.（14回）	鋼構造学	原　隆・山口隆司・北原武嗣・和多田康男共著	224	2800円
16.（15回）	都市計画	平田登基男・亀野辰三・宮腰和弘・武井幸久・内田一平共著	204	2500円
17.（17回）	環境衛生工学	奥村充司・大久保孝樹共著	238	3000円
18.（18回）	交通システム工学	大橋健一・柳澤吉保・高岸節夫・佐々木恵一・日野　智・折田仁典・宮腰和弘・西澤辰男共著	224	2800円
19.（19回）	建設システム計画	大橋健一・荻野　弘・西澤辰男・柳澤吉保・鈴木正人・伊藤　雅・野田宏治・石内鉄平共著	240	3000円
20.（20回）	防災工学	渕田邦彦・疋田　誠・檀　和秀・吉村優治・塩野計司共著	240	3000円
21.（23回）	環境生態工学	宇野宏司・渡部守義共著	230	2900円

定価は本体価格+税です。
定価は変更されることがありますのでご了承下さい。

図書目録進呈◆